琵琶湖のハスと近江妙蓮

中川原正美

まえがき

近江妙蓮と呼ばれる珍しいハス（蓮）のことを、ライフワークとして調べ始めてから二十年が過ぎました。近江妙蓮は、調べるに従って興味深い特性を秘めた植物であることが分かりました。それは、植物学的な特性のみでなく、近江妙蓮という一つの品種の植物にかかわる固有の史実が、六百年という長い年月のあいだ記録され続けてきたことです。近江妙蓮が育んだ比類のない歴史は、近江妙蓮を六百年間守り育ててきた田中米三家に所蔵される、二つの桐箱に納められた五百点近い古文書から読み取ることができました。

近江妙蓮は、植物学的には被子植物・双子葉類のハス科に属する水生植物です。しかし、夏になれば普通に見られる常蓮とは異なり、その花のつくりが花弁のみで作られている突然変異種になります。大正時代に、ミョウレン（妙蓮）という和名が付けられたこの蓮は、琵琶湖のほとり田中村の大日池で六百年もの間大切に育てられてきた歴史を持っています。その由来は、中国の長江流域で生育していた十二時蓮と呼ばれる吉祥の蓮が、室町時代初期の頃日本に伝えられたと考えられます。この十二時蓮が、田中村の大日池で育てられるようになった理由には、都に近い琵琶湖のほとりが蓮の生育に適した環境であったことがあげられます。さらに、古くから湖辺の人たちが蓮の花を愛好するとともに蓮根や蓮の実を貴重な食品にするなど、蓮を大切な植物として扱っていたことが考えられます。

琵琶湖のほとりは、古い時代から蓮の花が咲き誇る名勝地として名高かったのです。サントリー美術館に所蔵されている、「近江名所図屏風」は、江戸時代初期の南湖のほとりで蓮の花を見物する人々の様子を豪華に描いています。「近江八景」などの由緒を残す湖畔の風景として、蓮見物の情景が大きく取り上げられるほど蓮の名所として有名であったことを示しています。

室町時代中期に記された、『陰涼軒日録』を始めとする幾つかの古文書には、京の都に住む人々にとって酷暑の都からの避暑行事として、琵琶湖畔での蓮見物が恒例のようになっていたことを書き残しています。このようなことから、明国から将来した瑞祥の蓮の生育地として、都に近い蓮の名所である琵琶湖のほとりが選ばれたことが納得できるのです。

本書では、「近江名所図屏風」に描かれた江戸初期の南湖のほとりの風景や風俗に加えて、大雨があれば起こる湖水の上昇による洪水に苦しんだ湖辺の人々の歴史を、「湖畔の風景と蓮のものがたり」として描きました。江戸時代の湖水変動の歴史は、琵琶湖のほとりの蓮の名勝地の変遷にも影響を及ぼしていたことが推察されるのです。

近江妙蓮が育んだ貴重な史実のうち、江戸時代の一六〇年間にわたって書き続けられた『蓮日記』は、琵琶湖のほとりにある農村の姿を書き綴った貴重な史料であると考えられます。特に、『蓮之立花覚』にまとめられた、宝暦・明和・安永と続く時代の日記は、妙蓮の花咲く農村の実体を克明に書き記した貴重な郷土史といえます。このような、田中家当主が書き続けた家伝の『蓮日記』から読み取れる野洲川流域の農村の情景を、「蓮日記につづられた、村里のものがたり」としてまとめました。さらに、妙蓮の花にかかわる数多くの貴重な書状や、詩歌などをもとにして、琵琶湖のほとりに残されていた江戸時代の史実の一端を、「妙蓮が育んだ歴史ものがたり」としてまとめることができました。

江戸時代前期の明暦三年から書き始められた『蓮日記』は、まったく戦争をしない天下泰平の一六〇年間を記録して文化十二年で終了しています。そして、その後内憂外患の続いた幕末は、近江妙蓮に関する記録はほとんど残されていません。日本史上最大の社会変革とされる明治維新は、妙蓮にとっても変革の時代となる節目になりました。天明元年以来途絶えていた禁裏様への妙蓮の花の献上が、ほぼ百年ぶりに明治天皇の天覧を受けることで復活しました。しかし、やがて日清戦争以降の五十年間は、度重なる外国との戦いが続く不幸な時代になりました。そして、不思議なことに、その戦争が続く時代は、大日池で妙蓮の花が咲かなくなってしまいました。それが、戦乱の時代を終えて平和な日本が再建された頃、大日池には妙蓮の花が再び咲くようになったのです。平和を象徴する花、近江妙蓮にまつわる明治維新後の変遷を、「明治以降の近江妙蓮ものがたり」としてまとめました。

近江妙蓮は勿論のこと、蓮という植物については未知の分野が多くありました。さらに、日進月歩の変革を続ける最近の生物学には、戦後混乱の時代に学び高校で生物を教えた知識では理解困難な分野が幾つかありました。このことについては、京都大学大学院・生命科学研究科の大門靖史博士(理学)の指導を受けたことが大きな支えになっています。近江妙蓮六百年祭を契機として知遇を受け、そのあと今日まで蓮の形態・生理などを主とする植物学的な疑問について懇切な解説を受けることができました。幾度となく、妙蓮資料館で長時間にわたり教示を受けたことが、「常蓮と妙蓮の科学的なものがたり」をまとめ上げる成果に結びついたのです。さらに、科学的な分野を主とした原稿に目をとおしていただき、適切な助言や誤りの指摘をいただけたことが、本書の完成にむけて大きな自信になったことを心からお礼申し上げます。

近江妙蓮の調査を始めたとき、この蓮の希少価値を知る人が余りにも少ないことが不思議なことでした。滋賀県の天然記念物に指定され、守山市の花に制定されている近江妙蓮の評価を高めるために、『近江妙蓮―世界でも珍しいハスのものがたり』を、サンライズ出版のお世話で刊行できたのは、平成十四年の夏のことでした。このことが一つの契機になって、全国各地の蓮愛好家の人たちが近江妙蓮に関心を持ち、大日池を訪れる人々が増えました。ことに、平成十六年の夏には、中国荷花研究会の第一人者である王其超先生と張行言女史の来訪を受け、妙蓮の花を見ながら中国における千弁蓮の産地のことなどを話し合えたのは貴重な出会いになりました。

近江妙蓮保存会の皆さんを始めとする地元関係団体の協力によって、「近江妙蓮六百年祭」を盛大に開催できたのは、平成十八年の夏のことでした。同時に、『近江妙蓮六百年記念誌』を執筆して、近江妙蓮の植物学的解説や育まれた史実などをカラー印刷で簡略に紹介できました。それ以来、全国各地から近江妙蓮公園を訪れる人々が年ごとに増え、ようやくにして近江妙蓮の希少価値が広く認められるようになったことを喜んでいます。

近江妙蓮に関連する諸施設も充実し、近江妙蓮保存会を始めとする関係諸団体の保護活動も充実してきました。世界でも珍しい妙蓮の花は、もはや絶える心配はほとんどなくなりました。そして、傘寿を超えた筆者にとっては、余生をかけた妙蓮研究の集大成となるべき本書をまとめ上げることができました。本書によって、平和の象徴である近江妙蓮の比類のない歴史や植物学的な特性を読み取っていただけることを祈念しています。

最後になりましたが、烏丸の湖辺に咲く蓮の由来や常盤地区の昔話などでは、下物町の古老石崎昭光さんや志那中町で蓮の栽培などをする奥野克秋さんの協力を得ています。さらに、蓮海寺の由緒を始めとする志那町の古文書では、志那町在住の藤田繁一さんの協力があったことを付記して、皆様の協力に心からお礼申しあげます。

なお、本書の刊行にあたっては、サンライズ出版の岩根順子社長の助言と援助があったことに感謝し、編集から校正までご苦労をかけたサンライズ出版のみなさんに厚くお礼を申し上げます。

平成二十二年盛夏

妙蓮の花が咲き誇る頃

著　者

目次

第一章　湖畔の風景と蓮のものがたり

南湖のほとりに咲く蓮の花……15
西日本一の水生植物公園みずの森……22
古い時代の歴史を秘める志那港と蓮海寺……25
志那浜のほとりに栄えた蓮の名所物語……30
屏風に描かれた湖畔の名所旧跡……35
屏風に描かれた街道と蓮花の名所……43
地図から消えている烏丸半島……50
琵琶湖の水位上昇に苦しんだ湖畔の村人たち……58
瀬田川の川浚え　苦難のものがたり……64

第二章　常蓮と妙蓮の科学的なものがたり

蓮は水草の女王のような植物……83
蓮の植物体（葉・茎・根）を調べる……89

蓮の花は日の出とともに開く……100
蓮の花が咲くときに音がするか……104
蓮の花弁を染める色を調べる……108
蓮から漂う清浄な香り……112
蓮の繁殖法を調べる……115
食用にする蓮のはなし……122
一茎に二花が咲く蓮のはなし……128
双頭蓮の花が咲くしくみを調べる……134
無限の生命力を秘める妙蓮の花……141
妙蓮の花の遺伝的なしくみ……148

第三章　蓮日記につづられた村里のものがたり

妙蓮の花咲く里の百六十年間の日記……181
農村の経済が発展する時代の日記……185
年貢増徴策のすすむ時代の日記……190
分水嶺の時代の日記……194
幕藩体制が動揺する時代の日記……200

妙蓮の花芽が出はじめる日の記録……204
妙蓮は野洲川流域の自然暦であった……212
妙蓮の花が咲かなかった年の出来事……219
豊かに栄えた妙蓮の里の年貢のこと……227
水呑みとされた百姓から稼ぐ百姓へ……235

第四章　妙蓮が育んだ歴史ものがたり

妙蓮を守り育てた田中家……243
伝えられた妙蓮いわれ書き……249
三国伝来の伝承を誇る妙蓮……253
東福門院から懇望された妙蓮……259
禁裏様に献上されていた妙蓮の花……264
貴人方から所望された妙蓮の花……269
文人墨客のあこがれの地になった大日池……276
大日池で妙蓮を観覧した大名……284

第五章　明治以降の近江妙蓮ものがたり

明治天皇の天覧に供された妙蓮の花……295
東京に運ばれて皇居の池に植えられた妙蓮……299
加賀妙蓮から武蔵野妙蓮まで……304
大日池で妙蓮の花が咲かなくなった……311
近江妙蓮の里帰りものがたり……314
大日堂と蓮池の移り変わり……320
『江源日記』と妙蓮のものがたり……329
近江妙蓮六百年祭の開催……335
「近江妙蓮六百年祭」の余韻と絆……342

参考文献

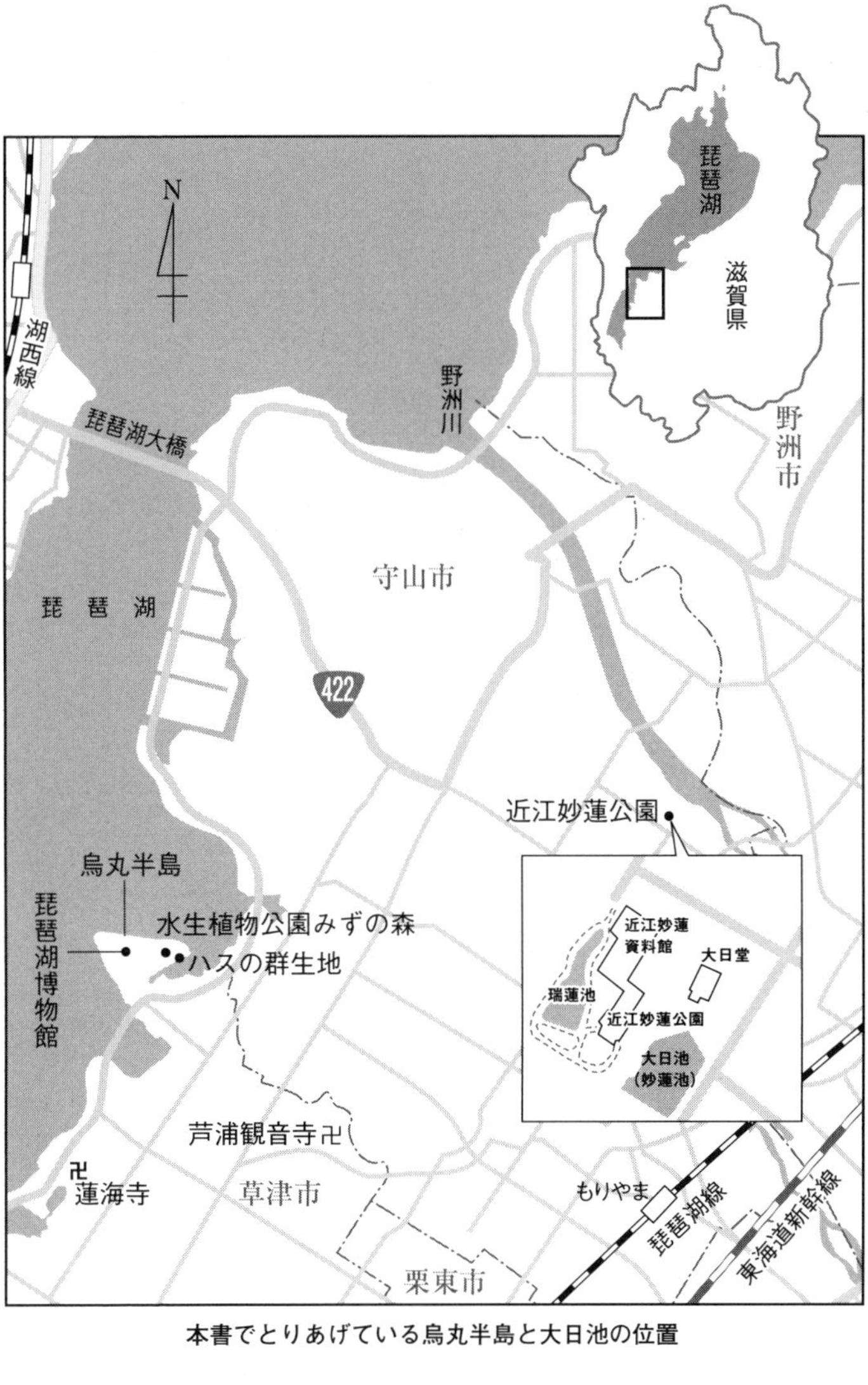

本書でとりあげている烏丸半島と大日池の位置

第一章　湖畔の風景と蓮のものがたり

南湖のほとりに咲く蓮の花

日本一の湖である琵琶湖《びわ》は、琵琶という楽器に形が似ていることから、その名が付いたといわれています。その琵琶という楽器の腹板《ふくばん》と鶴首《つるくび》の境目にあたる部分が、守山市今浜町《いまはま》と大津市今堅田《いまかたた》の間になる地峡《ちきょう》からはじまる南湖《なんこ》です。幅が一・三五kmの地峡部には、昭和三十九年(一九六四)に琵琶湖大橋が架けられました。湖を横断して架けられた大橋は、琵琶湖を北湖《ほっこ》と南湖に区切る境界線をはっきりさせています。

琵琶湖大橋から直線距離で一五kmばかり南下すると、瀬田川の入り口を示すように架けられた唐橋《からはし》になります。琵琶湖大橋から瀬田の唐橋までの湖水は、両岸の幅が三〜四kmと狭いので大河を下っていくような思いがします。右岸の湖西側は、比叡《ひえい》山系の山々が湖岸近くまで迫って町並は迫り上がっています。左岸の湖東側には、鈴鹿や田上《たなかみ》の山々から何万年という時間をかけて流出した土砂が堆積した平野が広がっています。南湖の両岸の風景は、広大な北湖とは異なった変化の多い景観が間近に眺められます。ことに、昭和の中頃までの南湖のほとりは、自然に恵まれた美しい風景が残されており、中国の景勝地「瀟湘《しょうしょう》八景」になぞらえた「近江八景」が昔ながらのたたずまいを見せていました。「近江八景」は、室町時代ころから知られていましたが、京の都の貴族や武家、僧侶階級でのことでした。これが広く庶民の間で、物見遊山の楽しみの地として親しまれるようになったのは、江戸中期

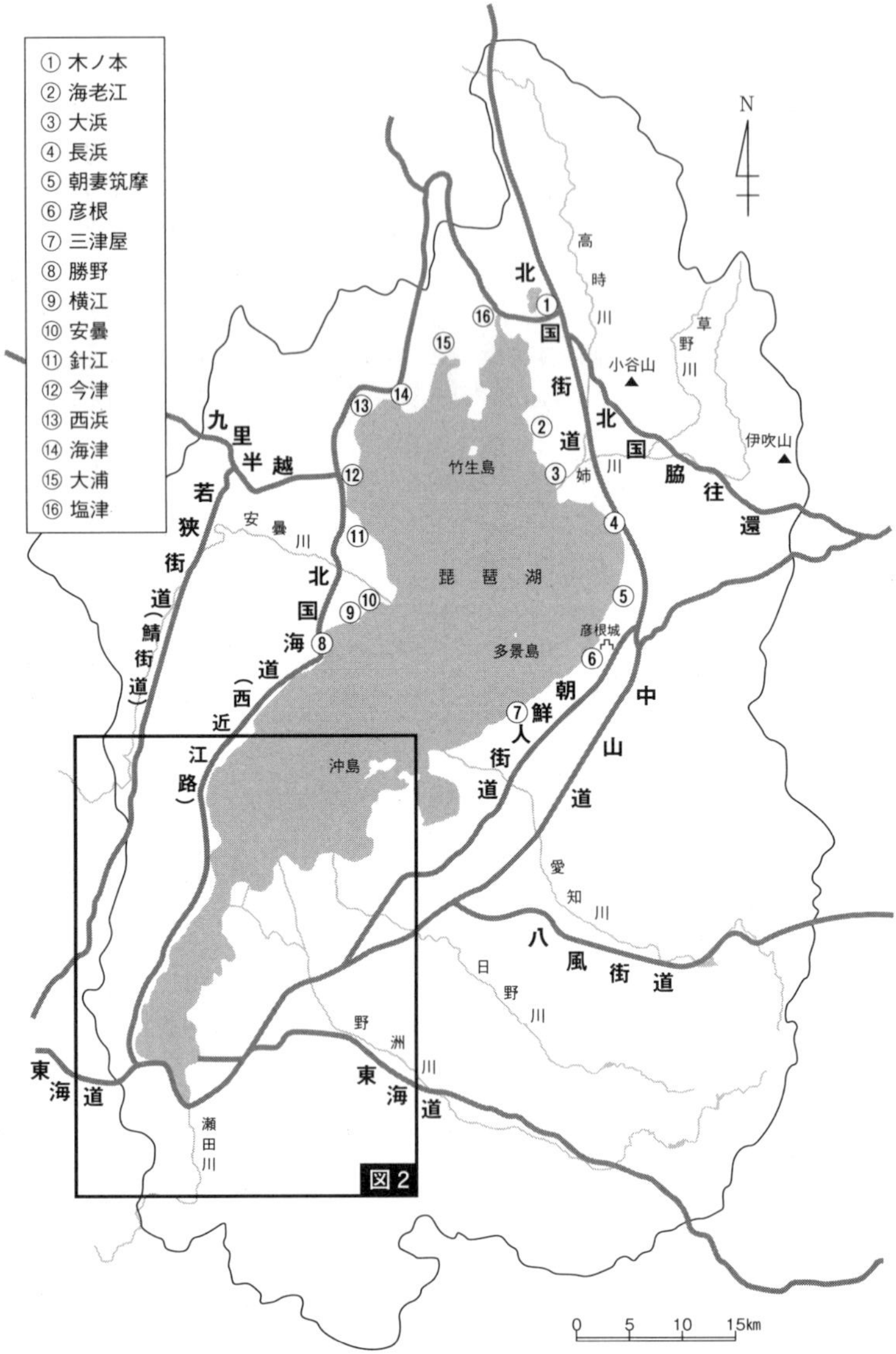

図１　琵琶湖を巡る街道・港の概要図

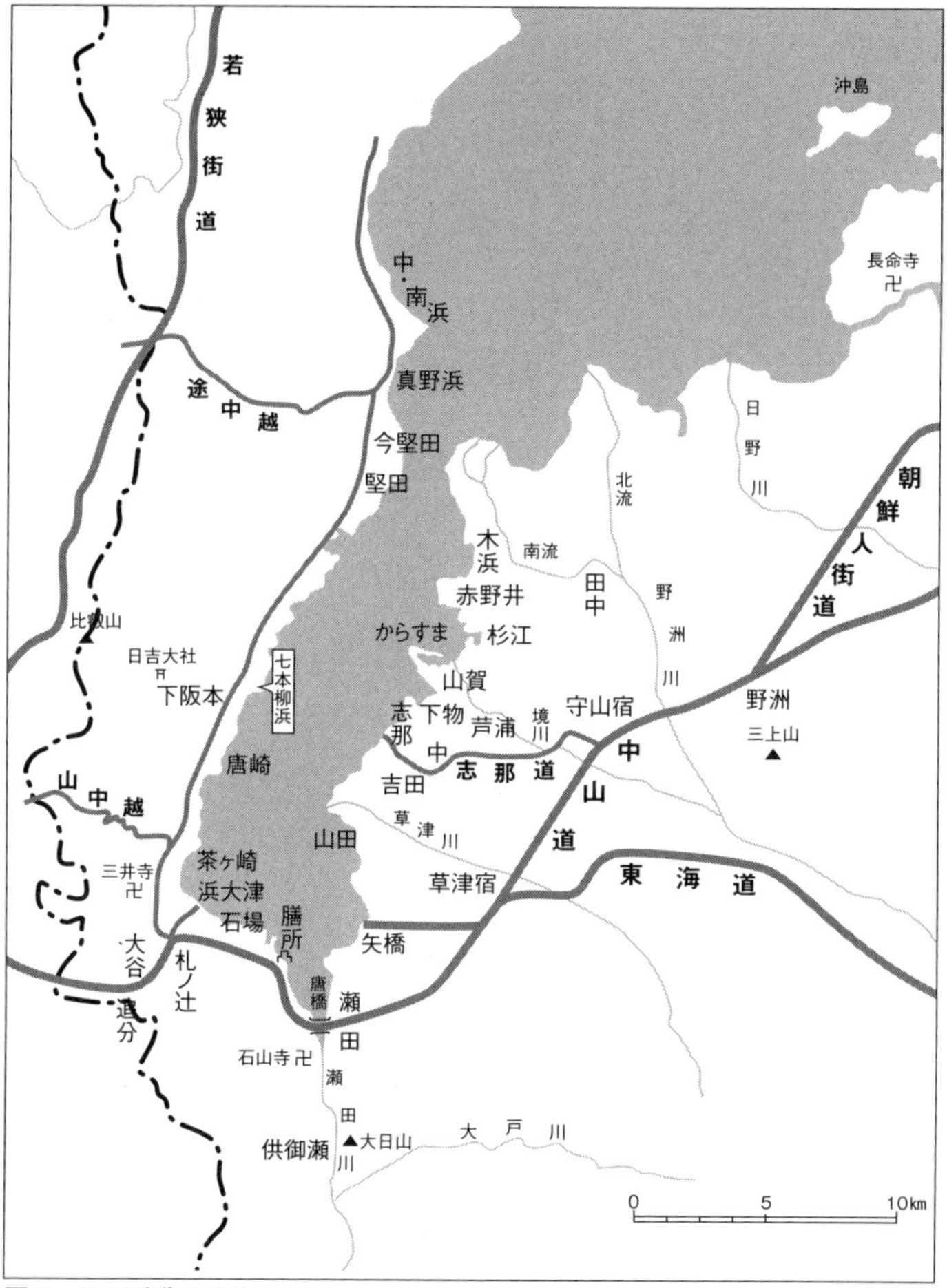

図2　江戸時代の南湖周辺図

の宝暦《ほうれき》・明和《めいわ》・安永《あんえい》のころからと言われています。さらに、江戸末期の歌川派の浮世絵師・安藤広重が、何種類もの「近江八景」を出版したことから全国的に有名な景勝地として知られるようになりました。取り上げられている「近江八景」は、「比良《ひら》の暮雪《ぼせつ》」、「堅田の落雁《らくがん》」、「唐崎の夜雨《やう》」、「三井《みい》の晩鐘《ばんしょう》」、「粟津《あわづ》の晴嵐《せいらん》」、「石山の秋月《しゅうげつ》」、「瀬田の夕照《せきしょう》」、「矢橋《やばせ》の帰帆《きはん》」の八カ所になっています。

すばらしい景観と歴史に恵まれた南湖周辺は、時代の経過とともにその様相を変えています。そして、烏丸半島の湖辺に現れた日本最大の蓮群生地は、新しい時代の琵琶湖を象徴する景勝地の一つとして注目されています。

古い時代の野洲《やす》川の主流であった、境《さかい》川河口に沖積した烏丸《からすま》半島は、特徴的な鳥趾《ちょうし》状《じょう》の砂州になっていました。この三角形の半島に抱えられたような水域、草津市下物《おろしも》町の北浦と呼ばれた葭《よし》原には、昭和五十年（一九七五）ごろから蓮《はす》の生育が確認されていました。それが、湖岸堤整備事業が進んだ昭和六十三年以降から生育域を急速に増やし、今では一三haを超える水域に広がって日本一広大な蓮生育地となっています。

この水域の蓮は、水底の土壌状況や生育面積などの環境条件が最適のため、その草丈や葉身の大きさなどがこの品種の最大限度にまで生育しています。そのため、この広大な水域に広がる蓮群落の景観は、蓮という大型水生植物が秘める生命力の壮大さを遺憾なく表現しています。この景観は、眺める人々の心に様々な感動を与えているようです。

この水域の蓮は、紅蓮《こうれん》系の大型一重《ひとえ》の品種です。花の直径は二五～三〇cmくらいに広がり、花弁の数は一八枚前後あります。開花一日目の花弁は濃い紅色に染められていますが、二日目以降は次第にピンク系に色あせて四日目には散り落ちて果托だけが残ります。花弁の条線はほとんど目立たず、葉面は比較的滑らかになっています。七月半ばころから咲き出した花は、八月半ばには咲き終わります。正確な品種名は分かりませんが、和蓮《われん》という品種に近い系統のようです。

烏丸の蓮群生地と比叡山

夏の日の朝ぼらけとともに、緑の葉波の間から次々と咲き出してくる蓮の花を眺めるとき、人々は幽玄の世界を漂うような気分にひたされるようです。蓮の葉波を超える東の空には、近江富士と呼ばれる特徴的な山容でそびえる三上《みかみ》山が眺められます。蓮の生育する湖の東岸から眺める風景は、水生植物園の象徴のように立つ風力発電の風車の向こうに霊峰比叡の秀麗にそびえる姿が見渡せます。湖のほとりから蓮の葉ごしに眺める風景は、琵琶湖を巡る自然の造形のすばらしさをひとしお感じさせています。

この水域に蓮が分布したのは、太平洋戦争後の昭和四十年ころのことと言われています。草津市下物町の故老石崎昭光《あきみつ》さんや志那《しな》中《なか》町で蓮を栽培する奥野克秋《かつあき》さんの話をまとめると次のようになります。烏丸半島一帯は、葭原が続く魞《えり》場や淡水真珠の養殖場になっていたのです。三角形の二辺の形をした烏丸半島は、昭和四年（一九二九）ころ、囲われた内側の湖底の土砂を掘り上げて作った堤で仕切られました。そして、この堤で仕切られた内側を県立養魚場として活用したのです。三角形の底辺のようになる堤防には、桜や藤が植えられました。春祭の時期には、湖岸の村人たちが田舟を連ねて訪れ、花見の宴を繰り広げる行楽の堤になっていました。また、この堤の外側は太《た》湖《こ》汽船の定期航路になっており、蒸気船の乗客たちにとって烏丸の堤防は桜や藤の花咲く名所になっていたのです。しかし、この近くで蓮の花が咲いていたという話は残されていません。

昭和三十九年（一九六四）に県立養漁場が地元に払い下げられ、その一画で蓮が栽培されて食用のれんこんを掘り上げていた時期があったようです。石崎昭光さんは、この蓮が白花であったことを記憶しています。そうすると、この蓮が現在烏丸の湖で生育している紅蓮系の元祖になることはありません。

烏丸半島を含む常盤《ときわ》地区の村々には、浄土宗を信仰する家が多くあります。この宗派の家庭では、盂蘭盆《うらぼん》の八月十三日になると蓮の葉に盛った野菜を供えて先祖の霊を迎える風習があります。年に一度、十万億土からお精霊《しょらい》さんを迎えて供養する行事です。そして、八月十六日にはお精霊さんが再び冥界《めいかい》にお帰りになるため、おみやげ団子を供え送り火を焚き、これらのお供えを川や湖に流して先祖の霊を送り出しています。この風習は、天台宗や臨済《りんざい》宗などの家庭でも行なわれ、蓮の葉が手に入らない場合には里芋の葉に野菜を盛ってお供えすることになっています。

このような風習のある常盤地区では、庭先の池に蓮を植えたり鉢植えの蓮を栽培する家が多くあり

蓮葉に盛られた盂蘭盆のお供え

ました。このとき植える蓮は、やはり赤花系の蓮が喜ばれたようです。また、鉢植えの蓮は、春先になると植え替えをすることが必要でした。このような蓮が、長年の間に逸出《いっしゅつ》して北浦の葭原の間でひっそりと花を咲かせていたと思われます。

昭和四十五年（一九七〇）ごろ行なわれた湖辺の大規模な圃《ほ》場《じょう》整備事業では、烏丸半島と下物側の間にある明けの川に土橋がかけられ陸続きになりました。これ以後は、赤野井《あかのい》湾から津田江《つだえ》湾へ通じていた湖水の流れがなくなりました。この結果、北浦の湖水はよどむことになって春先の湖底の水温が蓮の生育に適するようになりました。それまでひっそりと咲いていた蓮は、急速に生育水域を増やすようになったと考えられます。

毎年八月十六日の夜は、京都では五山の送り火が焚かれます。夜空を焦がして燃え上がる送り火とともに、京の都ではお精霊さんが送り出されています。都大路と同じ名前の烏丸の湖で咲き誇っていた赤花の蓮は、京都五山の送り火の行事が終わるころになると咲き終わります。烏丸の湖に咲いていた蓮は、お精霊さんゆかりの蓮であったようです。

大文字や　近江の空も　ただならぬ　　蕪村

西日本一の水生植物公園みずの森

草津市では、平成三年（一九九一）から烏丸半島に市立水生植物公園みずの森の建設をはじめました。そして、様々な施設を完備して開園したのは平成七年の夏でした。同じ半島の中に、県立の琵琶湖博物館を建設するのに連動した琵琶湖総合開発事業の一つのようでした。そのころ約六haに広がっていた蓮群生地は、みずの森公園の一部のようになって来園者の目を楽しませるようになりました。

水生植物園内は、大きく分けると植物展示部門と情報提供部門になっており、今では西日本最大の水生植物園として多くの入園者を集めています。多くの水生植物が花盛りになる、夏季の公園内のようすをのぞいて見ます。入口広場には、鉢植えの蓮がいくつも並べられています。小型の蓮ですが、いろいろな品種の蓮が花を咲かせて来場者を歓迎しています。そして、蓮の花には赤、白、黄など色々あり、爪紅《つまべに》や斑《まだら》模様の違いのあることも理解でき、蓮の花に対する興味と関心を高める手がかりになっているようです。

広場の正面には、全館冷房となったロータス館があります。夏の暑さの中で、屋外の展示植物を見てまわった後で入館すると、生き返ったような心地がするロータス館です。この館内には、映像ホールがあり、蓮を始めとする水生植物をハイビジョンで紹介しています。上映時間が決められていますが、「ハス—その素顔を探って—」、「滋賀の水草めぐり」、「ロータスと美」、「スイレンの美をめぐって」

水生植物公園の正面玄関

などがたのしく鑑賞できます。つづく鑑賞温室（アトリウム）には、熱帯スイレンなど熱帯性の水生植物が花を咲かせている池があります。その周りには、インドボダイジュやサラノキをまじえた熱帯植物が葉を茂らせています。この外側にある池では、いくつかの品種の蓮が花を咲かせているのがガラス越しで見下ろせます。冬場には、人工処理で花を咲かせた蓮が温室に展示されることもあります。

鑑賞温室に続く常設展示室は、蓮や睡蓮《すいれん》など水生植物の博物館のようになっています。工夫された展示内容は、蓮をはじめとする水生植物の生態や特徴を分かりやすく解説しています。時間をかけて観覧すれば、蓮という植物の概略を理解できるようになっています。この館内には、蓮にかかわる製品やお菓子、そして蓮うどんなどが販売されている売店や喫茶店もあり、外苑を眺めながらゆっくりと休憩することができます。

ロータス館の外には、三つの池が作られて蓮や睡蓮のほかオニバスやオオオニバスなど珍しい水生植物が栽培されています。湿性花園は小路で巡り歩くことができます。ここには、琵琶湖周辺に生育する湿地性の植物が中心になって美しい花を咲かせており、湿地性植物の専門的な知識を探究することができます。この北側は、小高い丘になって樹木の茂る緑の広場と芝生の広場が作られており、小路を通って散策できるようになっています。芝生広場からは、蓮の湖の広々とした全景を見おろすことができます。その壮大な眺めに感動した人々は、東ゲートから湖岸に出て蓮の花をより間近に見て親しむことができるようになっています。

水生植物公園の外苑風景

蓮の展示栽培場風景

正面入口を入った右手奥には教材園があり、蓮と珍しい水生植物が水槽に植えられて展示されています。世界各地から集められた一〇〇品種ばかりある蓮は、背丈を超える高さに生長して壮観です。大きな葉の間から見られる蓮の花は、いろいろな品種の違いを教えてくれる格好の実物標本になっています。ゆっくりと見て歩けば、豪華で華麗に咲く蓮の花には、それぞれ神秘的な造化の妙が秘められていることが分かります。世界でも珍しい蓮、妙蓮と同じ品種になる中国産千弁蓮も不思議な花を咲かせているのが見られます。

妙蓮と千弁蓮は、もともと同じ品種の蓮であることから違いはほとんどみられません。しかし、詳細に調べると千弁蓮は、つぼみの時期の花弁の色が妙蓮より濃い紅色であることや、葉身の表面が粗く感じられることで妙蓮の葉面との違いがあることが確かめられました。

古い時代の歴史を秘める志那港と蓮海寺

烏丸半島から南へほぼ二km下ったところに、史上有名な志那《しな》の港（草津市志那町）があります。琵琶湖の南湖東岸には、木浜《このはま》港、赤野井港、志那港、山田港、矢橋《やばせ》港など由緒ある港がありますが、この中で最も古くから栄えていたのは志那港とされています。湖上では西岸の下坂本《しもさかもと》と連絡し、陸路では志那道を経由して中山道に通じる交通の要所でした。志那道は、芦浦《あしうら》の観音寺や金森《かねがもり》の道西坊《どうさいぼう》などの有力寺院を経由しており、江戸時代には将軍家御《ご》上洛《じょうらく》の路とされていました。古くから中世末までは、近江平野を縦断して通る中山道が関東から上洛する道路であったため、守山宿から志那道で結ばれた志那港がよく利用されていたのです。しかし、織田信長の時代以降、比叡山のふもと坂本が昔日の勢いを失うとともに志那港は利用が少なくなりました。

建武《けんむ》四年（一三三七）、後醍醐《ごだいご》天皇方の脇屋義助《わきやよしすけ》軍二千余騎が坂本から志那港に上陸し、京極道誉《きょうごくどうよ》軍三千余騎と伊岐代《いぎしろ》宮で戦ったと『太平記』に記されています。伊岐代宮とは、志那港から守山に向かう志那道の途中、芦浦にある式内社印岐志呂《いきしろ》神社のことになります。南北朝のころ、志那港と坂本の間では密接な湖上交通があったことが推定されます。

足利九代将軍義尚《よしひさ》が六角高頼《ろっかくたかより》追討の宣旨《せんじ》を与えられ、坂本から志那港を経て鈎《まがり》の安養寺（栗東市安養寺町）に本陣をおいたのは、長享《ちょうきょう》元年（一四八七）九月のことでした。将軍義尚は、鈎の本陣で病死するのですが、その後も続く京と近江の間での戦乱では志那港が要所として利用されていました。永禄《えいろく》十一年（一五六八）に織田信長が六角家を討ち滅ぼして上洛した時は、九月二十六日に志那港から湖上を渡って三井寺《みいでら》の極楽院に入ったとされています。また、足利義昭《よしあき》を追放し、越前の朝倉家を滅ぼすとともに小谷城の浅井長政《あざいながまさ》を打ち破って天下統一の緒についた後、天正《てんしょう》二年（一五七四）に上洛する際にも志那港から坂本に渡っています。

徳川家康が大坂夏の陣に進発する際、湖上を船で進んだ時大風雨で危うくなり、ようやくにして着いた岸が「品津《しなづ》浦」と聞いて、「この戦必ず勝つべし」と大いに喜んだといわれています。品津を「不死」と語呂合わせをしたという、古い話が伝承されている志那港です。

寛永《かんえい》十一（一六三四）年七月、三代将軍家光《いえみつ》が上洛しています。この時、芦浦観音寺に命じて六〇石積の屋形船《やかたぶね》弁才丸を楠《くす》材で建造させて、矢橋港から膳所《ぜぜ》城へと渡航しています。この長さ七間《けん》（一二・六m）幅一間半（二・七m）の弁才丸は、この後志那港に係留されて再度の上洛に備えていましたが、破損箇所も多くなり、貞享《じょうきょう》二年（一六八五）幕府の命により志那浦で焼却し、その灰燼《かいじん》を埋めた跡に松を植えて「野神《のがみ》」と呼んで祀っています。

志那港のそばには、蓮海寺《れんかいじ》という重文に指定された地蔵菩薩立像《じぞうぼさつりゅうぞう》を祀るお堂があります。この地蔵菩薩立像は、伝教大師最澄《でんぎょうだいしさいちょう》が比叡山の杉の木一本を刻んで三躯の地蔵尊を造られたうちの一躯で、この元木の一躯は伊香郡木之本村に安置されたと言い伝えられています。『草津市史』では、「寄木《よせぎ》内削り・彫眼・彩色像で、右手に錫杖《しゃくじょう》、左手に宝珠《ほうじゅ》をもって後補の蓮台《れんだい》の上に直立している。像高は一六三・五cm、風貌は地蔵としては鋭く、着衣の衣褶《いしゅう》も深く、左胸前と背面の袈裟釣《けさつり》金具は体幹部より精緻に作り出し、裳裾《もすそ》は両足に軽くかかる。十三世紀の地蔵菩薩である」と、記されています。由緒深い地蔵尊は、志那港近くの湖岸の草堂に安置されて人々の信仰をあつめていました。正保《しょうほう》年代（一六四四〜四七）のころ、この地蔵尊を信仰していた芦浦観音寺の舜興《しゅんこう》が、草堂の破損を憂えて境内を湖中へ石垣で築出し、比叡山から材木を戴いて伽藍《がらん》を修造したと伝えられています。そして、毎年七月二十四日に僧衆を集め、お堂の前湖水の西に向かい一座の施餓鬼《せがき》法要を行なっています。

昭和六十年（一九八五）、地蔵堂の屋根を改修した際、棟木《むなぎ》に付けられていた元禄《げんろく》八年（一六九五）七月二十四日と記された「地蔵堂縁起」が見つかりました。その縁起書には、「当処を志那と言うのは、伝教大師が比叡の峰から遠望されたとき、志那、吉田、中村の三邑（村）がさながら品の字の三口のよ

蓮海寺の全景

蓮海寺の地蔵菩薩像

地蔵堂縁起（藤田繁一氏提供）

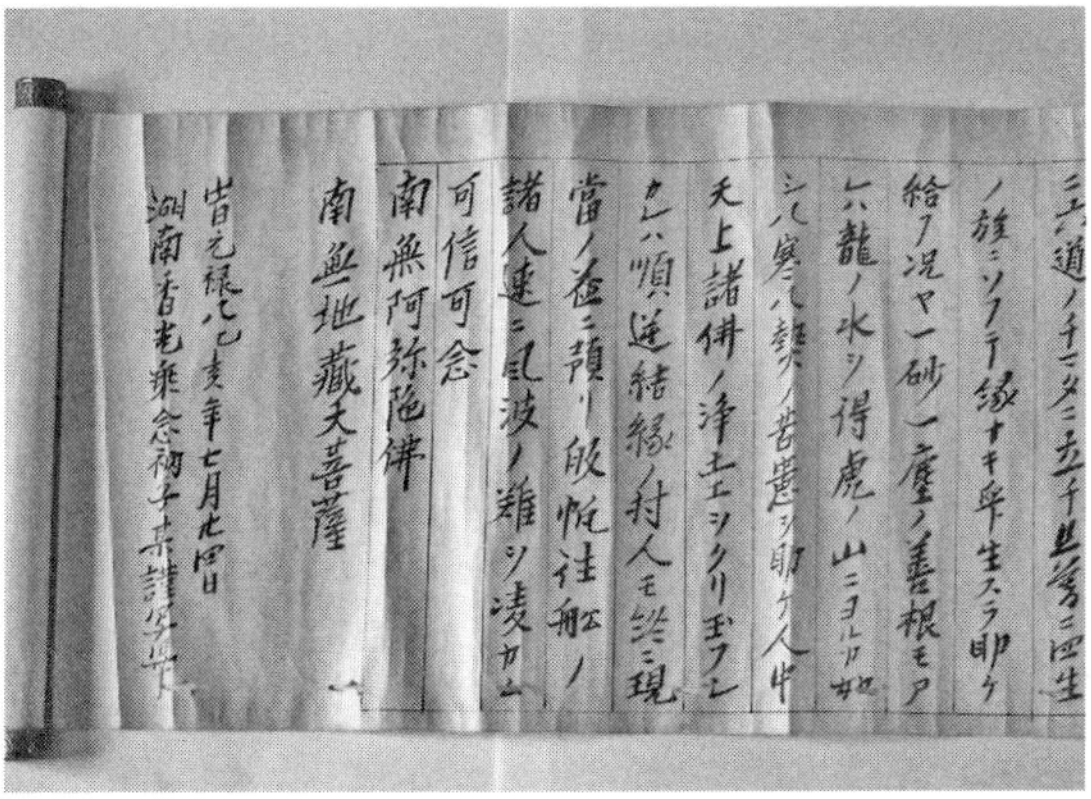

地蔵堂縁起の文面（藤田繁一氏提供）

うであったことから付けられている。推し量るに、山上の三塔を上三品《じょうさんぼん》とし、麓の下坂本戸津《とつ》、志津《しづ》、今津《いまづ》を中三品とし、この三邑を下三品にあてられ、ここに蓮を植えさせ九品浄刹《くほんじょうせつ》の功徳池と観し給うたのである。今に至るまで蓮花は絶えず、花葉は審々として色香芬々《ふんぷん》たり、古は毎年六月十五日に彼の蓮花を（延暦寺の）根本中堂《こんぽんちゅうどう》に捧げたと伝えられている」と、記されています。志那港は、琵琶湖上での渡航の要所としてだけでなく、由緒ある地蔵堂や延暦寺に縁《ゆかり》のある蓮花の名所として有名だったのです。

志那浜のほとりに栄えた蓮の名所物語

室町幕府の命によって、京都相国寺《しょうこくじ》鹿苑院《ろくおんいん》内の蔭凉軒主《いんりょうけんしゅ》が筆録した、『蔭凉軒日録』という日記があります。『蔭凉軒日録』の前半は永享《えいきょう》七年（一四三五）から文正《ぶんしょう》元年（一四六六）、後半は文明《ぶんめい》十六年（一四八四）から明応《めいおう》二年（一四九三）の日記で、この中断部は発見されていません。記事は、当時の政治・経済・美術・文学など多方面にわたり、禅宗史や日明《にちみん》外交史に関する記事は貴重なものとされています。このように貴重な日記の中に、志那の湖辺で花を咲かせる蓮のことが記録されています。

『蔭凉軒日録』の延徳《えんとく》四年（一四九二）七月十六日の条に、「僧衆今晨營レ齋、齋罷並二舟三艘一、将僧衆往二支（志）那、観二蓮花一、於二舟中一有レ宴、一時佳興也」とあります。この要旨は、「京都相国寺の大勢の僧侶が芦浦の安国寺《あんこくじ》に一泊し、朝斎を終えた後、舟三艘を連ねて志那の浜辺に蓮花を観覧した。舟中で宴を開いて一時清遊した」ということです。安国寺は、足利尊氏《たかうじ》・直義《ただよし》兄弟が南北朝の戦死者の追善と国家安穏の祈禱《きとう》場として、日本六十余州の国ごとに建てさせた寺院で、近江では先ほど蓮海寺に関連して登場した芦浦観音寺の門前にあったとされています。

芦浦観音寺の門前風景

相国寺の僧侶たちが大勢で蓮花見物をした時代は、延徳元年に足利九代将軍義尚《よしひさ》が近江鈎《まがり》の陣で没し、その翌年に八代将軍であった義政《よしまさ》が死去した後でした。延徳四年には、十代将軍となった義材《よしき》が義尚の遺志を継いで、六角高頼を征伐するため再び近江に軍を進め、中山道が愛知川と交差する簗瀬《やなせ》で合戦し、永源寺の町を焼くことなどがあった時です。そして、この年九月十九日、明応《めいおう》元年と改元されています。このような戦乱が続く世相にもかかわらず、京都から出かけてきた大勢の僧侶が舟を連ねて見物し、宴を催すほど志那の蓮は見事で有名だったと考えられます。

『厳助往年記《ごんじょおうねんき》』の永正《えいしょう》十五年（一五一八）六月十八日の条には、「江州志那蓮見物、北村兵庫申沙汰也」と記されています。この年記の詳細は分かりませんが、戦国時代とされる争乱の世の中にも関わらず、志那の湖中に咲く蓮の花は一見する価値があったようです。

永禄末年から元亀《げんき》年間（一五七〇〜七三）にかけて、志那の政所《まんどころ》屋敷で志那港を管掌《かんしょう》していた市川家に、「蓮根二十本到来祝着候、猶布施藤九郎可申也、謹言、九月九日　義治（花押）」と、書かれた書状が残されています。志那港の市川源介が、観音寺城の六角義治《よしはる》に蓮根《れんこん》を贈呈したことへの謝礼状です。志那の湖畔に生育していた蓮は、花を愛でるだけでなくその蓮根を掘り上げて食用に供していたことが分かります。また、この蓮根が志那の名産として珍重されていたのだと思われます。

『時慶卿記《ときよしきょうき》』には、「慶長八年　癸卯《みずのとう》六月廿五日天晴、暑甚、将軍ハ志那蓮見ニ御越ト」と記されています。また、『嘉良喜随筆《からきずいひつ》』には、「慶長八年癸卯六月廿五日、家康公江州志那ノ蓮花一覧ノ為大津へ御動座」と、記されています。慶長八年（一六〇三）六月二十五日、徳川家康が志那浜の蓮花を見るために、伏見《ふしみ》城から大津に出て、大津から舟に乗って志那浜に遊覧したことを記録しています。新暦でいうと八月二日のことになり、当日は暑気がことに甚だしかったと記されています。この年の二月十二日、家康は伏見城で征夷大将軍《せいいたいしょうぐん》の宣下《せんげ》を受けて、徳川政権の基盤が固まったころの、夏の一日の蓮見物記録です。この年の六月は、「諸国炎旱、摂津甚し、祈雨」と『徳川実記』に記されてあり、快晴で暑熱の日に湖風に吹かれての蓮見物は、権勢絶頂の家康の心を映す風景だったと思われます。

正保《しょうほう》年間（一六四四〜四七）に製作されたと思われる「近江名所図屏風《ずびょうぶ》」が、サントリー美術館に収蔵されています。この屏風のなかに、志那の蓮海寺の付近と思われる湖岸で蓮見物をする人々の情景が描かれています。江戸初期のころ、志那の蓮は大勢の人々が見物に集まる有名な景勝地になっていたのです。大勢の人が集まって、蓮花を観覧する様子を描いた古い絵図は、他に例のない貴重な史料です。このように珍しい情景を描いた屛風のことは、次の項目で詳しく取り上げたいと思います。

志那町の吉田包治《かねじ》家所蔵の古文書に、次の書状があります。

長（永）井信濃守様　牧野佐渡守様　本田（多）縫殿頭様　五味備前守様
小野宗左衛門殿　右之御衆来十二日品村へ蓮花御見物ニ御越被レ成　其ヨリ
観音寺様ニて御振舞被レ遊候　定て御機嫌不レ可二勝計一候　恐々謹言

この書状の内容は、「永井信濃守様《しなののかみ》ほか四名の方々が打ち揃って、十二日に志那村へ蓮花見物にお越しになりました。そのあと、幕府代官の芦浦観音寺でもてなしを受けられました。おそらく皆様のご機嫌はうるわしかったと思われます」というものです。

永井信濃守とは、寛永十年（一六三三）下総国古河《しもうさのくにこが》（茨城県古河市）から一〇万石で入封《にゅうふう》した淀城主の永井尚政《なおまさ》です。将軍家光の上洛を計算に入れた幕府の畿内近国支配強化のため、老中《ろうじゅう》であった尚政を転封《てんぽう》するという措置でした。そして、翌年の将軍家光の上洛により成立させられた、畿内近国支配の幕府機構である八人衆組織の中に、民政・軍事の相談役として名を連ねている重要人物です。

牧野佐渡守《さどのかみ》とは、江戸に近い関宿《せきやど》藩主であった牧野親成《ちかしげ》のことです。親成は、承応《じょうおう》三年（一六五四）

から寛文《かんぶん》八年（一六六八）まで京都所司代《しょしだい》となり、河内国《かわち》高安郡《たかやす》で二万七〇〇〇石を領した人物です。本多縫殿頭《ほんだぬいのかみ》とは、慶安《けいあん》四年（一六五一）に七万石で膳所城主になった本多俊次《としつぐ》の嫡子康長《やすなが》のことです。小野宗《そう》五味備前守豊直《ごみびぜんのかみとよなお》も上方郡代として、京都を中心とする上方の行政に威勢のあった人物です。

左衛門貞久《ざえもんさだひさ》とは、家康の近江知行地の代官を務めていた祖父貞則《さだのり》が、徳川時代に大津代官となった跡役を、寛永十八年から四〇年間務めた人物です。

永井・牧野・五味という、当時の京都を中心とする畿内の行政に重要な関わりのあった人物が政務の合間をぬって、地元膳所城主の嫡子や大津代官と誘い合わせて観覧したのが志那浦の蓮花であったのです。この書状が記された年次は分かりませんが、本多康長が万治《まんじ》元年（一六五八）六月に死去していることから、明暦《めいれき》年間（一六五五〜五七）のことと推定されます。

文政《ぶんせい》七年（一八二四）六月彫刻と記された、「近江国細見図」という図版があります。この図版には、琵琶湖とそれに注ぐ主要な河川や街道の概略が描かれ、それに沿って村々の配置が記されています。また、有名社寺、城郭、陣屋や名所旧跡の位置などが記されています。湖岸の港と湖上交通の距離も記されています。この図の栗太《くりた》郡の湖岸に志那の村名が記され、その湖中に「蓮」という字が二カ所記されています。このことは、この当時志那の湖辺にある蓮が名所旧跡として有名であったことを示しています。江戸時代後期の文化文政のころまでは、志那浦の蓮海寺の周辺に蓮が生育していたように考えられます。

屏風に描かれた湖畔の名所旧跡

サントリー美術館（東京都港区赤坂）には、「近江名所図屏風《ずびょうぶ》」という六曲一双の紙本着色の屏風（一二〇×二七五cm）が所蔵されています。この屏風には、近江八景などで由緒深い琵琶湖の南湖周辺の名所旧跡を、陸路、水路の要衝としての賑わいとともに描いています。描写の方法は、景色よりも琵琶湖のほとりの港や宿場町、そして街道沿いの賑わいに興味を抱いて、その風俗表現に力を入れています。ことに、琵琶湖のほとりに展開する江戸時代の様々な賑わいのようすを描いたことは、貴重な史料でもあります。時世風俗の描写を専一にした、近世風俗画ならではの趣を持った屏風であると評価されています。

瀬田川に流れ込む大河のような南湖を南下する船から、その右岸に展開する名所の情景を描いたように見えるのが「近江名所図屏風」の右隻《うせき》です。また、南湖の左岸に展開する街道と名所の情景を、北上する船から見ているように描いたと思われるのがこの屏風の左隻です。景観年代は、膳所城の天主閣のようすや蓮花見物の絵にある石垣造りの出島などから、正保《しょうほう》年代（一六四四〜四七）のころと推定されます。季節は、蓮花見物をする賑わいのようすから旧暦の初秋七月のころと考えられます。作者は、明らかになっていません。

右隻の第一、二扇で描かれているのが、真野《まの》浦と堅田港です。万葉の時代から歌に詠まれて有名な

屏風右隻の第一・二・三扇（サントリー美術館蔵）

真野は、京都大原から途《と》中《ちゅう》越えで琵琶湖岸に出たところにあります。古くは、西近江路《じ》を北国へ向かい、あるいは船で湖東へ渡る水陸交通の要所として賑わっていました。この絵図では、白砂の湖岸で小舟を出す漁師と二人の旅人が描かれています。江戸時代にはさびしげな風景の真野浦です。

南湖の入口にあるのは、堅田港です。琵琶湖を行き来する船にとって、堅田はその喉元に位置する要港だったのです。しかし、古くから琵琶湖の水運と漁業に絶大な権力を振るっていた堅田衆は、大坂（阪）が治世の中心地となった豊臣時代以降は、往時の権力はなくなりましたが、湖上一円を漁場として操業する堅田漁師として栄えていました。この屏風の堅田港は、町並の賑わいは往時をしのばせますが、船溜《ふなだ》まりは子供が遊ぶ姿がみられる平和な姿になっています。平安時代中期の長徳《ちょうとく》年間（九九五〜九九九）の創建とされる有名な浮御堂《うきみどう》は、長年の戦乱と風浪でうらぶれていたために描かれていません。天和《てんな》年間（一六八一〜八四）には、浮御堂は立派に再興されたことが記録されています。

七本柳浜の現風景

第一・二・三扇《せん》で描かれている風景は、「山王《さんのう》さん」の総本宮である日吉大社《ひよしたいしゃ》の山王祭の例祭が行なわれる琵琶湖畔です。比叡山の麓にある日吉大社では、延暦寺の僧徒が大きく関与し、大津全域をはじめ八瀬《やせ》、修学院など京都近郊の村々が参加する山王祭を、四月十二日から十五日にかけて豪壮かつ華麗な祭礼として繰り広げてきました。平安時代から続く春の琵琶湖畔最大の賑わいを想像して、行き交う丸子船やだんべい舟に託して例祭に関連する湖畔を描いているようです。

奥に描かれているのは、延暦寺のある比叡の峰と山麓にある日吉大社の石橋や里坊の並ぶ坂本の町並みのたたずまいです。元亀《げんき》二年（一五七一）の戦乱で焼き尽くされた町並みは、芦浦観音寺の詮舜《せんしゅん》などの尽力もあって、昔の賑わいを取り戻しています。日吉大社に描かれている大宮橋は、太閤《たいこう》秀吉が寄進したとされる重要文化財です。

第一・二扇の湖辺に大きく描かれているのは、四月十四日の山王例祭で、七社の神輿が日吉大社より下り神輿船に移座する浜、七本柳《しちほんやなぎ》（下阪本一丁目）です。竹藪の中に大きな柳が生えた台地が描かれています。この台地は、明智光秀《あけちみつひで》が主将として入った坂本城の跡地のようです。坂本城は、七本柳の浜の北隣のあたりに築かれたのですが、天正十四年(一五八六)ごろに大津の打出浜《うちではま》に移築されて大津城となっています。

第三扇には、唐崎《からさき》の松が描かれています。白砂《はくしゃ》の湖岸に枝を広げる大木の松と、その見事な枝ぶりの下で遊興する人々の姿が描かれています。唐崎の松の下には、日吉山王の御旅所《おたびしょ》である唐崎神祠があります。山王例祭では、七本柳で神輿船に乗せられた七つの神輿が、唐崎神社の沖まで渡御《とぎょ》して粟津《あわづ》の御供《ごく》を受ける神事があります。この湖上で展開する、平安朝の絵巻をくり広げるような感に打たれる情景を思い浮かべて、湖辺の風景を描いていると思われます。江戸時代から霊松と讃えられた大松は、大正十年(一九二一)に枯れたため現存の松はその三代目となっています。

行春を　近江の人と　おしみける　　芭蕉

坂本の浜辺を大津に巡る浜辺には、尾花《おばな》川の河口茶ヶ崎が描かれています。このあたりを錦織《にしこおり》の里といい、往古、天智《てんじ》天皇の御衣を織った所と伝えられています。湖岸では、柄杓《ひしゃく》で水を汲み織布を洗う人や、洗った衣を広げて乾かしている人などが描かれています。

大津港付近の賑わいは、圧巻です。大津百艘《ひゃくそう》船と呼ばれる船仲間が成立して、琵琶湖全体の舟運を取り仕切っていたようすが描かれています。北国から運ばれてきた荷は、この島の関を通って馬の

唐崎の松

山王祭神輿船渡御（山王祭実行委員会提供）

背や牛車に積まれて京都や大坂へと運ばれていきました。近江各地からの年貢米《ねんぐまい》は、丸子船で島の関に運ばれ米蔵に納められました。島の関の東南側に、松本石場の船着き場があります。この松本石場からは、対岸の矢橋とのあいだを客船が行き来していたのです。矢橋港からきたと思われる二丁櫓《ろ》で漕ぐ船が、旅人を満載して船着き場に到着するようすが描かれています。天気の良い波の静かな日は、出入りする客船や丸子船で大賑わいになっていた大津港の情景です。

屛風右隻の第四・五・六扇（サントリー美術館蔵）

　大津の町並みでは、東海道と西近江路の分岐点である札《ふだ》の辻《つじ》の賑わいが描かれています。東海道は、札の辻を山手に鉤の手に曲がって逢阪山に向かいます。この札の辻には、馬借《ばしゃく》会所・人足《にんそく》会所や高札《こうさつ》場があり、大津における東海道宿場の中枢部門が置かれていたのです。しかし、この絵では、お客を呼び込む飯盛《めしもり》のような女人たちの呼び声が聞こえるような、宿場町の賑わいが描かれています。大勢の人々とともに、三頭の馬がその賑わいに加わっているような情景もみられます。人馬一体となった宿場の賑わいは、札の辻近くに

大津宿札の辻（近江名所図屏風）

往来人馬の守り神とされる馬神神社があり、大津馬と歌に詠まれて大切に扱われていたことを示しています。また、人馬で賑わう十字路の中央に立つ高札の上には、道行く人々を守護し、悪霊を退散させる仁王像が置かれているのも、ほほ笑ましく眺められる情景です。

東海道は、蟬丸《せみまる》社の前を通って大谷町から追分《おいわけ》町へと向かいます。このあたりは、「長い家並みが続き、錠前師・ろくろ師・彫刻師・絵師・そろばん師・仏具商が居住し往来の人々を相手にしていた」と、『江戸参府旅行日記』に記されています。この道筋にある一つの情景として、勧進僧が柄杓を持って道行く人に喜捨を乞う姿や、大津絵を描いた画軸が三幅《ぷく》掛けられているようすが描かれています。大津絵は、大谷絵・追分絵とも呼ばれて、このころから大谷村や追分村でみやげ絵として売りはじめられてから有名になったのです。

これら第四・五扇の背景には、長良山の麓一帯に長等《ながら》山《さん》園城寺《おんじょうじ》（三井寺《みいでら》）の諸堂舎が建ち並ぶ壮観なさまが垣間見られます。

三井寺の　門たたかばや　きょうの月　　芭蕉

第六扇に描かれた膳所《ぜぜ》城は、湖水中へ突き出した本丸と橋でつながれた二の丸が描かれています。そして、本丸にある天主閣は三層の秀麗な姿になっています。この天主は、寛文《かんぶん》二年（一六六二）の大地震で倒壊して、四層に修復される以前の姿です。また、橋で繋がれた本丸と二の丸はこの地震以後に合体されて本丸になったので、「近江名所図屛風」の描かれた年代が、江戸初期の寛文二年以前のことであったのを示しています。

膳所城は、関ヶ原の戦いの翌年、慶長《けいちょう》六年（一六〇一）に大津城を廃して膳所崎に築き上げられた水城です。大津を経済都市として発展させ、膳所を政治・軍事機能を持つ都市として育成する目的で築城されています。この城は、創設当時の江戸幕府が京都や大坂を治め、西日本を統一する前線基地として重要な機能を担っていたのです。本丸、二の丸、出丸を湖上に構え、三層の天主を屹立させた秀麗瀟洒《しょうしゃ》な膳所城は、湖上を行き交う旅人たちの目を見張らせる風景であったと思われます。

この城の南に続く湖岸は、近江八景の一つである「粟津《あわづ》の晴嵐《せいらん》」と称された景勝の地ですが、この屛風では膳所城の影にかくれています。そして、「瀬田の夕照《せきしょう》」とされる瀬田の唐橋と「石山の秋《しゅう》月《げつ》」で有名な石山寺の宝塔が描かれています。天正《てんしょう》元年（一五七三）に兵火を受けた石山寺の伽藍は、淀君の尽力により再興されており、寺辺村の賑わう町屋も見えています。

「近江名所図屛風」の右隻に描かれているのは、長く打ち続いた戦乱の世がようやく終りを告げ、徳川幕府の体制が確立して平和になった半世紀後の琵琶湖のほとりの風景です。琵琶湖とともに生きる人々の、天下泰平の世を迎えた喜びの姿が生き生きと描かれています。近江妙蓮にかかわる日記が記されはじめたのも、この屏風が描かれたころと同じころのことになります。

屏風に描かれた街道と蓮花の名所

近江名所図屏風の右隻と左隻は、粟津浜から唐橋（辛橋）の小橋を中の嶋に渡り、さらに大橋を対岸の橋本村に渡って行く風景で連らなっています。右隻は、長さ二七間（約四九m）、幅四間の小橋を中の嶋に行きかう人々の情景で終わります。そして、左隻は、中の嶋から長さ九七間（約一七五m）、幅七間の大橋を往来する人馬の風景からはじまります。数多くの合戦の歴史を秘めた瀬田の唐橋は、近江の国中の水をことごとく貯めた湖水が流れ出る唯一の川に掛けられた橋です。南湖を巡る風俗・風景を描いた六曲一双の屏風の合わせ目としてふさわしい風景です。

左隻の第一・二扇に描かれているのは、近江八景の一つとして有名な「矢橋《やばせ》の渡し」です。船宿の前を急ぐ人馬や、荷を担いで渡し船に乗り移る人の姿が忙しそうです。また、多くの人を乗せて松本石場から到着したたんべい船が、船着き場に入るようすもみられます。矢橋の渡しは、常夜灯と松並木が目印ですが、ここでは柳の大木が風になびく絵になっています。今に残る常夜灯は、弘化《こうか》三年

屏風左隻の第一・二扇（サントリー美術館蔵）

（一八四六）の夏、矢橋の船方によって建てられています。この矢橋港の北隣りには、年貢米や荷を運ぶ役割を分け持っていた山田港の船溜まりが描かれています。山田港から出た帆掛け船は、筵《むしろ》を繋ぎ合わせた独特の帆に湖風を受けながら大津港に向かっているようです。

室町時代から栄えていた志那港は、山門《さんもん》（延暦寺）の衰亡と坂本港の没落のあとは、その栄華を矢橋港に譲りました。徳川家康・秀忠・家光が上洛する際の御用船を務めたのは矢橋でした。江戸時代には、禁裏《きんり》様御《ご》代参《だいさん》、御《ご》上使《じょうし》様御通行、二条・大坂御番衆《ごばんしゅう》様の渡し船を勤めていたことが『矢橋村明細帳』に記されています。東海道と中山道が分岐する草津宿の発展は、矢橋道を通って矢橋港から大津へ向かう要人や旅人の数を増やしていたのです。

矢橋港の唐橋寄りに、湖中に出張った白砂青松《はくしゃせいしょう》の湖岸が描かれています。この湖岸は、大江川の河口部に広がっていた砂浜です。江戸時代初期には、粟津の青嵐と見比べられるような風景の湖岸でした。

矢橋港跡

しかし、天保の瀬田川浚《かわざら》え工事で取り去られ、その積み上げられた土砂が天保山と呼ばれて残されたところです。現在では、玉野浦や菅野浦と呼ばれる葦の生える湖辺になっています。

第三・四扇は、草津宿の賑わいが琵琶湖側から眺めた風景で描かれています。瀬田の唐橋に通じる松並木の東海道は、草津宿に入る手前にある川に掛けられた板橋を渡ります。この川は宮川（伯母《おば》川）で、この板橋を渡ると草津宿本陣のある町中に入ります。旅籠《はたご》や商家が建ち並ぶ街道は、やがて東に向けて鍵形に曲がり横町に入ります。このころの草津川は、まだ天井川《てんじょうがわ》になっていませんでした。この分岐点を追分見付《みつけ》といい、高札場が設けられ一〇種類に余る高札が掲げられていました。また、「右東海道、左中仙（山）道木曾街道」と記された大きな道標も立てられていました。この追分見付で、東海道と分かれて草津川を越える街道が中山道です。現在、高さ二間余（約三・八m）に及ぶ常夜灯が残されていますが、これは草津宿を常に往来する人々の寄進によって文化十三年（一八一六）に建てられたものです。この絵図では、茅葺《かやぶ》き屋根の家が多く、江戸初期のころの草津

屏風左隻の第三・四扇（サントリー美術館蔵）

宿のようすが伺われます。また、街道を通る人馬の姿と旅籠や商家に出入りする人々の賑わいが大津宿とは違った情景で描かれています。

草津宿は、一一町五三間半（約一・三㎞）の往還をはさみ、二軒の本陣と二軒の脇本陣のほか、大小七二軒の旅籠が軒をつらねていました。東海道や中山道を通る、参勤交代の諸大名や旅人たちの便宜を図っていた大きな宿場町で、湖東平野最大の賑わいをみせる中心街でした。

草津宿の賑わいを中心に描いた背景には、東海道が鈴鹿の峠に向かう道筋と、守山宿を経る中山道と八風街道に沿った名所旧跡が点描《てんびょう》されているようです。中央には、湖南の秀峰三上山が近江富士と呼ばれる英姿をみせています。

三上山の麓を流れている、横田川（野洲川）に沿って鈴鹿峠に向かう街道が東海道です。山肌に石灰岩が露出する石部の宿を経て美し松のある平松を過ぎると、三雲《みくも》を超えて水口宿へと進みます。その先の土山から鈴鹿峠は、雲の中に霞んでいます。

志那浜の観蓮の風景図（近江名所図屏風）

草津宿から中山道を進めば、守山宿になります。守山宿から続く中山道ぞいの風景は、第五、六扇に散在して描かれています。中山道は、繖《きぬがさ》山の麓に近い武佐《むさ》宿で八風街道と分岐します。八風街道は、蒲生野を経て太郎坊山の麓から永源寺に向かいます。雲をかぶる山脈のあたりが、八風越えになり、伊勢の国に通じています。

第五・六扇の湖畔に描かれた絵は、湖中に突き出した石垣造りの台地を中心にした蓮花見物の人々の賑わいです。この場所は、近くに船着き場や葉山川の河口が描かれていることから志那港の付近になります。さらに、琵琶湖の湖辺にある蓮の名所といえば、志那浦が室町時代から有名でした。湖中に突き出した石垣造りの台地は、正保年間に観音寺の舜興法印によって築かれた蓮海寺の境内です。

明治三十年（一八九六）ころや大正時代の蓮海寺の写真をみると、この石垣の台地上に蓮海寺の地蔵堂が建てられています。現在の蓮海寺は、琵琶湖総合開発で造られた湖岸堤の内側に取り込まれて、石垣の上三段を残して埋め立てられています。しかし、古い写真や現状でみる風情は、画中にある湖中に突き出して造られた石垣台地とまったく同じ状態です。室町時代からこの付近の湖辺に生育していた蓮はなくなりましたが、「近江名所図屏風」に描かれた蓮見物の風景は志那浦の情景であることに間違いありません。そして、石垣造りの台上にまだ蓮海寺のお堂が建てられていないことから、この屏風が製作されたのが正保年間のことと推定されます。そのころ志那浦で花を咲かせる蓮は、琵琶湖畔の名勝地として近江名所図に大きく描かれるほど有名だったのです。

現在の蓮海寺

蓮の湖に囲まれた石垣台地の上では、一団の人々が蓮花の咲く湖を眺めながら宴会の最中です。踊り出す人が出るくらい、盛り上がる蓮見物の賑わいです。一方の岸辺では、幔幕を張り巡らした高貴な人々の一団が蓮花を見物しています。屏風を連ねた前には、着飾った上臈《じょうろう》女房（身分の高い女官）と童女たちが語り合いながら豪華に咲いた蓮花を眺めています。蓮花の咲く湖中では、田船に乗って宴をひらく人々や、裸になって泳いで蓮の花を採取する人々の姿が描かれています。京の都をはじめとする近辺の人々にとって、志那浦の蓮見物は、年中行事の一つになっていた真夏の祭典だったようです。

なお、このように大勢の人々が観蓮《かんれん》のために集まって賑わっているようすを、極彩色の風景画に表わしている例はほかに見られません。ことに、江戸時代初期の風俗画として貴重な史料的価値があると思います。

大正時代の蓮海寺

昭和30年頃の蓮海寺（藤田繁一氏提供）

名勝志那の蓮を見た天《てん》海僧正《かいそうじょう》は、この情景を江戸上野の不忍《しのばず》の池に再現したとされています。比叡山延暦寺にたいして、江戸城の鬼門の方向にある上野の山に東叡山《とうえいざん》寛永寺を創設しました。そして、麓の不忍の池を琵琶湖に模してその中に竹生《ちくぶ》島《しま》にみたてた中島を築き、竹生島神社と同じ弁財天を祀りました。徳川家康に同行して見た琵琶湖畔の蓮風景を、江戸では不忍の池で再現したと思われます。比叡山で天台を学んだ天海僧正は、家康の知遇を受けて内外の政務に参画していました。そして、秀忠や家光からも信任も受け、寛永寺を開山したのは寛永二年（一六二五）のことでした。不忍の池に蓮が植えられ、琵琶湖のほとりに咲く蓮と同じように多くの人に愛でられるようになったのは、寛永年代の初期のころからだと思われます。

地図から消えている烏丸半島

昭和四十九年（一九七四）十二月発行の、『守山市史』に添付された「守山市周辺地形図」があります。これは、「明治二十五年（一八九二）測図同二十八年製版（石部・草津図幅）」と、「明治二十六年測図同二十八年製版（北里・堅田）」から守山市周辺部をまとめて複製した地形図です。この「守山市周辺地形図」は、大日本帝国陸地測量部という昔懐かしい名称の部署により測量された、明治年代最初の科学的測図を原図にした二万分の一の地形図です。野洲川の流れが堆積して造成した、日本一の広がりを持つ湖成三角洲《さんかくす》を一望に収めている明治時代の地図は、貴重なもので興味深い内容を持っています。

この地形図をみると、琵琶湖の湖岸線が現状と大きく異なっているのが特徴です。そして、この地

明治25・26年測図　　大正9・11年測図

図3　明治と大正の頃の烏丸半島

形図からは、烏丸半島が影も形もなくなって消え去っているのです。津田江湾の北側を囲むようにして、湖中に突き出た三角洲の烏丸崎はあります。しかし、その先端に続くはずの特徴的な鳥趾《とりあし》状三角洲は記載されていません。赤野井湾の北側には、馬蹄形《ばていけい》になった半島が記されています。これは、守山市木浜町の地先になるところですが、現在このような奇妙な形の半島は存在していません。野洲川南流の河口部が、湖中に向けて大きく突き出た三角洲を形成して琵琶湖を南湖と北湖に区分する位置にあるのは、現状と同じです。しかし、守山側と対岸の堅田側を隔てている湖水の幅がほぼ一六km余りあり、現状からみればほぼ四kmほど広くなっています。このようなことから、烏丸半島が記載されない地形図が作製されたのは、そのころの琵琶湖の水位が大幅に上昇していたことで、湖水面が現状に比べて広くなっていたことが原因と考えられます。

瀬田川にある南郷《なんごう》洗堰《あらいぜき》の近くに、「水のめぐみ館・アクア琵琶」という施設があります。ここには、琵琶湖にかかわる治水と利水面での多くの資料が集められて、琵琶湖の姿を学習する一つの資料館になっています。この「水のめぐみ館・アクア琵琶」で、『水湖とともに・琵琶湖の水位ものがたり』という冊子の提供を受けました。この冊子には、「琵琶湖の水位は大きく変化する」として、明治七年(一八七四)から一二〇年間の水位変動と題するグラフが出ています。それによると、明治二十五年ごろの琵琶湖の水位は、基準水位プラスマイナス零mより最高二m、最低でも五〇cm高く、平均して一m前後高くなっていました。そして、降雨が多いと一・五m以

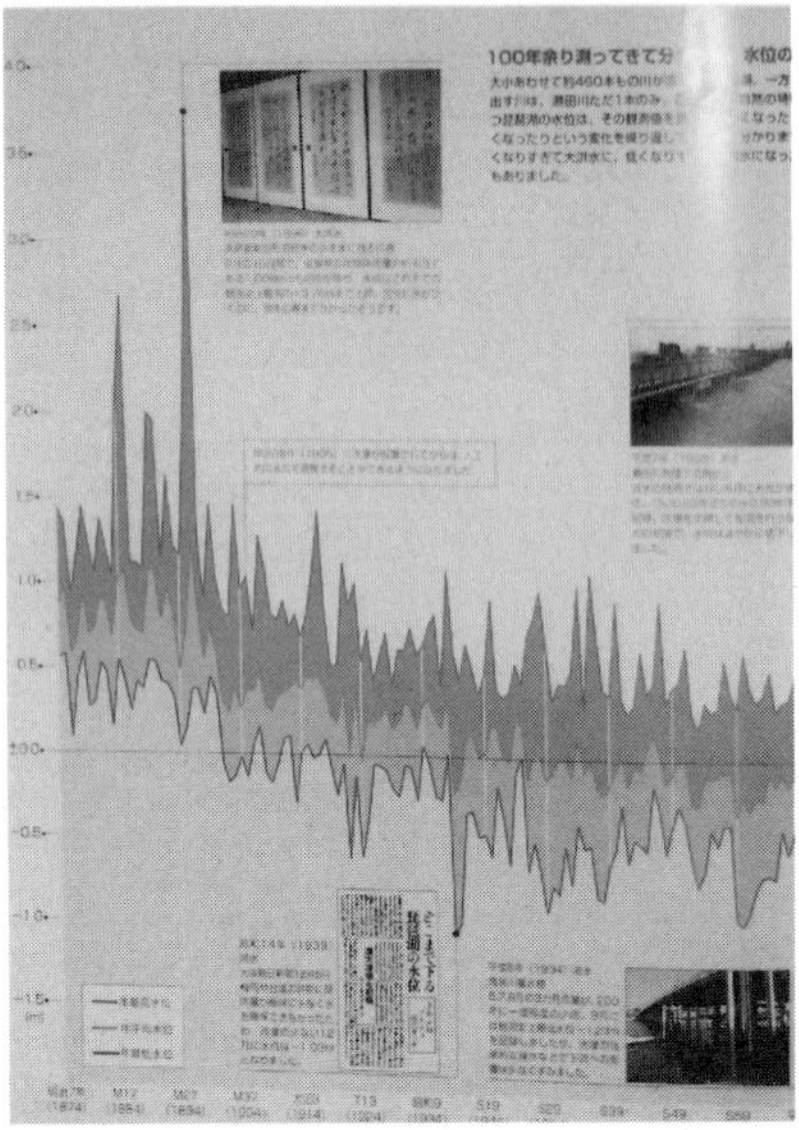
琵琶湖の水位変動グラフ(アクア琵琶提供)

上の水位になることが珍しくなかったのです。明治二十九年の秋には、プラス三・七六mという観測史上最高の水位にまで上昇したことが記録されています。

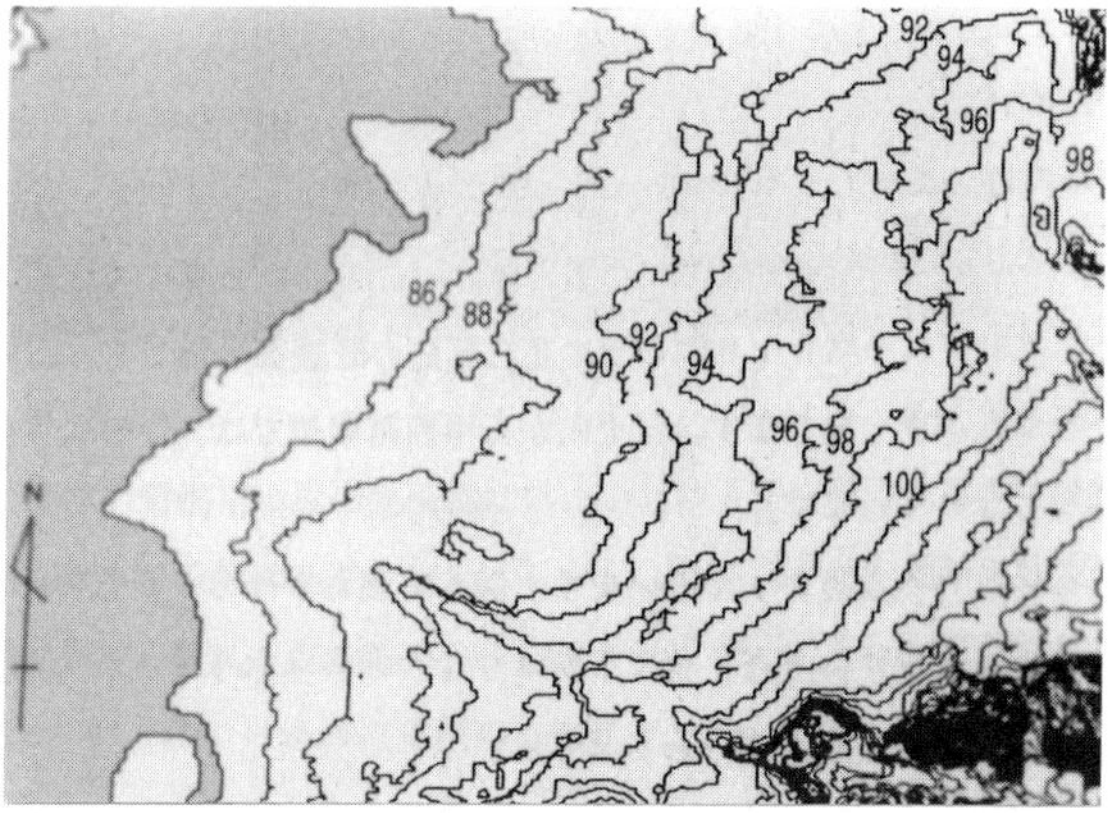

常盤地区の地盤分布図（琵琶湖の水位０mは85.6m）（大橋健作成）

琵琶湖の水位がこのように上昇していたことは、野洲川の本流であった境川の流砂の堆積によって湖中に形成された烏丸の砂洲を、水面下に沈めて地図に記載できない状態にしていたのです。

さらに、大正十一年（一九二二）測図とされる「守山市周辺地形図」をみると、烏丸崎から烏丸半島が一kmばかり沖へ伸びて四五度の角度で折れ曲がった特徴的な形ではっきりと記載されています。大正十一年の琵琶湖の水位は、基準水位であるプラスマイナス零cm前後が平均値で、最低水位がマイナス七〇cmになったことが記録されています。琵琶湖の水位がプラスマイナス零cm前後の状態の時は、烏丸半島はヨシやマコモが生育する浮島のように水面上に現れていたのです。そして、大正時代以降の烏丸半島は、水面下に消えて見えなくなることはありませんでした。

明治時代には、地図にも記載されなかった烏丸半島は、江戸時代ではどのような状態になっていたのでしょうか。このことを、境川筋の村々に残された古文書で調べてみます。

享保《きょうほう》十二年（一七二七）十一月に、堅田西ノ切の猟師惣代吉右衛門ほか四名は、下物村庄屋・年寄を相手取って、京都町奉行所へ訴え出ています。下物村の沖にある「からすま」の魞《えり》場の近辺で行なわれる「湖上流しもち猟」というカモなど水鳥を捕る猟について、堅田の猟師と下物村の間で相論《そうろん》（訴《そ》訟《しょう》による争い）があったのです。この訴訟は長引いて、享保十七年十二月に双方が京都奉行所へ「済口証文」を提出することで決着しています。このとき、下物側の証拠として提出された絵図には、「字からすま御公儀様御小物成よし地」と記された半円形の葭原が描かれています。そして、この葭地から三方向に伸びる大型の魞が描かれています。八代将軍吉宗の時代には、下物村地先の湖中に広がる葭原になった砂洲が存在したことが確かめられます。そして、この砂洲は、葭役一三石四斗四升と魞役二石五斗二升を表高として、年貢を納めなければならない天領（幕府領）になっていたのです。「小《こ》物成《ものなり》」とは、田・畑・屋敷地以外の土地からの収益に課せられた雑税をいいます。

守山市山賀《やまが》町にある慶先寺《きょうせんじ》は、蓮如上人《れんにょしょうにん》ゆかりの浄土真宗のお寺です。この寺院に残された古文書に、次のような表書きのついた冊子があります。

弘化三丙午《ひのえうま》年五月廿日

下物村より新法申し掛け候魞場藻草取り妨げ出入り、当村地先の湖中古来通りに、

御渡せられ候御裁許書　山賀村

この古文書の内容は、栗太群下物村と野洲郡山賀村の間で「からすま」の葭地付近での藻草《もぐさ》取りや魞場の設置場所などでの争いがしばしば起こっていました。そして、下物村の住民が傷害をうけ藻取りの道具を奪われるという事態になりました。そこで、下物村から代官所に訴え出たのです。「からすま」は、下物村の小物成地であって年貢を納める土地になっていたのです。そして、周辺の浅瀬に生える藻草や泥土は、田畑の貴重な肥料として採取されていました。しかし、「からすま」のヨシやマコモの生えた砂洲は、水位の変化によって領域の変動が絶えず生じていました。そのため、山賀村と下物村の湖中の領域が分かりにくくなり相論となったのです。

この相論の裁許書は、「下物村、山賀村並に森河原村立会打渡し候定杭壱番、弐番、三番杭中央より、右川筋を湖中へ見通し、南の方下物村、北の方山賀村漁場境と心得、互いに漁の儀藻草取り等の障りに相成らざる様融和致し、向後再論に及ぶ間敷く候」と、いうことでした。そして、森河原《もりかわら》村庄屋、年寄などの立会で両村の争いを裁定する証拠となる絵図が書き添えられています。この五色の絵図には、下物側から湖中に釣り針状に山賀側に伸びる烏丸半島が描かれています。そこには、「寄り洲葭地、但し字からすまと云う」と書き添えられています。さらに、栗太郡と野洲郡の境界を流れる境川の河口に、二三対の杭を御定杭《おさだめぐい》として立て、その中央を通る直線を一〇町（一km余）ばかり沖まで引いて、「湖中へ地先見通す」と記して下物村と山賀村の領域を分けています。

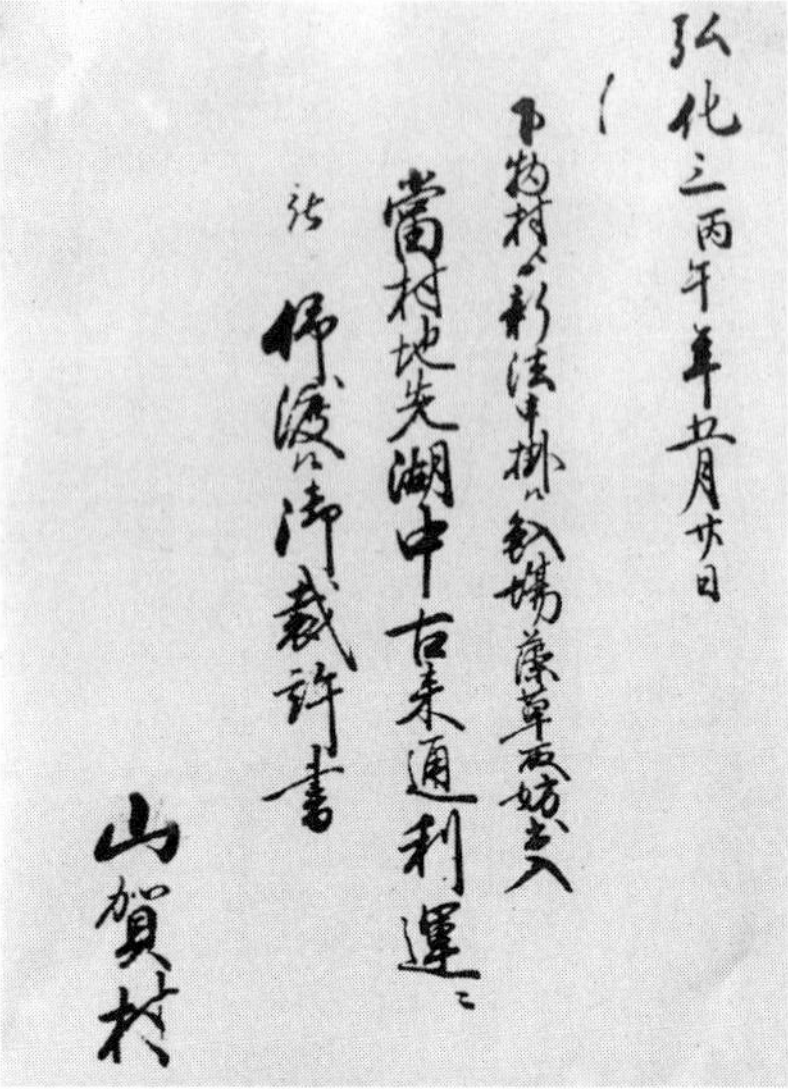

弘化三丙午年五月廿日
一
下物村ゟ新法ニ掛ケ魞場藻草取妨ニ入
當村地先湖中古来通利運ニ
被仰渡候御裁許書
山賀村

御裁許書の表紙

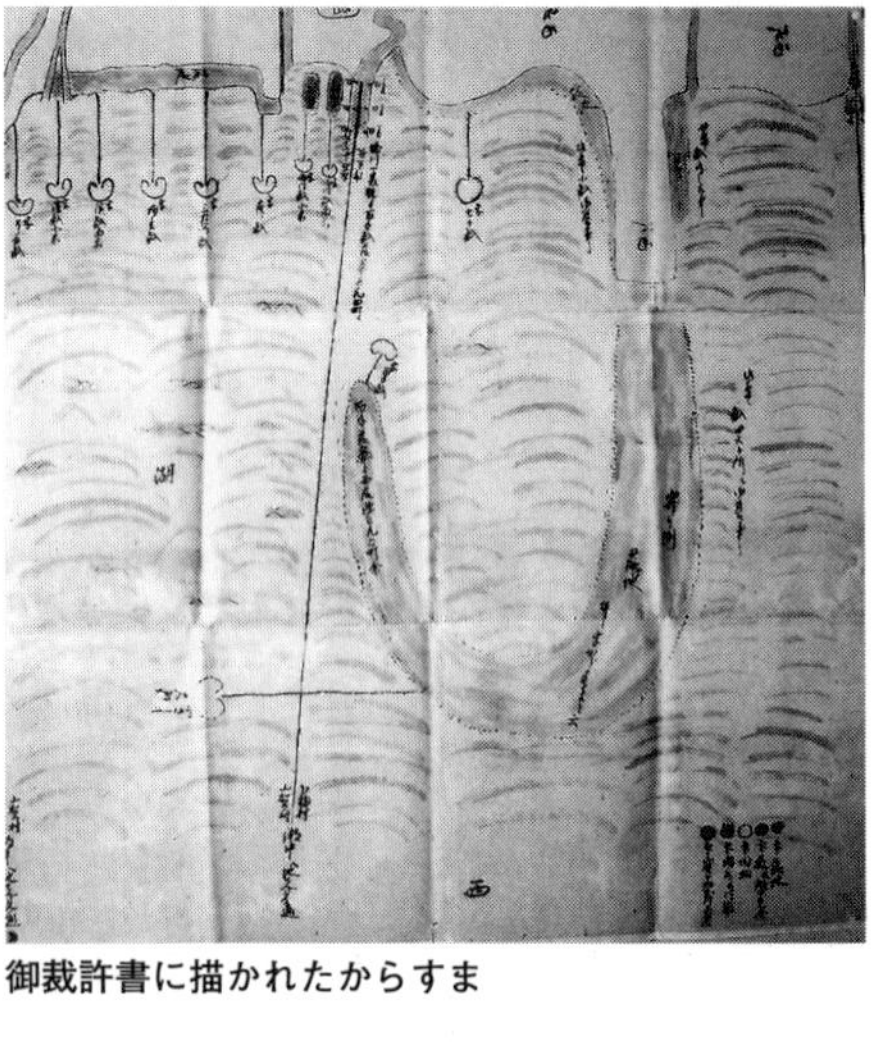

御裁許書に描かれたからすま

弘化三年（一八四六）のころには、烏丸半島が水面上に現れており、小物成地としてヨシの利用や漁業権に年貢が掛けられていたのです。下物村にとっては、境界争いが起こるほど大切な領地であったのです。「…下物村地先新田葭地の儀は、湖水中へ出張り釣針の如く北東え曲がり之れ有り候に付き…」と古文書に書かれた「からすま」は、琵琶湖の水位の変動でその姿を表わしたり消え去ったりしていたようです。そして、明治維新が近づくころには完全に水面下に消え去っていたようです。

これら享保や弘化の絵図は、下物町地先の釣り針状の砂洲に付けられた小字名が、「からすま」であることを明らかにしています。草津市常盤地区に残された古文書には、「唐洲間という島」というのがあります。この唐洲間という名称は、半島でなく島と呼ばれるのがふさわしい砂地にあてられた用語です。からすま崎と呼ばれる陸地と、水位の変動で浮き沈みするからすまの葭地は、陸続きでない別々の土地だったのです。

大正時代（一九一二〜）になって、水面上にはっきりと姿を現わした三角洲に付けられた名称は、京都の中心街路と同じ「烏丸」でした。昭和の中頃には、明けの川に土橋が掛けられました。それまで、田舟で訪れていた烏丸に歩いて渡ることができるようになり、名実ともに烏丸半島の名称が定着したのです。

琵琶湖の水位上昇に苦しんだ湖畔の村人たち

稲作農耕の始まった弥生時代の琵琶湖のほとりは、水辺に広がる湿地帯で水田開発が進められ農耕集落が次々と誕生しました。湖岸に打ち寄せる波は、河川から流れ込んだ土砂を打ち上げて浜堤《ひんてい》を造りました。この浜堤が自然堤防になり、季節的に起こるわずかな水位変動から水田や集落が守られていました。琵琶湖には、豊富な魚介類が生育し、周辺の山野には森林が繁茂して鳥や獣が多数群れ住んでいました。弥生時代の湖畔に多数の集落が繁栄したことは、各地で発掘される古代遺跡が証明しています。そして、県立安土城考古博物館では、その豊かで平穏な村々のようすを想像させる展示がみられます。

周囲を高い山脈で囲まれた中央にある琵琶湖は、近江の国に降った雨水の九六％を集めています。その湖水は、狭い瀬田川から流れ出て大阪湾にそそぎます。大小四六〇本の河川から琵琶湖に流れ集まった水の出口は、瀬田川のみの一カ所だったのです。その瀬田川の南郷付近の川床は、平安時代の元暦《げんりゃく》二年（一一八五）の大地震や豊臣時代の文禄《ぶんろく》五年（一五九六）の大地震で三《メートル》ほど隆起したことで流れが悪くなりました。さらに、大戸《だいど》川などの上流にある湖南山地の森林伐採などによる水源地の荒廃は、瀬田川への土砂の流入量を増加させて川床を埋めたため、ますます流れを悪くしたのです。江戸時代の瀬田川の川床は、弥生時代よりも五《メートル》余り高くなって湖水の流れ出ることを極端に悪くしてい

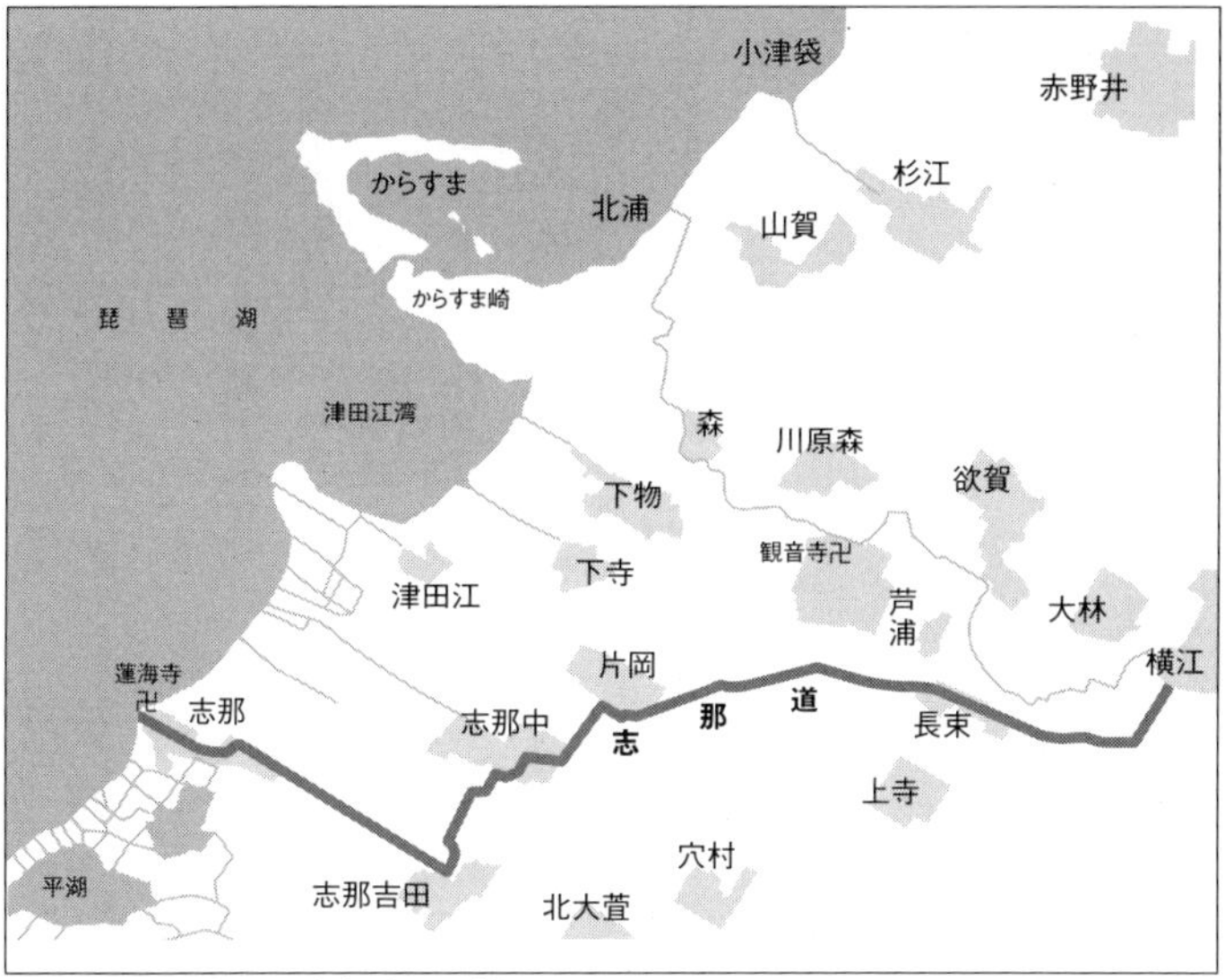

図4　明治初年頃の常盤地区の村々

たようです。

　近江の国に長雨や豪雨があると、琵琶湖の水位はたちまち上昇し、長期間その水が引かないという状況になりました。そのため、琵琶湖のほとりにある水田は冠水して稲作の収穫が皆無になることが再々あったのです。このことを、「高水《たかみず》」とか「水《みず》込《ご》み」と呼び、宿命というかあきらめの言葉として使っていました。苦労して植えつけた田んぼが、水込みになると早苗は水没してワタカに食い荒らされたり水腐れします。秋の収穫時に水込みになると、早く刈り取らないと籾が芽を切るという状態になって悪臭や苦みのある米しか取れません。しかし、どのような米であっても少しでも取れることはまだ良かったのです。湖畔に住む農民にとって、恵みの雨という言葉はほとんど使われなかったのです。

草津市志那《しな》町の吉田克子家に、宝永《ほうえい》元年（一七〇四）四月の『拝借仕る御麦之事』という古文書が残されています。それには、次のようなことが記されています。

拝借仕る御麦之事

一御麦拾五石八斗八升　　但し京桝也

内　三石は　　中村へ拝借

拾弐石八斗八升　　志那・吉田村へ拝借

右は志那・吉田・中村、去る未年水損無作ニ付き大小の百姓その食無く飢えに及び、当春耕作の地拵え仕る可くと御座無く亡所仕り候ニ付き、右の旨御訴訟申し上げ御貯え麦の内、書面通り拝借仰せ付けさせられ有り難く存じ奉り候、返納の儀ハ来る六月中ニ急度返上納仕る可く候、若し相滞り申し候は所持の田畑居屋敷等迄売り払い候て成り共、急度返上納仕る可く候、その為庄屋・年寄・惣百姓代連判の証文差し上げ申し候所、依て件の如し

宝永元年申四月九日

この文書の要旨は、「湖畔にある志那・吉田・中村（現草津市常盤《ときわ》地区）は、元禄十六年（一七〇三）に起こった水害のための損失で収穫がなくなり飢えに苦しみ、今年の春は耕作する地をこしらえることもできず、村は滅亡することになると嘆願申し上げたところ、お貯えの麦から書面どおりの拝借をお

言いつけになり、有り難いことだと考えております」として、村の田畑と屋敷を担保にして六月中に必ず返済することを、志那・吉田・中村の庄屋、年寄と志那村惣百姓代の連署で、大津代官所奉行金丸又左衛門宛に借用証文を出しています。他の記録によると、元禄十六年の六月には京都で大洪水があり、死者が多数出たとされています。琵琶湖周辺でも、大雨洪水があったと思われます。志那の村々は、各地で大雨洪水の発生するような年には、琵琶湖の水位が上昇するため田畑が冠水して収穫が少なくなっていたのです。そのため、年貢は納められなくなり拝借米を願い出ることが恒例のようになっていたようです。

草津市下物町共有文書として、万延元年（一八六〇）の「乍恐奉願上候口上覚」という古文書が残されています。

それによると、「この年は湖縁稀な大水害で、田畑はもちろん人家床上まで浸水して、一村湖中同様の有り様で少しの稲作もなくなり、日夜悲嘆にくれています。田畑は、九分通りが田植えができないほど水が深く、田植えができた一分の田も水が引かないので水腐れになって、収穫は皆無になりました。土用の時期に天候が回復したので、方々から稲苗を買い集めて六町歩（六ha）余り植えました。しかし、七月十一日から十二日に大風雨が吹き荒れて植え直した稲も収穫は皆無になりました」と、水害の詳細を書き上げて、下物村の庄屋・年寄の連署で代官所に御救米《おすくいまい》二五〇俵を御手当ください と願い出ています。

北山田村で測定されたこの年の水位は、二、三月が定水位より二・五～三・四尺以上、四月から六月は四・五尺以上、七月は少し減ったが、八月には再び三・五〜四・四尺以上になっています。降り続く雨によって七カ月余りの間は、水位が七五〜一三五cm以上になる日が続いたのです。

志那村の隣にある下物村は、境川(旧野洲川)の河口部に広がる扇状地にある村で、琵琶湖の水位上昇による水害を毎年のように受けていました。村に残る記録によると、享保六年(一七二一)から慶応四年(一八六八)までの一四七年間に、下物村が水害などによる年貢の引高が二八〇石以上となった年が二十数回あったことが記されています。村高七六一石余のうち引高が二八〇石ということは、五公五民の年貢高からみれば年貢が三分の一になることです。水害などで年貢が三分の一以下に減免された年が、六、七年に一度あったことになります。田畑の約七割以上が収穫皆無となれば、御救米や拝借米がなければ生活することはできません。御救米が下されるのは、万延元年のような全村収穫皆無の場合で、ほとんどは拝借米になります。拝借米は、利息がないだけで返済しなければなりません。琵琶湖の水位上昇は、湖辺の百姓に苦難の生活を続けさせることになったのです。

このような琵琶湖の水位上昇による水損は、湖辺の村々では同様な状況になったことを各地に残された古文書が書き残しています。湖西の高島郡は、山地が湖にせまっていることから河川は急流となって下降し、大風雨があると河川の破堤による洪水が甚大な被害をもたらしました。それに加えて、上昇した湖水が田畑を水没させ被害を倍加させ長引かせることになりました。そして、田畑の収穫を皆無にすることが恒例のように起こりました。さらに、湖西の湖岸地帯では、強い北西風が吹くと湖水を対岸の湖東側に吹き寄せていきます。この風が弱まると、湖東側に吹き寄せられていた湖水が湖西岸に逆流してきます。琵琶湖の水位が上昇した時に北西風が強く吹き荒れると、遠浅の少ない湖西側での湖水の揺戻しは、津波による高波のような被害を起こすことがしばしばありました。そのため、高島郡の湖辺の村々では、湖岸に高い石垣を築いて防波堤にしていたのです。

安政《あんせい》五年(一八五八)六月二十七日に吹いた「勝野の北風」は、高水位の湖上一面に水煙をたたせて吹き荒れていたのが、日暮れ近くになると大波となって押し寄せ、沿岸地帯の防波堤の石垣が大部分崩壊するという大きな被害となった記録があります。このような高波被害は、万延《まんえん》元年五月にも起きたと記録されています。この年は、海津・西浜の石垣や民家も大破し、村民は高台の寺や山中の小屋に避難しています。この年の湖水は二m以上も上昇し、その高波は湖畔の村々ばかりでなく湖岸から二km近く離れた内陸部の村々まで被害を及ぼし、幕末最大の水害になったといわれています。

守山市川田町の田中米三家の古文書では、明和《めいわ》七年(一七七〇)のこととして、「この年八十三日日てり、五月二十八日大雨ふり、その後てり上がり、七月二十四日雨ふり、夕だち、閏六月有る年、畑方八分取れ、八月十二日ふり、百十日日てり、野洲川二百三十五日水なし」と、記されています。この年は、五月二十八日から一一〇日間日照りという雨の降らない年になったのです。しかし、「畑方八分取れ」となっており、畑作の被害は比較的少なかったようです。水田の稲作は、記録にないことから考えると被害は少なかったようです。

この年、琵琶湖の水位は一丈(三m)近く減水したと記録されています。しかしながら、湖岸の村々は、高水時に比べると問題にならなかったようで、干天時の記録はほとんど残されていません。干天に対しては、比較的強かったのが湖辺の村々のようです。

琵琶湖の水位の上昇は、琵琶湖畔に住む人々に様々な困苦を与えていたのです。そして、庶民にできることは神に祈ることしかないような有り様だったのです。琵琶湖の周辺の村々には、氏神さんの他に貴船《きぶね》神社の祠を祀るところが多くあります。京都の鞍馬山《くらまやま》の西にある貴船神社の本宮は、長雨には止め雨を祈り、日照りには雨乞いを祈願することができる重宝な水の神様でした。

幕末が近づくにしたがって琵琶湖の水位は、平常水位より高い年が続くようになったようです。そして、万延元年のように二月から七カ月以上もの間水位が七五～一三五cm以上になる日が続いたり、安政五年五月のように湖水が二m以上も上昇したことが記録されています。蓮という植物は、水深が二m前後上昇すると生育できなくなることがあります。室町時代から名所として栄えてきた志那浜の蓮は、春先から夏にかけて発生する異常な高水位によって、次第に消え去っていったことが推定されます。

瀬田川の川浚え　苦難のものがたり

琵琶湖畔の人々は、「水込み」の被害から逃れるためには、瀬田川の川浚《かわざら》えを行なう以外に道はないとして度々幕府に願い出ていました。そして、ようやく最初の瀬田川浚渫《しゅんせつ》が行なわれたのは、寛文十年（一六七〇）のことでした。この工事は、幕府の管理で行なったもので、湖辺の村々は延べ一四万人の人夫を差し出しています。その後幕府は、元禄十二年（一六九九）にも河村瑞賢《かわむらずいけん》に命じて瀬田川浚渫を実施させています。この工事は、湖辺の村々から人夫を差し出すと同時に工事費用の銀五一二貫目は、湖辺二〇九カ村の村高に割り当てられ、三カ年の年賦で納めています。しかし、享保七年（一七二二）、大溝《おおみぞ》新町など一一カ村が連名で瀬田川浚渫を幕府に願い出ていることから、瀬田川にはふたたび浚渫が必要なほど土砂が堆積したようです。莫大な費用と労力をかけた瀬田川の川浚えは、二〇年も経過すれば元通りの状態になっていたようです。

この後も、高島郡をはじめとする村々から瀬田川の浚渫の願いが提出されていますが、幕府はこれを容易に許可しなかったばかりか、享保十九年には不許可の裁定を下しています。その理由として考えられることは、瀬田川の黒津《くろづ》地先の供御瀬《くごのせ》は、関東から京都に攻め上る際の徒渉《としょう》地点として浅瀬のまま残すことが幕府にとって軍事上の重要事項として秘密になっていたこと。あるいは、彦根城や膳所城が湖水に接していることから、水位が低下することは城の守りに悪影響が及ぶことなどが考えられます。さらに、瀬田川下流の淀川流域にある寺社領や九条家領など宮方や公家領など、山城五〇カ村、摂津、河内一五〇カ村の農民が、洪水の恐れが増大することを理由に反対したことも大きな要因になります。そして、湖辺の村々の領主が五〇家に及ぶ多数で、その協議やまとめが困難であったこともその理由になります。

天明《てんめい》二年（一七八二）には、高島郡深溝《ふかみぞ》村庄屋藤本太郎兵衛（直重）が、「江州瀬田川掛り百七十七ヵ村物代」として、瀬田川浚渫工事を自普請《じぶしん》で実施することを願い出て裁可されています。この工事は、天明五年と六年に実施されていますが、下流の村々の反対が強力で瀬田唐橋より上流の浜辺で土砂を浚えただけで終わり、目立つほどの成果は上がりませんでした。その後も瀬田川浚えを願い出ていますが、太郎兵衛は発起人としての心労で病に臥《ふ》せ、その上眼病をわずらって終には盲目の身となりました。

寛政《かんせい》三年（一七九一）二代太郎兵衛（重勝）は、浅井《あざい》郡惣代新井村庄屋又兵衛など七郡の惣代一二人と共に江戸に出府して、瀬田川浚渫の願いを打ち首覚悟で老中松平定信《まつだいらさだのぶ》に駕籠訴《かごそ》しました。幸いおとがめもなく「順序をふみ其の向きへ願い出よ」と諭され、担当の久世丹後守《くぜたんごのかみ》へ願い出ましたが回答は

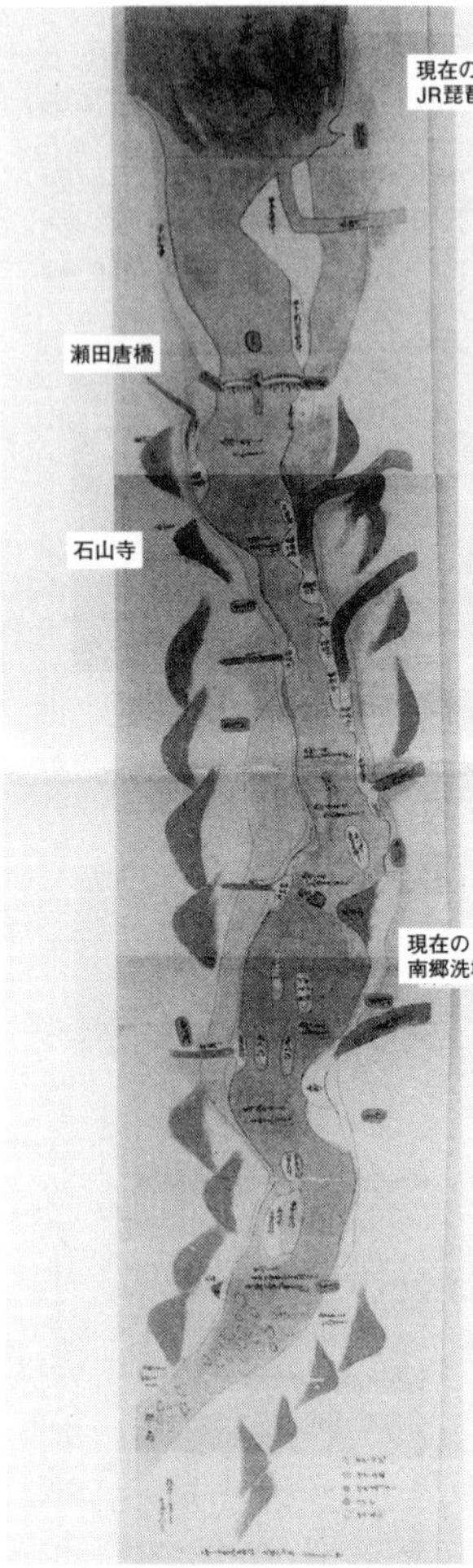

主要な掘り下げ場所が川道中に白ヌキで示されている。
（図の上が北（琵琶湖側）、下が南（瀬田川））

御普請土砂浚え図（西村家蔵）

えられませんでした。そして、文化四年（一八〇七）太郎兵衛は無念の内に三九歳の若さで死去しています。

親子二代にわたる太郎兵衛の遺志は、三代太郎兵衛（清勝）へと引き継がれています。三代太郎兵衛は深溝村年寄清次郎の協力を得て、浅井郡津里《つのさと》村庄屋清兵衛と八木浜《やぎはま》村庄屋宗右衛門の三名が連署して提出した嘆願書が、天保《てんぽう》二年（一八三一）正月、ようやく幕府の承認をとりつけることに成功しました。

この時の浚渫工事に関する古絵図が、守山市播磨田《はりまだ》町の西村滋家に残されていました。この絵図は、色彩図（四〇×二二〇㎝）で、「右御普請土砂浚、天保二年二月十六日ヨリ始メ候」と書き添えられています。瀬田川の入口になる大江川地先より、下流の関津《せきのつ》村鹿飛《ししとび》のあたりまで川長二里余（九㎞）におよぶ大工事が行なわれたことが記されています。絵図には、「大橋より五町の間五尺一寸下る」や「水下瀬八百八拾坪」などと、それぞれの場所で掘り下げる深さや取り去る土砂の坪数が詳しく記されています。

この年二月中旬からわずか五〇日間で竣工させた大工事は、人足延べ三一万余人と工事費七六五四両を費やしました。工事費は、湖辺の一三二カ村に割り当てられて三カ年賦《ぷ》で納入しています。野洲郡杉江村には、卯年（天保二年）分として銀一貫一五三匁八分三厘が割り当てられたことが、同村の旧記に残されています。また、蒲生《がもう》郡常楽寺村の旧記では、浚《さら》え入用銀は本高葭高に五分宛賦課すとして、卯年分は二貫三四匁五分八厘であったことが記されています。ちなみに、磯田通史《みちふみ》著『武士の家計簿』によると、このころの銀一匁は、現在の賃金水準をもとに換算するとほぼ四〇〇〇円になるとされています。そうすると、杉江村が一年分として納めた金額は、四六一万円余りとなり、常楽寺村は八一四万円になります。このほかに、村負担の人夫を何人も提供しているのです。湖岸の村々の出費は、大変なものだったのです。この時、浅井郡では、湖辺以外の村々からもその工事費の幾分かを献納したいという申し出があったことが『東浅井郡志《ひがしあざいぐんし》』に記載されています。近江の百姓たちの総力で、取りかかった大工事だったのです。

そして、「…湖辺新開の儀も追々出来、此儀は川浚後は湖水引落方宜敷、已に浚後は三カ年も高水御座無く候、浦々深田迄植付出来仕り、湖辺村々一同川浚之御蔭と有難く感服仕り候…」と、太郎兵衛は工事成功の喜びを書き残しています。初代太郎兵衛が惣代として行なった天明の浚渫より数えて四十六年、深溝村庄屋藤本太郎兵衛家の三代にわたる献身的な苦闘の末の成果でもあったのです。

この工事の結果は、それまで水面下に沈むことが多かった「字からすま」の寄洲が、陸地のような姿を見せることになりました。しかし、いったん浚渫したのち二〇年も放置しておけば、元の木阿弥となることは当然のことでした。天保の川浚えの後は、内憂外患の世情もあって恒常的な土砂浚えは行われていませんでした。そして、湖上に姿を見せていた「字からすま」は、やがて明治維新を迎えるころには地図にも描かれない幻の存在になっていたのです。

時代が新しく明治になると、維新政府は毎年のように瀬田川浚渫工事を行っています。しかし、下流の淀川流域からの反対が強く出て大がかりな浚渫はできませんでした。一方では、ハゲ山となっている田上山《たなかみ》など湖南の山々に砂防工事や植林を行なって、瀬田川への土砂の流入を防ぐ手立ても行なわれました。大津市田上桐生町《たなかみきりゅう》に建設された「オランダ堰堤《えんてい》」は、オランダから招かれた土木技師デ・レーケの指導で、七年の歳月をかけて明治二十二年（一八八九）に完成された砂防ダムの一つです。今も残る「オランダ堰堤」は、わが国最古のダムとして産業遺産三百選にも選定された歴史遺産になっています。

オランダ堰堤

湖水を巡る上流と下流の問題が解決しないで、抜本的な対策も立てられないときに起こったのが、明治二十九年（一八九六）九月の未曾有の琵琶湖大洪水でした。九月三日から降りだした雨は、六日から十日まで集中豪雨となり、十二日までの総雨量は一〇〇八mmに達しました。野洲川をはじめとする大小の河川は、増水による堤防破壊で湖東の平野部のほとんどが洪水で浸水しました。そして、この時の琵琶湖の水位は、プラス三・七六mと観測史上最高となりました。この水位上昇は、湖辺の平野部のほとんどを水没させました。浸水した面積は、約一万四八〇〇haと広大で、とくに彦根市は八〇%、大津市は市街地中心部のほとんどが浸水しました。その上、瀬田川からの流出がはかどらないため、完全に水が引くのは翌年の三月まで二三七日もかかりました。

　これより前、明治二十四年九月に大越亨《おおごしとおる》滋賀県知事が、「瀬田川治水工事直轄の儀」を内務大臣に上申、「県下の人民亦何の罪ありて、この苦痛を受けざるを得ざるか、誠に痛嘆に堪えず」という内申書を提出して、翌年の帝国議会で承認されています。そして、大越知事の内申を裏書きするような大洪水の発生が引きがねとなって、上下流の農民の話し合いもつき、瀬田川改修工事が手がけられるようになったのです。

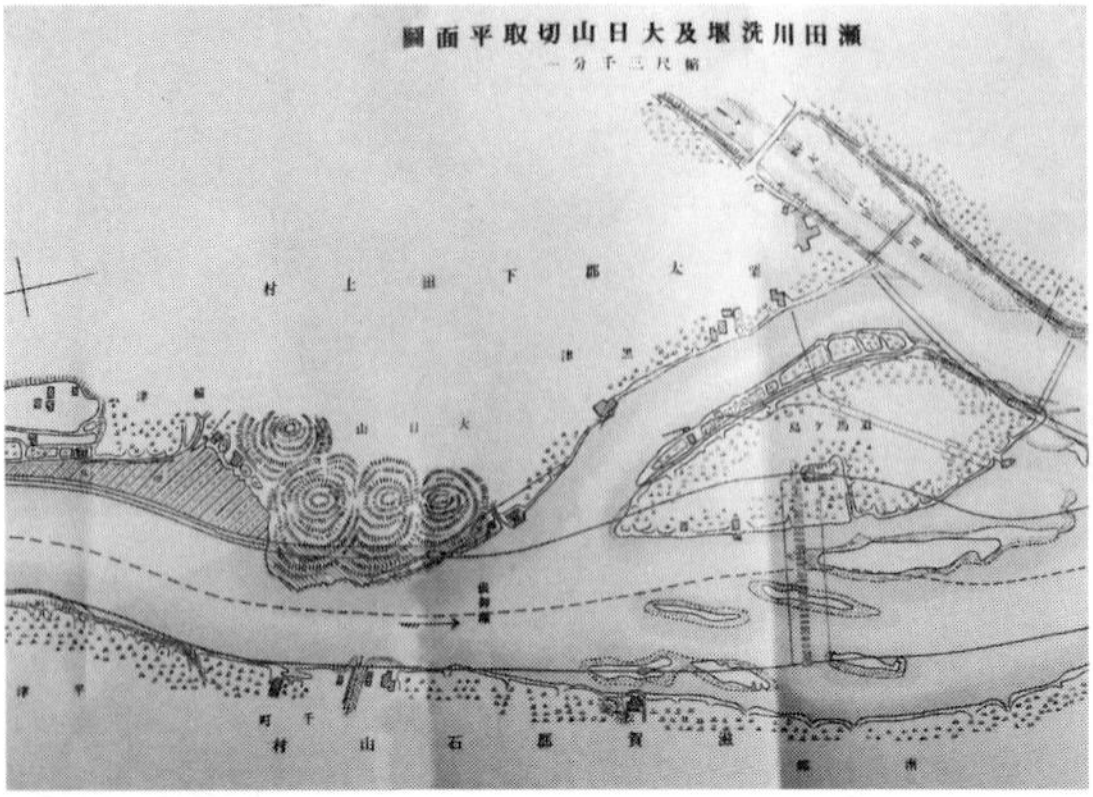

瀬田川洗堰と大日山切取平面図（琵琶湖治水会編『琵琶湖治水沿革誌』附図より）

　湖辺の人々にとっては、三百年にわたる悲願であった瀬田川改修工事は、明治三十三年（一九〇〇）春からはじめられました。瀬田唐橋から南郷の間五㎞余の川床を掘り下げ、川幅を一一〇mに広げています。神罰・祟りがあるとして、これまで誰も手を付けられなかった大日《だいにち》山は、川中に出張っている山裾の岩盤をダイナマイトで爆破して河幅を広げました。また、幕府などの政略的な思惑で浚渫が進まなかった供御瀬の浅瀬は、大がかりな浚渫と全面的な改修整備がなされ、その場所に水位を調節するコンクリート製の洗堰が建設されました。

石山寺のほとりを流れる瀬田川

大日山と供御瀬のあたりを流れる瀬田川

すべての工事が完了したのは、日露戦争中の明治三十八年(一九〇五)三月のことでした。このことで、琵琶湖岸の人々は、江戸時代から続いた「水込み」という水害の苦難からようやく免れることができたのでした。そして、それまで浮き沈みしていた「字からすま」は、もはや湖水面下に沈むことのない陸地として現在の発展にいたったのです。しかしながら、室町時代から蓮の名所として名高かった志那浜は、幕末の琵琶湖水位の上昇のため再び蓮の名勝の地名を回復することはできませんでした。

烏丸の蓮と比叡山

烏丸の蓮群生地と三上山

中国産の千弁蓮

唐崎の松

山王祭神輿船渡御（山王祭実行委員会提供）

近江名所図屏風　右隻（サントリー美術館蔵）

近江名所図屏風　左隻　部分
（サントリー美術館蔵）

近江名所図屏風　左隻（サントリー美術館蔵）

蓮海寺の風景

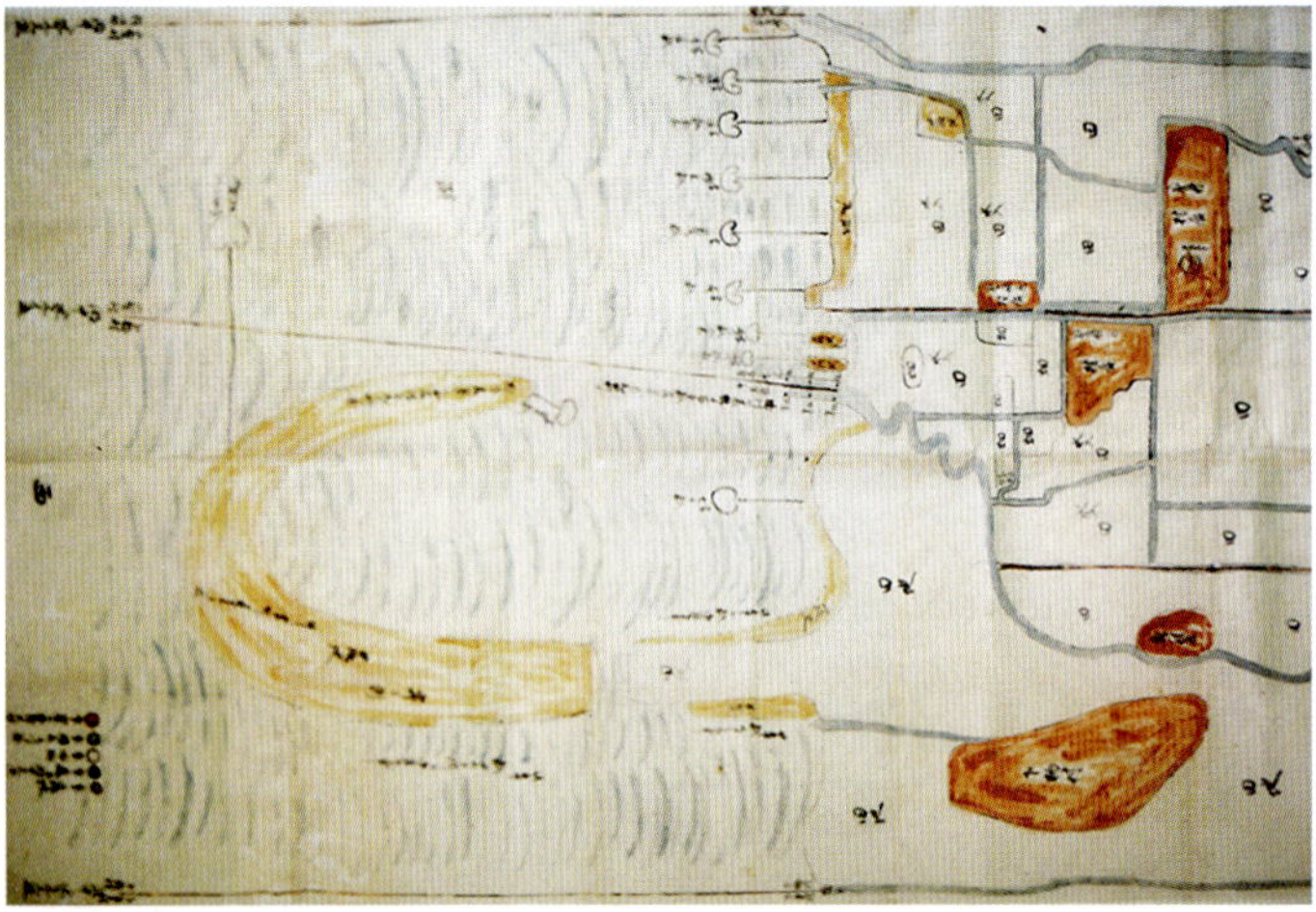

御裁許書に添えられた「からすま」の絵図（地図Ⓐの箇所）

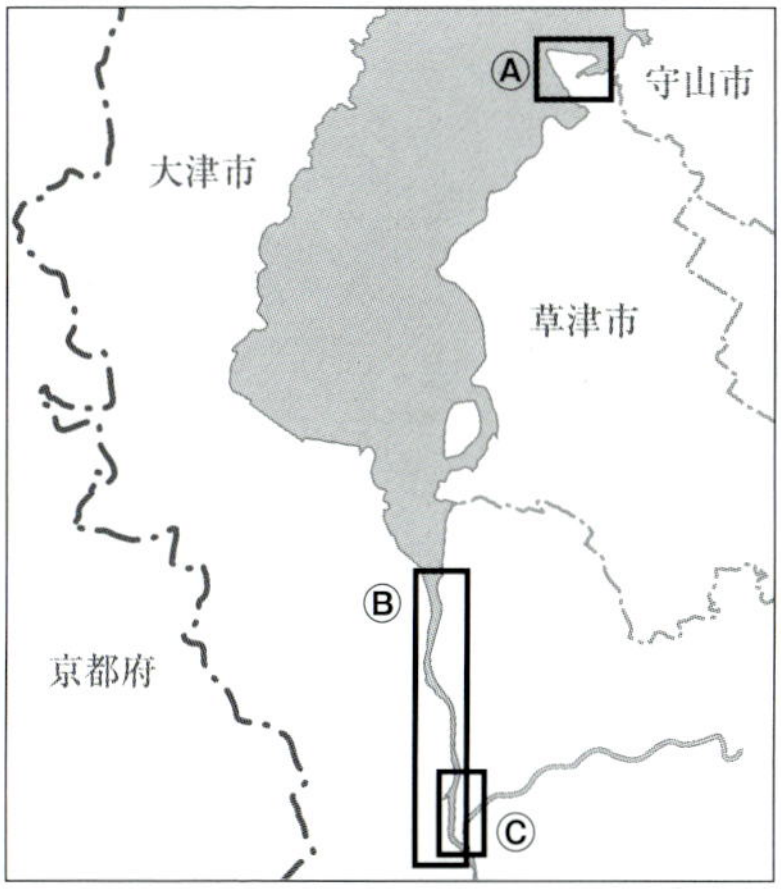

瀬田川洗堰及び大日山切取平面図（地図Ⓒの箇所）
（琵琶湖治水会編『琵琶湖治水沿革誌』附図より）

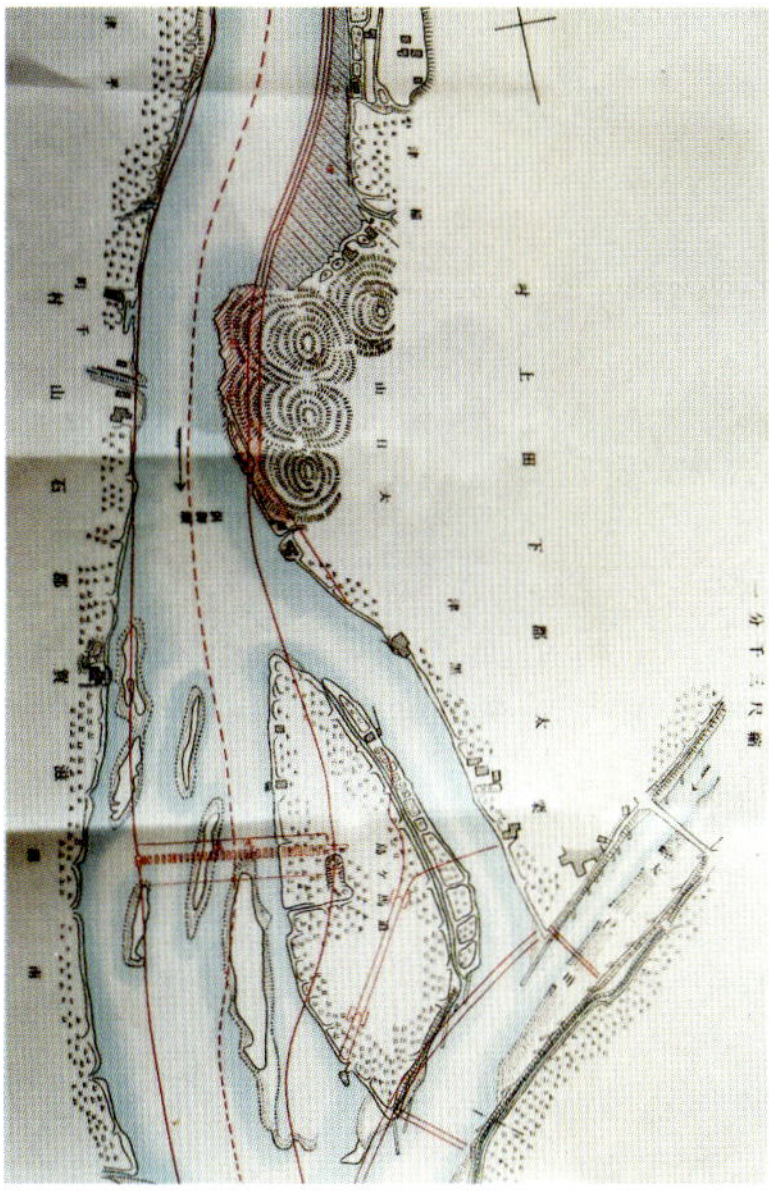

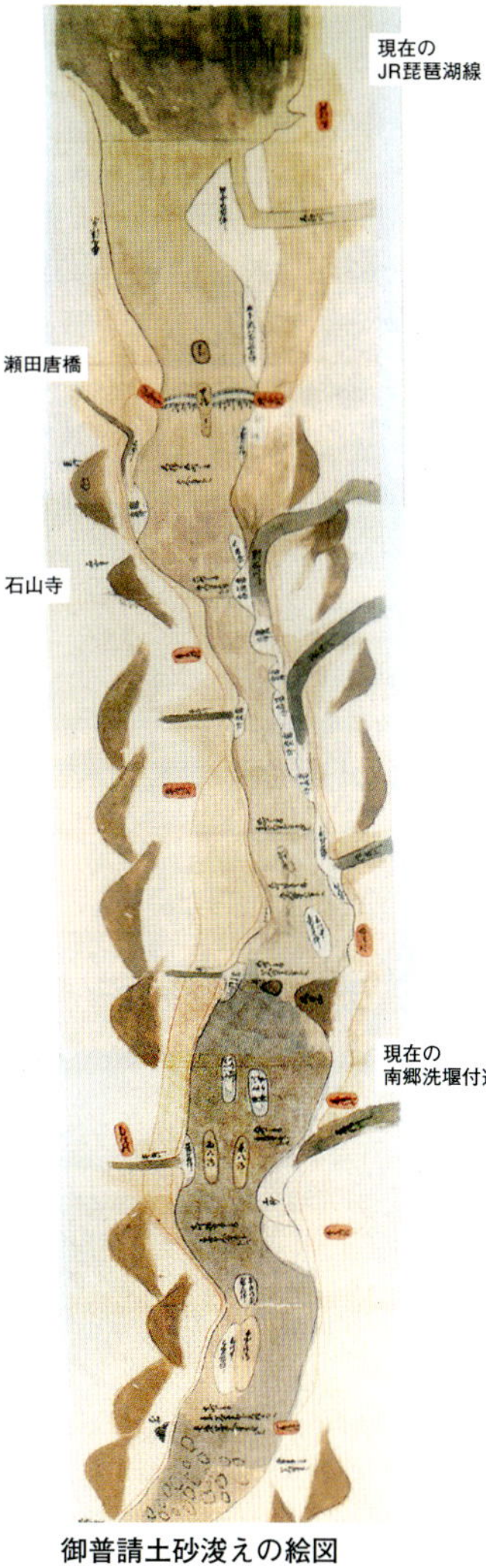

御普請土砂浚えの絵図
（地図Ⓑの箇所）
（西村滋家蔵）

石山寺付近を流れる瀬田川

大日山と供御瀬の付近を流れる瀬田川

第二章　常蓮と妙蓮の科学的なものがたり

蓮は水草の女王のような植物

蓮（ハス）という植物は、昔の人はどのようにとらえていたのでしょうか。幕末から明治にかけて活躍した本草《ほんぞう》学者山本章夫（一八二七〜一九〇三）は、その著書『万葉古今《こきん》動植正名《せいめい》』に、つぎのように記しています。

「はちすは蓮房の形。蜂房に似たるもて名づく。今はすというは。はちすの中略なり。そのはちすの如き。房のできる草の葉なれば。はちすばといふ。はすは。漢土にては。花葉根実。それぞれ名を異にせり。葉を荷とし。花を芙蓉《ふよう》とし。根を藕《ぐう》とし。実を蓮とす。されど。又相通して。荷花。藕花。蓮花。ともいふ。皆芙蓉のことなり。又木芙蓉のことも。略して芙蓉といふ。混ずべからず」。

中国では、北宋《ほくそう》時代の儒学者、周茂叔《しゅうもしゅく》（一〇一七〜一〇七三）が「愛蓮説」で、つぎのように詠んでいます。

「…予は独り愛する蓮が汚泥《おでい》より出てもそれに染まらず　清漣に濯《あら》はるるも妖《よう》ならず　中は通じ外は直く　蔓《まん》せず枝《し》せず　香遠くして益々清く　亭亭として浄《きよ》く植《た》ち　遠観す可くして褻翫《せつがん》す可からざるを愛す　予謂《おもえ》らく　菊は花の隠逸なる者なり　牡丹は花の富貴なる者なり　蓮は花の君子なる者なり…」

周茂叔が「君子の花」と称した蓮は、美しい花を咲かせる被子植物のハス科に属する水生植物です。水生植物とは、『日本水生植物図鑑』を編纂した大滝末男さんによると、「水中または水辺に生育し、植物体のすべてまたは大部分が水中にある大型の高等植物」と、定義しています。琵琶湖に生育する

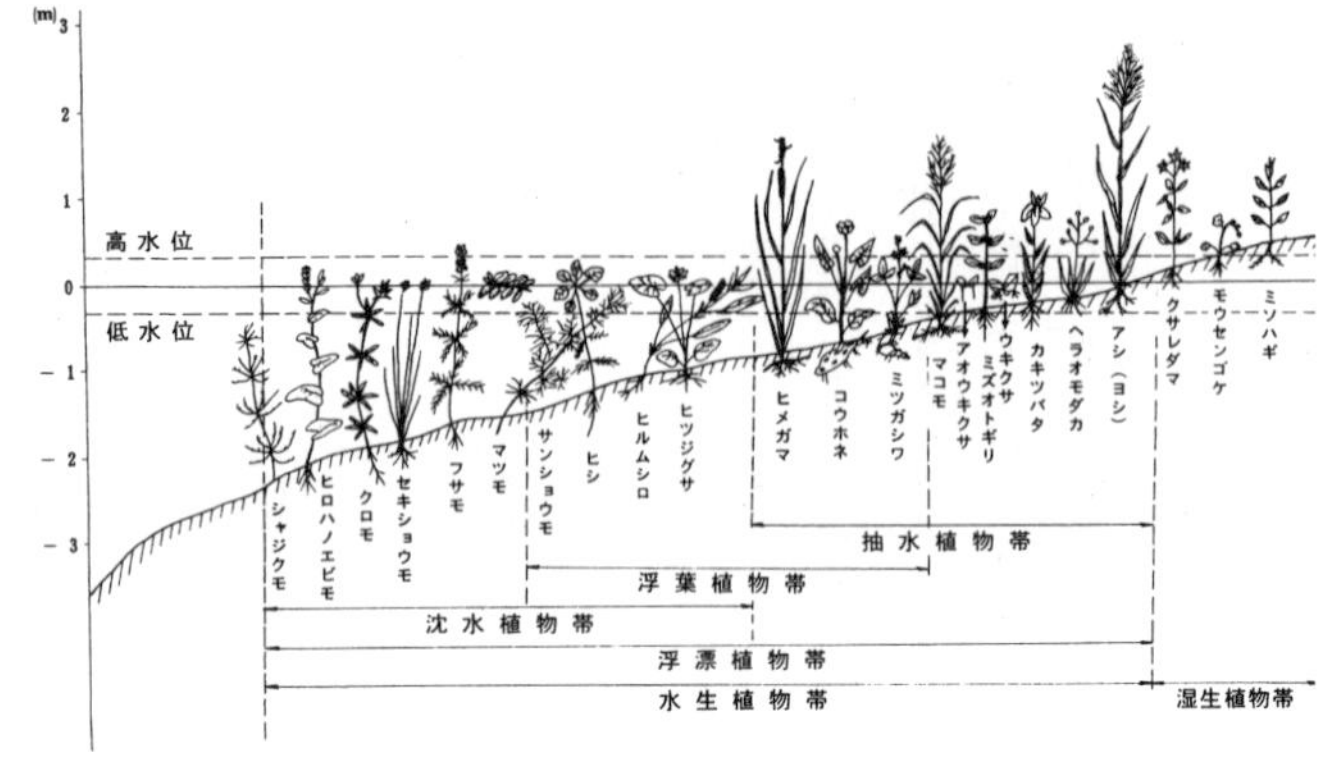

図1　水生植物帯の垂直分布（大滝末男原図）

水生植物には、クロモ、カナダモやイバラモなどのように、「モ」という名が付いているものが多いため藻類《そうるい》のなかまと間違えられますが、これらのほとんどは高等な種子植物になるのです。琵琶湖やその周辺の池沼などの水中や水辺に生育する大型の植物のほとんどは、水草《みずくさ》と呼ばれる水生植物になります。そして、陸上植物と同じように大気中に花を咲かせて、種子による繁殖をする被子植物が多いのです。

水草は、その生活場所や生活型によって抽水《ちゅうすい》植物・浮葉《ふよう》植物・沈水植物・浮漂植物などに分けています。蓮は、茎と根が水底の土中にあり、大型の葉と長い花梗《かこう》に付く花が大気中に出ているので抽水植物になっています。しかし、春先の浮葉の出るころには、一時浮葉植物のような生活型をとることがあるので、浮葉植物のスイレン科のなかまとして扱われていたこともあります。しかし、葉緑体のDNA塩基配列に基づく被子植物の系統調査の結果、蓮はスイレン科とは系統の異なるハス科として分類しています。

地球上で最初に出現した植物は、海水中に生育している藻類でした。藻類による炭酸同化作用が盛んに行なわれるにつれて、大気中の酸素の量が増加して四億年ほど前に現在の一〇分の一に近い値になりました。大気中の酸素の増加は、オゾンによる紫外線の吸収が行なわれることで、陸上環境から紫外線の危険性が取り除かれることになりました。そのことにより、植物の陸上への移行がはじまり、次いで動物たちも陸上生活に移行することになったのです。さらに、大気中の酸素の増加につれて、酸素呼吸をする生物が増加しました。このことは、無酸素呼吸にくらべて二〇倍近いエネルギーが得られることになり、生物の著しい増殖と多様化による進化が進むことになり、環境に適したより高等な生物が次第に増えてきました。

蓮という高等植物の出現は、一億三六〇〇万年前からはじまる白亜紀以後のことになるのですが、正確なことは分かりません。しかし、蓮の化石で古いものは、白亜紀中期とされるものが北半球各地で発見されています。そうすると、ほぼ一億年前から蓮という植物が地球上に生育していたことになります。そして蓮が、維管束《いかんそく》など陸生植物として適応した組織や器官を発達させていることから考えると、最初は陸上植物として生活していたものが、いつのころからか再び水生植物として生活するようになったと思われます。

蓮が陸生植物から水生に再移行した理由は、まず植物体の生命維持に欠かせない水が不足するおそれが少なくなることです。また、水の比重は空気に比べて大きいため、葉を支えるための茎は少量ですみ、その分は光合成器官である葉の生産にまわすことによって、物質の再生産過程が能率的になり

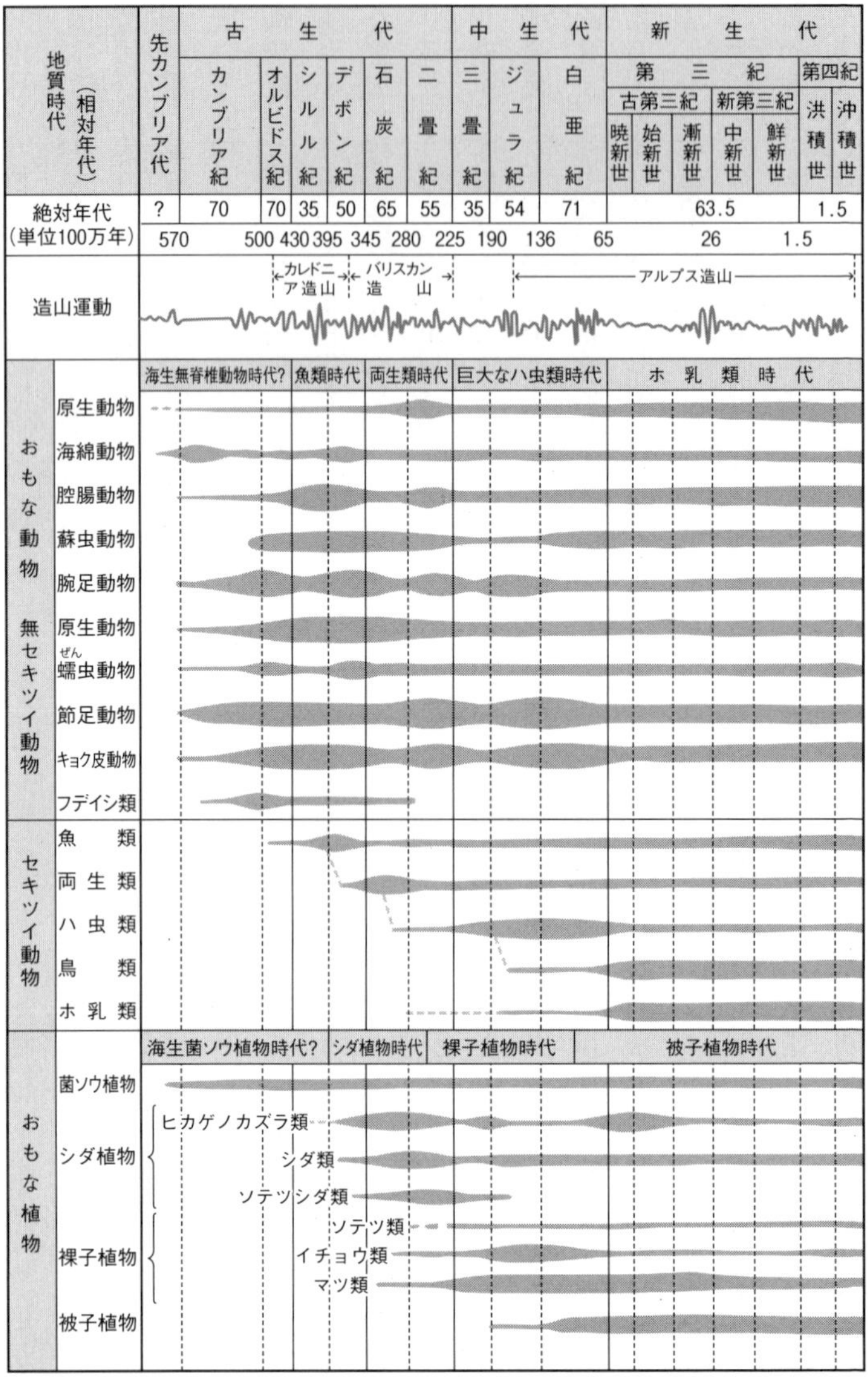

図２　地質時代区分とおもな動植物の進化（旺文社『研究地学Ｉ』より）

ます。さらに、水の熱容量が大きいことは、急激な温度変化の少ない環境になり、地下茎などの生存にとって有利な状況になったのです。

水草のなかまには、花を大気中で咲かせて受粉する陸上植物と同じ繁殖が行なわれているものが多くあります。蓮は、大気中に華麗な大型の花を咲かせて、昆虫たちを呼び寄せて他花受粉をしています。このような繁殖法は、陸上植物が獲得した種族維持のための最適の方法だったのです。このように有利な繁殖法をもった陸上植物のうち、わずか一%足らずが水中に再移行しています。これらの水草は、きわめて限られた植物のみが選ばれた生存への道であったと推測されます。蓮の葉柄や地下茎の断面を観察すると、たくさんの穴が開いていることが分かります。この穴を通気孔《つうきこう》と呼び、酸素の少ない水底の泥中にある根に酸素を供給する役割をもっています。このような通気組織を発達させた植物が、水中へ再移行することができたのかも知れません。

白亜紀の陸上では、繁栄していた大型ハチュウ類がいつのまにか湖沼周辺を生活の場にしたようです。それは、大型の体を支えるのに水の浮力を利用することが有利だったからと考えられます。このような大型のハチュウ類は、その歯の化石から推定すると草食動物であったと考えられています。大型恐竜のなかまたちが、沼地に再移行した蓮などの大型水草を食物にしていたことが考えられるのです。

日本産の蓮の化石で最古のものは、金沢大学名誉教授松尾秀邦《ひでくに》さんが福井県今立《いまだて》郡池田町皿尾で発見したトウヨウハスとされています。この化石は、福井市自然史博物館に保存されて、ほぼ

トウヨウハスの化石（福井市自然史博物館蔵）

七〇〇〇万年前の白亜紀後期のものとされています。この化石が発見された地層からは、大型ハチュウ類の化石も多数発見されて福井県立恐竜博物館に展示されています。そうすると、そのころ大陸と地続きになっていた日本列島では、蓮と恐竜が共存している池沼があったことを推定することができます。

琵琶湖の周辺で発見される湖東流紋岩《りゅうもんがん》は、白亜紀後期の火山活動で発生した火砕流《かさいりゅう》がつくった溶結凝《ようけつぎょう》灰岩《かいがん》の一種と判明しています。そうすると、今から九〇〇〇万年前から七五〇〇万年前の近江の国は、火山が噴火し火砕流が流れることのある土地で、裸子植物の大木が多く繁茂する平野に恐竜が生存していたことが想像できます。そして、あちこちにある池沼には、蓮の大輪の花が、水草の女王のように咲き誇っていたことも推測できるのです。しかし、この時代に人類は当然のこと、琵琶湖もまだまだ出現していませんでした。それどころか、日本列島も日本海もできていなかった時代のはなしになります。蓮という水生植物は、このような遠い昔の地質時代から生存して、豪華で華麗な花を咲かせ続けていたのです。

蓮の植物体（葉・茎・根）を調べる

守山市川田《かわた》町田中の田中米三家の大日池には、和名をミョウレン（妙蓮）と呼ぶ珍しい蓮があります。この蓮は、一般に近江妙蓮と呼ばれ、日本では六百年前から大日池だけで生育していた不思議な蓮です。滋賀県の天然記念物に指定され、守山市の市花に制定されている貴重な蓮です。そして、この蓮を六百年間保護管理してきた田中家には、この妙蓮に関する古文書が多数残されているという世界でも珍しい蓮です。

妙蓮という植物の生活史は、地中で冬越しをしたれんこん（蓮根）が出芽することから始まります。れんこんとは、蓮の地下茎の先端部分が澱粉を貯えて肥大した貯蔵器官です。大日池の妙蓮のれんこんの萌芽時期は、三月中旬ごろです。大日池の地中温度が八～一〇℃に達すると、土中で休眠していたれんこんの潜伏芽《せんぷくが》の生長がはじまるようです。そして、冷たい北西風が直接吹きつけない日当たりのいい場所を選ぶようにして、葉芽が赤褐色の先端を数センチ出してきます。地中から先端を出した葉芽は、そのままでしばらく生長を停止しているようにみえます。地温が一定温度に上昇したことが契機になつて葉芽を出芽させてみたが、気温などの環境条件が生長に適当でないのでとまどって様子見をしているように思われます。

出芽した葉芽は、寒暖の差が大きい気温の変化に耐えるように休止していたのが、池の土手にある

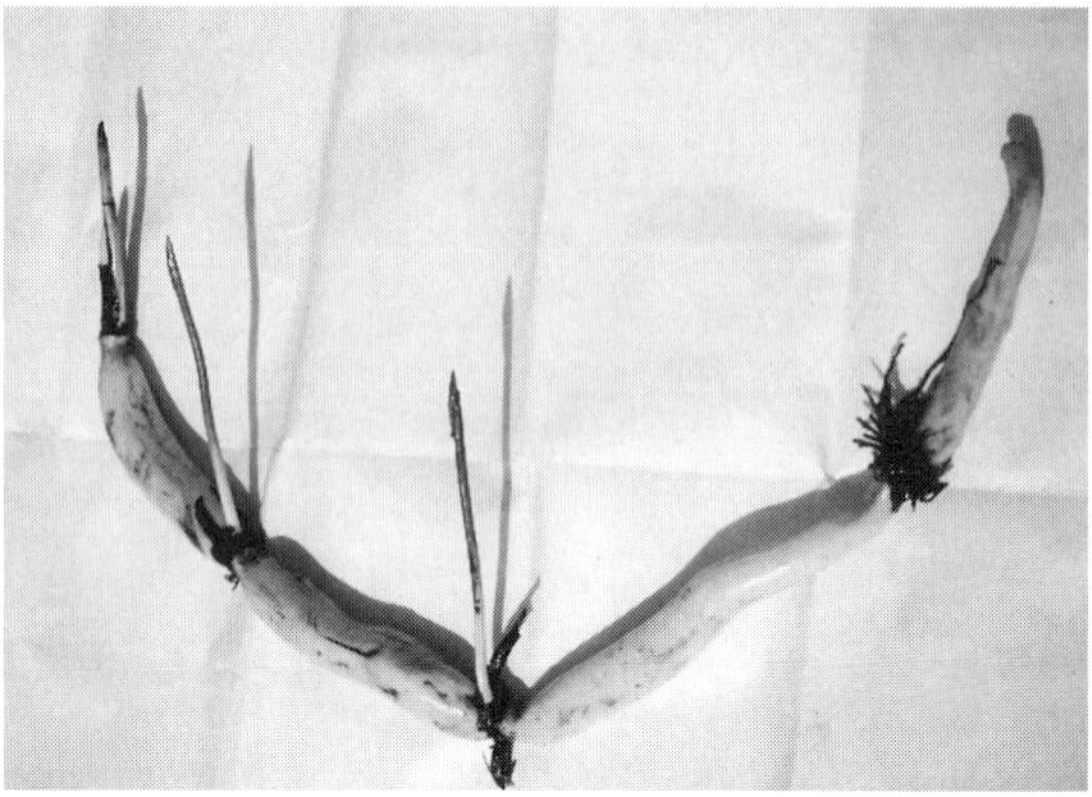
芽が出ている３月頃の地下茎

ソメイヨシノが咲く頃の大日池

ソメイヨシノが満開になるころから生き生きとして活動をはじめます。そして、水温が一三℃をこえるころから急速に水面に浮葉を開きはじめます。また、新しい葉芽も次々と顔を出して、赤褐色の浮葉の数を増やしていきます。

赤褐色をした浮葉と葉芽

浮葉は、れんこんの頂節とこれに続く二、三節部、および分岐した側枝の第一節から出ています。浮葉の葉柄《ようへい》は、長さ二〇cm前後のひも状で、やわらかく曲がりやすくなっています。このことは、池の水深が急激に変化する場合に即応して、葉身《ようしん》を常に水面に浮かべることができるように葉柄がやわらかいのだと思います。大雨で増水した池の蓮が、その葉柄を一夜で数十cm伸長させたという報告もあります。

葉柄の先端に広がる葉身は、扁円形で長径は二〇cm程度の大きさになります。葉身を広げはじめた最初の浮葉は、直径三~七cmの小型で赤褐色をしているため銭葉《ぜには》と呼んでいます。銅銭に例えられる銭葉が赤褐色であるのは、葉緑体の色とアントシアニンという色素が混合した色です。葉緑体は、光合成を行なうことができない状態にあるときに、

浮葉で覆われた大日池

光を吸収すると障害を受けてしまいます。そのため、光から葉緑体を保護するためにアントシアニンを蓄積しているようです。浮葉は、すでに葉緑体を分化させているにもかかわらず、充分に光合成が行えない状態のため、光から保護するためにアントシアニンを蓄積しているようです。しばらくすると、光合成を行なう条件が整ってアントシアニンがなくなり、葉緑素の色である緑色をした葉身に変わっていきます。浮葉に続いて立ち上がる立葉《たちは》は、浮葉から情報を得て、すでに強い光に適応した状態で出芽してくるため緑色だと考えられます。

大日池の水面が浮葉でほぼ覆われるころになると、木化して堅くなった葉柄で直立する立葉が出はじめます。立葉は、浮葉と同じように葉身を左右から巻き込んだ状態で伸び上がります。巻葉の状態の葉身は、両先端が細く尖っているので剣葉《けんば》と呼ぶこともあります。先端の尖った巻葉は、すでに広がっている大型の葉身の間から抽出するのに適応した形状です。そして、巻葉の裏側の葉柄の付着部分には、少し紫色がかった部分が上下に広がっているのが見られます。このように葉身が形成される際に、巻き込まれている部分と

立葉が伸び始めた大日池の全景

後出の葉がより高く伸びる

外側の部分になんらかの差異を生じているのも適応現象と考えられます。

立葉は、地中を横走《おうそう》して伸びる地下茎で、すでに浮葉を出した節に続く節部から次々と出ます。その立葉は、大型の葉身とそれを支えて地下茎に接着している葉柄に分けられます。その立葉は、地下茎の上位節にすすむにつれて葉身がより大型になり、葉柄もより長く伸びます。これは、日陰にある葉が日陰を避けるように葉柄を伸ばして、より上位の日当たりの位置を得るように生長する避陰反応という現象になります。

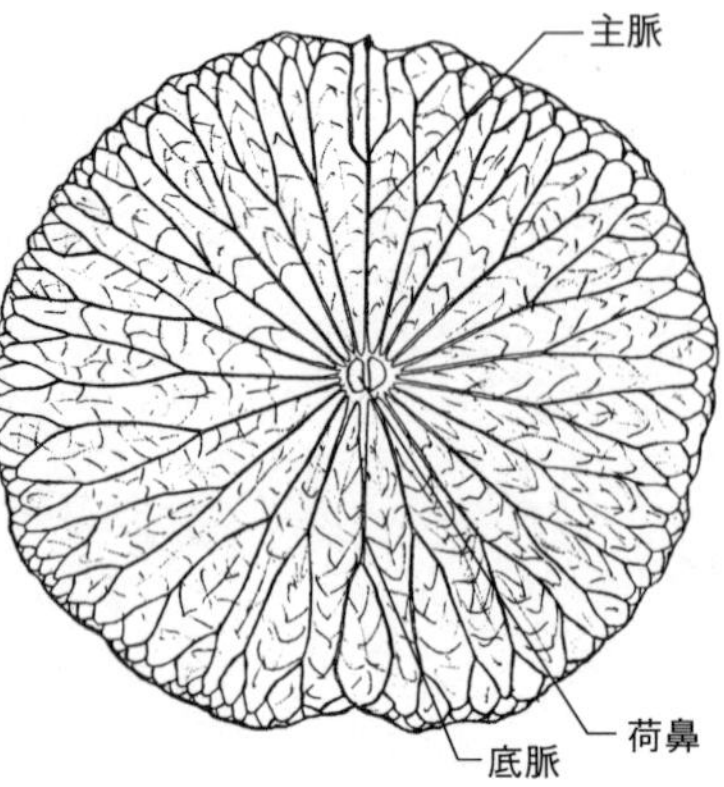

図３　葉身表面の模式図

葉身は、全縁で左右に長い扁円形で、最大のもので長径は八〇cm、短径は六〇cm前後になります。直立する葉柄は、長さが一八〇cmに達するものもあり、その直径は八mm前後あります。葉柄は、伸長するときに水深が増えると二五〇cm程度まで異常に伸長することができます。そして、葉身を水面に浮かべて浮き葉のような状態になることがあります。ただし、この後で急激に水が減退すると葉柄は湾曲《わんきょく》下垂《かすい》して立葉は枯死し、蓮群落が壊滅的な事態になることがあります。蓮文化研究会員の山本和喜氏によると、ロシアのウチーナエ・オーゼラで三二一cmに伸びた葉柄が観察されたようです。古くからの名勝地であった志那浜の蓮が絶滅したのは、湖水に急激な水位の変動があった影響を受けたと考えられます。

蓮の受け型になった葉身の中央には、葉身を一cmばかりに縮小したような形の中盤（荷鼻《かび》）があります。その中盤からは、二二一本前後の葉脈が放射状に出ています。この葉脈は、二又《ふたまた》に分岐《ぶんき》することを三、四回続けて葉縁に達し、その葉脈の先端で互いに連結しています。このような二叉《にさ》脈系の葉脈は、シダ植物やイチョウなどの裸子植物では多くみられ、双子葉《そうしよう》植物では珍しい葉脈になります。

葉身の中央には、主脈と底脈が葉身を左右に二分するように走っています。主脈は直線的に葉縁に達し、その葉縁部が少し尖ることで葉身の先端であることを示しています。底脈は二叉分岐をして葉縁に達し、その葉縁部が内側に窪みを作っていることで葉身の底辺部であることを示しています。開いた葉身は、その先端部を斜め上に向けた状態で傾いています。この傾斜は、受け型の葉身の表面に散在する気孔が、酸素を取り入れる場合に妨げとなる水滴を流し去ることに役立っています。また、葉身の表皮細胞の壁が

水玉を貯める葉身

顕微鏡的な毛茸《もうじょう》という微少突起を形成することも、葉身の表面を覆った水滴を表面張力ではじく作用を生じさせることで気孔の働きを助けています。

中盤の裏側からは、葉柄が出て地下茎に連結しています。この葉柄は、花をさえる花梗（花柄）と外形がよく似ているため、茎の一部とみなされることがあります。しかし、花梗の通気孔が地下茎と同じように放射状に配列しているのに対し、葉柄では四個の大きな通気孔が左右対象に配列して茎と異なる状態になっています。また、葉柄が伸びてくるときに葉の表になる向軸側と裏になる背軸側の違いがみられることから、葉柄は葉の一部であることを示しています。葉柄と花梗は、進化の過程でその形や機能が似るようになった相似器官と言うことができます。

大型の葉身では、太陽の輝く昼間に光合成が盛んに行われます。光合成の結果は、大量の二酸化炭素を消費して大量の酸素を発生しています。この酸素は、根などで呼吸に消費されたあとにも大量に残ります。この余分になった酸素は、中盤から大気中に放出されています。このようにして、蓮という植物は地球温暖化防止に役立つ働きをしているのです。特に気温の高い晴れた日は、光合成が盛んに行われるため中盤から放出される酸素の量が増えます。このような時、中盤の部分を少量の水で浸すと水滴を吹き飛ばすようにして気泡が放出されます。このようすが水の沸騰するように見えるので低温沸騰と呼んで、蓮の葉で見られる奇妙な現象とされています。

地下茎の節部からは、三〇～四〇㎝の長さの根が二十数本出ています。それぞれの根には、短い一次分岐の根毛が密生して、地中の無機質肥料を吸収しています。ただし、浮葉を着生する地下茎の関

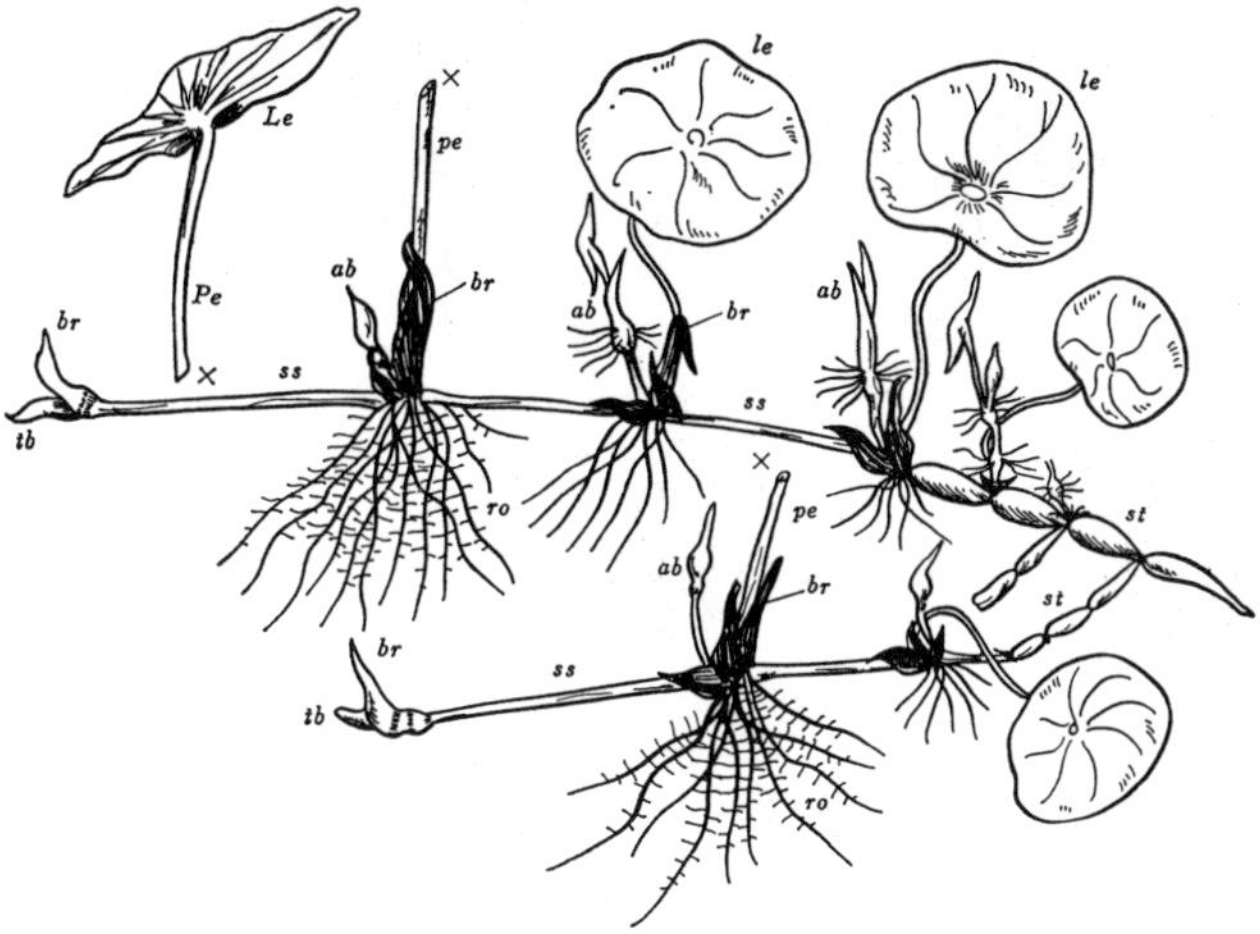

st 種れんこん、ss 地下茎（匐枝）、ro 吸収根、tb 頂芽、ab 側芽（側枝）、br 苞、pe 葉柄、le 浮葉、Le 立葉

図４　生育初期の蓮の形態（南川原図）

節部の根は、短くほとんど根毛を生じません。このことは、この部分の生長は、種れんこんの貯蔵養分によることを示しています。根毛が養分を吸収するためには、大量の酸素を必要とします。蓮の地下茎と根は、酸素がほとんどない水底の泥の中にあるため、葉身の気孔で吸収した空気中の酸素を利用しています。そのために、蓮の植物体のすべての部位には、縦に貫通した大小の通気孔が発達しています。葉脈、葉柄、花梗にある通気孔は、すべて地下茎の通気孔に連絡して根に酸素を供給しています。

蓮の茎は、花梗と呼ぶ花器官を付ける部分以外はすべて地中を横走しています。池底の地下一〇～二〇㎝くらいを横走する主茎は、条件が良いと一〇節から一二節に増え、長さは七～八ｍに達することがあります。しかし、大日池では面積が狭く個体密度が高いためそれほど増えないようです。主茎の第三、四節目からは、側枝《そくし》が伸び出て節数を幾らか増やしています。この側枝も大日池では、伸びる数が少ないようです。

蓮の地下茎は、主軸が一本に伸びて、各節ごとに一個の花梗と葉柄および鱗片葉をつけ、側芽が伸びる側枝もそこから枝分かれするようにみえます。これは、古くから提唱されている短軸的解釈になります。しかし、地下茎頂芽の構造や鱗片葉の茎に着生する位置などを考察すると、地下茎の一つの主軸は花梗まで続き花が頂端になって終わるようです。そして、葉芽は、枝分かれする地下茎の第一葉になり、この枝分かれした地下茎は花を頂端にして終わります。すなわち、各単軸の頂端は花で終わり、横走する地下茎は節ごとに枝分かれする仮軸となります。これは、三木茂博士が昭和二年（一九二七）に提唱した仮軸説に相当するのです（上写真）。

仮軸説を示すように伸びる地下茎

一本の茎と、そのまわりに配列する複数の葉をまとめて、一つの単位と考えることができます。このような植物の単位を、シュートと呼びます。地下茎は、地中にあるシュートの茎になります。原襄《のぼる》博士らは、『植物観察入門』で地

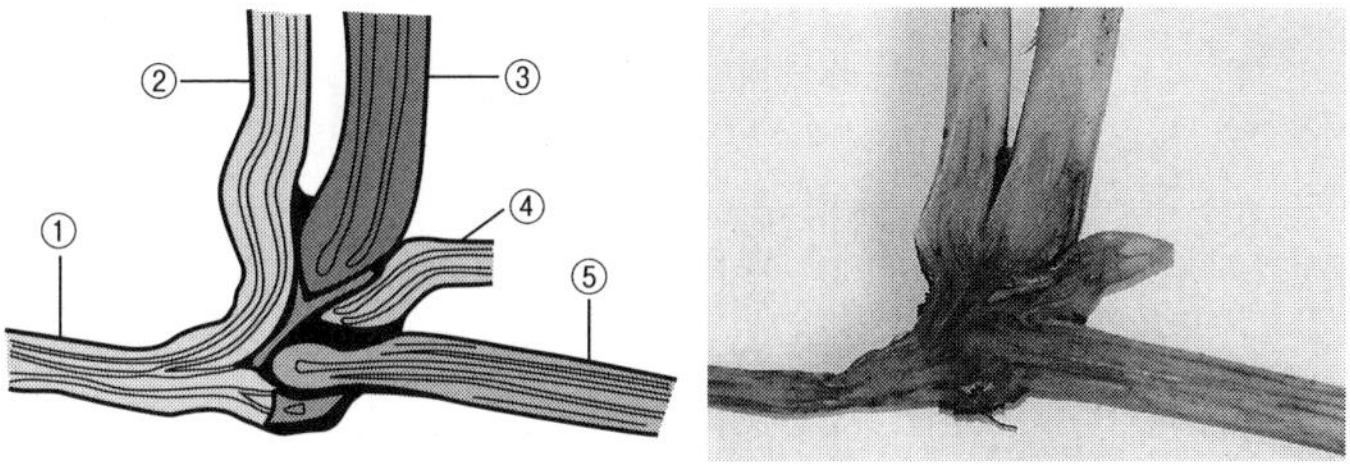

①主軸の地下茎　②花梗　③葉柄　④腋芽が伸びた地下茎（側枝）
⑤分岐して次の主軸となる地下茎

図５　地下茎節部の断面とその模式図

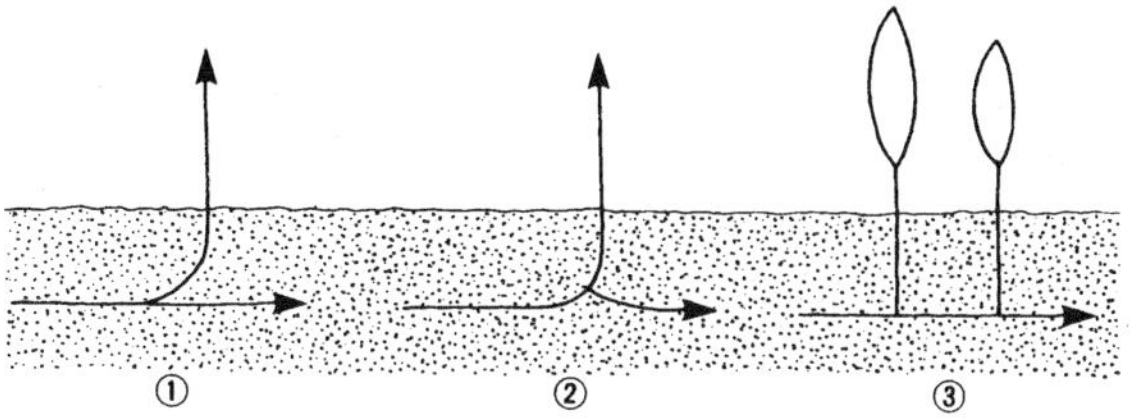

図６　地中を横走する根茎のタイプ（原襄ほか『植物観察入門』より）

下茎の形態について三つのタイプを区分しています。タケの類のように、主軸となるシュートは地中に伸び、地下茎の腋芽が伸びて地上に出て「たけのこ」となり、これが地上のシュートとなって緑色の葉をつくるものがあります①。また、アマドコロのように、主軸が地上に出て側枝が地中に伸びるものもあります②。そして、ワラビのように、地上に出るのは葉のみというタイプがある③、と述べています。そうすると、蓮は主軸となるシュートが地上に出て花を咲かせ、側枝となるシュートが地中に伸びる②のタイプになります。そして、側芽（腋芽）が伸びる側枝は独立した別のシュートになるわけです。

大日池で蓮の植物体のようすを調べた結果は、妙蓮と普通の蓮（常蓮）に違いはまったくみられず、妙蓮と常蓮の違いは花器官のつくりのみであることが確認できました。

蓮の花は日の出とともに開く

夏の日の照り輝く太陽のもと、豪華に咲きそっている蓮の花は、一日中同じ状態で咲いているのではありません。蓮の花は、夜明けとともに咲きはじめ、昼ころには閉じるという開閉運動を繰り返して、四日目に花弁はすべて散り落ちてしまいます。したがって、蓮の花を鑑賞するのは開花して三日目までの早朝が良いのです。ただし、妙蓮と呼ばれる蓮の花は、花弁が数千枚と多いため開閉運動はみられず十数日間咲いています。

花が開閉する植物は、カンサイタンポポ、キンポウゲ、カタバミなど道端で普通にみかける草花や、クロッカス、チューリップ、マツバボタンなどの園芸植物でもみられます。

マツバボタンの花では、その開閉のようすを調べた結果があります。それによると、朝気温が二〇℃になると一斉にそろって咲きはじめます。そして、早いものは午前中に閉じはじめますが、たいていの花は午後になると閉じます。なかには、夕方おそくまで開いている花もあります。マツバボタンの花が閉じるのが不揃いになるのは、受粉の時刻と関係が深いことが分かりました。この花は、受粉すると、その四時間後から花弁を閉じはじめます。たとえば、朝咲きはじめた七時ごろに受粉すると、その花は一二時前には閉じます。午後二時ごろ受粉すれば、その花は夕方六時以降に閉じることになります。受粉の遅かった花や、受粉できなかった花は夜の気温が二〇℃以下になるまで咲いているのです。

蓮の花が開閉するようすを、花弁が二〇枚前後ある一重の普通種で観察したところ、つぎのようになっていました。開花前日のつぼみは、先端までの長さが一二cm余りでふっくらと膨らんでいます。このつぼみは、深更《しんこう》の丑三《うしみ》つ時《どき》をすぎる午前三時から四時ごろになると、外側の花弁からその先端部をゆっくりと開きはじめます。これは、目にみえない動きで次第に開いて、つぼみ全体はやがて膨らみます。朝日が昇りはじめる前には、先端部を三〜四cmほど開いて壺のような形になります。この状態が一日目に咲いた花で、これ以上は開かないで八時過ぎからその先端部を少しずつ閉じていきます。正午ごろには、開花前のつぼみと同じような形にもどります。

二日目の花は、夜の三時ごろに花弁が開きはじめます。最外部の三〜四枚の花弁の先端から少しずつ動いて、四時すぎにはそれら最外部の花弁が花梗に対して直角近くに開きます。ほかの花弁は、先端をすこし開いた状態で花全体がふっくらと膨らんでいます。あたりが明るさを増す五時前から、花弁の動きは早くなりますが、目で確かめられるような速さではありません。朝もやの中で移り変わる蓮池の情景に目をうばわれている間に、いつの間にか花弁が開いているのに気がつき驚かされます。六時前船底形になった花弁が、外側からつぎつぎと付け根のところから反り返るように広がります。

には、外側の数枚の花弁が横向きに広がり、内側の十数枚の花弁は重なり合って黄金色の雄しべや花托を包み込むような状態になっています。この雄しべや花托の全体は、花の上面から覗いて見なければ分からない程度に花弁は開いています。

このような、二日目の六時から八時ごろまでの花が、もっとも華麗で魅惑的に輝いてみえます。そして、虫たちもさかんに訪れています。やがて八時をすぎるころから、内側の花弁から少しずつ閉じはじめます。そして、十一時ごろには、最外部の四、五枚の花弁を残して花は閉じています。早朝から豪華に咲いていた花は、正午過ぎには開花する前のつぼみの姿にもどっています。

三日目の花も、夜三時ごろから外側の花弁が少しずつ開きはじめます。そして、六時すぎには二日目の花と同じような開き方をしています。しかし、次第にすべての花弁が放射状に広がり、雄しべや花托《かたく》が真横からでも見ることができる皿形の状態になります。この三日目の花も、八時をすぎるころから少しずつ閉じはじめます。しかし、最も外側の二、三枚の花弁は開いた状態のままで残り、内側の花弁が壺形に近い形に閉じた状態で終わります。

四日目の花は、やはり夜三時ごろから花弁が動きはじめて、六時ごろにはほとんどの花弁が水平に広がっています。その花弁は、風に揺られるたびに一枚、二枚と散り落ちていきます。正午ごろにはすべての花弁が散り落ちて、後にはしおれはじめた雄しべに包まれた緑がかった花托が残ります。これ以後、花托は果托と呼ばれる状態で生長して、やがてその表面の窪みの中に種子を作っていくのです。

夏の日の朝ぼらけにみる蓮池の風景は、大きな葉波の間に点々と咲く紅色の花がみえます。よくみると、先端を赤く染めた大小のつぼみとともに一日目の壺形の花が濃い紅色で目立ちます。そして、請花様《うけばな》の花弁がひときわ輝いてみえるのは、豪華に咲く二日目の花です。すべての花弁がいきいきとして、黄金色の花托と雄しべを取り囲んでいます。いくらか色あせた花弁を皿形に開いているのは、三日目の花です。ほとんどの花弁が反花様《そりばな》に広がるのは、四日目の花です。風がそよぐと、ピンク色にあせた花弁が散り落ちます。

蓮の花が開閉するのは、その花弁の内側の細胞と外側の細胞の生長率の違いから生じる現象です。花弁の内側の細胞の生長率が、外側の細胞の生長率よりも大きくなると、その花弁は外側へ反り返る状態になり、花は開くことになります。反対に、内側よりも外側の細胞の成長率が増えると、花弁は内向きに生長して花は閉じるようになります。花弁の細胞が、このような生長を続けて花弁全体を大きく伸長させていきます。しかし、蓮の花弁は開花四日目でその生長を終了して散り落ちるのです。

蓮の花弁が開閉する要因は、生長運動と呼ばれて多くの植物の花の開閉に関係しています。また、このような細胞の生長に関係する外部刺激として、温度や光の変化があるとされています。蓮の花では、光よりも温度の影響が大きいように観察されます。

オーストラリア・アデレード大学准教授R・S・セイモアさんの「ハスの花は活発に温度調節を行なう」という論文があります。それによると、ハスの開花時には、外気の温度変化にほとんど関係なく、花の中の温度をかなり安定した状態に保っているようです。ある年の観察によると。気温が一〇℃から四五℃に変化したにもかかわらず、蓮の花中の温度はほぼ三〇～三五℃に維持されていたということです。そして、この温度調節期が雌しべの受粉期間と一致することや、雌しべの花粉放出後に温度調節が終了することが重要な意味をもつとしています。多くの昆虫は飛行、採餌などの活動に高い体温を必要とするので、花は昆虫がやってきたお礼に花の中を暖かく保ち、虫たちが花中で心地よく行動して受粉を助け、さらには外へ飛んでいく準備ができるようにしているとしています。

蓮では、夜の気温の低下とともに自らの発熱度合いを高めて温度を上げ、暑い日には気温以下の温度を保つために自らの水分を蒸散させるなどの作用をおこなっているのです。このような、蓮の花の細胞中に生じる発熱作用が、蓮の花の開閉運動にも関連しているのではないかと考えられます。

蓮の花が咲くときに音がするか

蓮という植物にかかわる歌は、『万葉集』を始めとする多くの古典に記されています。しかし、蓮の花が咲くとき音がすることを歌に詠まれるようになったのは、大賀《おおが》一郎さんによると江戸時代中期の宝暦《ほうれき》年代以降のようです。それによると、鳳居庵栄蛾という俳人が宝暦六年（一七五六）に著した『心のしおり』に、次のような俳句が記されています。

法の庭　音も聞くや　蓮の花　　魚楽

暁に　音して匂ふ　はちすかな　　　潮十子
管弦にて　開くものかは　蓮の花　　河輩

宝暦、明和、安永と続く時代は、殖産興業政策によって、江戸時代でもっとも幅の広い豊かな社会であったとされています。暇のある大身の旗本や金のある商人の中からは、教養を身につけ書画や風流を楽しむものが増えました。また、その人たちの支援を受けた文人・墨客《ぼっかく》たちが活躍して後世に多くの作品を残した時代です。このような、文人たちの時代と呼ばれるころから蓮の花が開く音が話題になったように思われます。

明治になると、正岡子規《まさおかしき》はつぎのような句を詠んでいます。

蓮開く　音聞く人か　朝まだき
朝風や　ぱくりぱくりと　蓮開く

また、歌人啄木《たくぼく》にはつぎのような歌が残されています。

静けき朝に　音立てて
白き蓮の　花咲きぬ

胸に悟りを開くごと
ゆかしき香り　袖にみち
花となりてや　匂うらん

蓮の花が咲くときに本当に音を出すか、出さないかという論争がはじまったのは、文明開化の波がすすむ明治の中ごろからのようです。それが、昭和になると、植物学者をまきこんだ大論争になったということです。

昭和十年(一九三五)七月二十五日の『朝日新聞』紙上には、要約するとつぎのような記事が掲載されています。「三宅驥一《みやけきいち》、牧野富太郎《まきのとみたろう》、大賀一郎など植物学の泰斗《たいと》をまじえた五十余名が、早朝の不忍《しのばずのいけ》池畔に集まり蓮池を凝視した。六時ごろになって日光が満遍なく池面にあたってそろそろ花もほころび始めたが、蓮池はウンともスンともいわなかった。誰か一人でいい、聴けばいいと互いに願っていたが一向にだめ、とうとう業を煮やした形で無音ということに衆議一決した。」と、そして、「今朝程馬鹿らしいことをやった経験はありませんな」という、牧野博士の談話も記されています。

八月四日の『朝日新聞』には、「三宅、牧野の両博士の無音説に凱歌《がいか》があがったと報じられているが、東大理学部植物学教室の高橋基生《もとお》氏は、生態学や生理学の立場から有音説を唱え、大賀博士は有音無音いずれも定めがたく、軽がるに論断すべきではない」という論説が掲載されて、「蓮の音、有音か無音か」の論争は結論が出ていません。

この後、大賀一郎さんは、開花音の有無について科学的に証明する必要にせまられ、日本放送協会の協力を得て不忍池で実験をしました。それは、マイクロフォンを開花する花の花梗に取り付け、花の部分で発するあらゆる音をレシーバーで聞き取ることでした。午前二時から六時まで聴音した結果は、花弁の触れあう振動音のようなわずかな音はあったが、人の耳に達する音響振動は出なかったとしています。

秋の虫が夜長を鳴きあかし、その風情が歌などに詠まれています。このような、虫たちの出す音は、羽根を摩擦したり振動させることで発する音です。私たちの発する声は、声帯という膜を振動させることで発する音です。生き物が音を発するためには、音を出すもとになる器官や組織が必要です。ところが、蓮の花には、このような音を発する器官や組織はどこにも見当たりません。薄くて柔らかい花弁が開くとき、わずかに摩擦音が出るかも知れませんが、それは人の耳では聞き取ることが不可能なほどかすかな音です。

蓮の花が咲くときに、音がするかしないかにかかわる自然科学的な回答は、以上のようなことになります。自然科学は、シビアな現実を忠実に表現してくれます。しかし、人間には、音にならない音を聴きわけ、現実にはない色を見わける心を持ち合わせています。春の日にサクラの下で散りゆく花を愛で、秋の渓谷に紅葉狩りを楽しむ風情は日本人に特有の風俗習慣といわれています。夏の日の朝ぼらけ、蓮池で花の開花音を聴きわけることができるのは、日本人らしい風情ということではないでしょうか。

聴くという文字は、耳偏で記されるように人間は耳で音を聞きます。しかし、聴くという文字には、目という文字も加わっています。さらに、心という文字まで加えてあります。人間が言葉を交わすためには、耳だけで聞くのではなく、目で聴き心で聴くことが大切なことを教えているようです。また、日本人が自然と対話することができるのは、目や心で聴くことができるからなのでしょう。

蓮の花弁を染める色を調べる

蓮のような被子植物の双子葉類は、受粉の仲立ちをする昆虫たちを引き寄せる色、形、匂いをもつ花を咲かせるようになったと考えられます。このような、虫たちを誘うために様々に装われた花が、人間の心まで魅惑するようになっているのは不思議な現象です。

花の色は、その花弁の細胞に含まれる色素とそれに当たる光によって現れるものです。、同じ花でも、花弁に当たる光の量や質の違いによって発現する色は変わります。また、花を見る位置や角度でも微妙に変わります。花弁の表面の組織や内部のつくりの違いや含まれる色素の種類と分布や量によっても大きな違いができます。さらに、タンニンなどの共存物質の違いや花弁が生長する間に生じる変化も関連しています。

花の色を決める色素は、主としてアントシアニン、カロテノイド、フラボノイド類の三つのグループに大別されています。アントシアニン色素は、花弁をつくる細胞の液胞の中に糖と結合して数種類が存在します。この色素の種類の違いや含有量によって、赤色、ピンク、紫色のほかオレンジ、青色、紅色など幅の広い色の出現と関係しています。

カロテノイド系の色素は、花弁だけでなく植物の体内に広く分布して黄色や橙色、ときに赤色などを出しています。ニンジンをはじめトマト、カボチャ、あるいはカキやミカンなどの果実から秋の紅葉、黄葉どの色をつけているのは、主としてこの種類の色素です。

フラボノイド類は、アントシアニン色素によく似た科学構造や性質を持っています。花弁の細胞液や原形質に糖と結合して存在する、淡い黄色か無色に近い色素になります。これに、アントシアニンやカロテノイド色素が共存すると、ピンクや紅色に変色するようです。大切なことは、太陽からの強い光や病気、虫害からまもる働きをする色素とされています。

山野に分布する花の色を調べた報告によると、白色の系統が全体の三三%ともっとも多くあります。次に黄色の系統が二八%、赤(紅)色の系統が二〇%となっています。紫色系と青色系を合わせて一七%、その他の色が二%とされています。この比率は、高地と低地、熱帯と亜寒帯など地域の自然環境のちがいによって異なることは当然のことです。蓮という植物の花の色は、もっとも一般的な色になっているようです。

蓮の花の色素については、平成十四年(二〇〇二)に発表された、香取正人博士らの研究があります。しかし、まだまだ不明の部分もあるようですが、その論文などをもとに解説してみます。

東洋産の紅蓮《こうれん》系の蓮は、アントシアニンと呼ばれる色素物質が、花弁の表皮細胞の液胞に含まれてその色を出しています。全アントシアニン濃度が高くアントシアニン系五種類の色素すべてが比較的高い濃度で含まれる場合には赤色、全アントシアニン濃度が比較的高いが、マルビジン3系の二種類以外の色素が検出限度以下の場合にはピンクになります。また、全アントシアニン濃度が低く、マルビジン3―グルコシドのみが検出された場合は爪紅《つまべに》になるとされています。斑《まだら》系品種は、花弁の白色部分には色素は検出されなかったが、斑状の赤色部分ではアントシアニン系色素五種類が検出されたとしています。アントシアニン系色素の濃度は、赤色系の蓮品種の赤色の濃さに反映していることが示唆《しさ》されたと報告しています。

北米産の黄色系の蓮は、これらのアントシアニンをまったく含まないで、微量のキサントフイル類とβ―カロチンが検出されています。その濃度により、花弁の黄色の濃さが異なっているように思われます。

白蓮系の蓮の花弁からは、白い色素を取り出すことはできません。それは、どんな花にも白い色素は含まれていないからです。白色の花弁から取り出せる色素は、キサントフイルやフラボン類のごく淡い黄色、またはほとんど無色に近い色素です。白蓮系の蓮の花は、光の具合などでときたまごく淡い黄色に見えることがあります。このような黄色系の色素を極く微量に含んでいて、完全に白い花弁ではないのです。しかし、蓮の花には、純白にみえる花弁をもつ品種もあります。これは、花弁の細胞間隙に含まれている気泡による作用と考えられます。

花弁の断面を顕微鏡でみると、薄い花弁の表裏に表皮細胞が柵状に並び、その中間を小さな通気孔が横一列に並び、それを不規則な形の細胞が取り囲んでいます。そして、空気を含む細胞間隙がたくさんできています。このすき間にある空気が気泡の状態になることで、風船がふくらむように花弁の形を一定に保っているのです。この気泡がなくなり細胞が水を失うと、風船がしぼむように花弁はしおれてしまうのです。

無色で透明な空気も、気泡になると白い色にみえます。ビールの泡が白くみえるのと同じことです。したがって、白くみえる蓮の花弁は、花弁に含まれている気泡の色なのです。花の色を出す色素は、表皮細胞の液胞に含まれています。この色素が極めて少ないか無色に近い場合には、花弁の色はより白くみえるようになります。

蓮の花弁は、咲きはじめと散り落ちる前では色が変わってみえます。最初は、濃い紅色であったのがやがてピンクになるのはよくみられる現象です。このことは、花弁の細胞が肥大生長をしながら大型になると、その細胞内の液胞も大型になっていきます。しかし、液胞中の色素の量は変化しないので色素の濃度が低くなって薄い色になります。また花弁が生長する間、含まれている色素が光や温度、空気などの影響を受けて分解消失することもあるからです。

蓮から漂う清浄な香り

ウメの香りは、暖かい春の到来を告げているようです。澄みわたった青空に匂うモクセイの香りは、やがて来る秋を人の心に伝えます。夏の日の朝、蓮池に近づくと冷気の中にかすかに漂う清浄な香りは、暑さを忘れさせ心が洗われるように感じます。夜明けとともに咲き出したハスの花は、高貴なグリーンがかった独特の香りを放散させています。美しい花から流れ出る香りは、人々の心の中に潤いや安らぎを与えてくれます。

これらの香りの主体は、その植物に含まれる特有の芳香成分によるものです。その成分は、花だけでなく果実や葉、茎、根などの組織にも広く含まれています。花の香りは、受粉の仲立ちをする昆虫を引き寄せる働きをしています。果実に含まれる香りは、成熟したことを知らせて動物たちに食べられるとともに種子を散布してもらうためです。葉や茎に含まれる香りは、殺菌や防虫力があり、茎や根では傷口をふさぐ治癒組織の形成に役立つているようです。

植物から発生する香りには、様々なものがあってどれ一つとして同じものはありません。バラの香りは、紀元前から人間生活に取り入れられて著名なものです。このバラの香りも、その品種によって異なっています。花の香りの有無や強弱は、花の種類、大きさ、色などのほか、花をとりまく湿度、温度などの外的条件や花の状態や環境によって大きく影響されるようです。

花の香りの強弱と色との関係を調べると、白色の花が最もその香りが強く、黄色、ピンク、赤色の順に弱まっているようです。紺色、紫色、緑色では、香りが弱まり、橙色や褐色ではもっとも弱いという調査結果があります。蓮の花は、赤色、白色、黄色が基本で香りが強く出ているなかまになります。開花する蓮の花は、その中央に雄しべと花托が黄金色に輝いていることや、雄しべが強い香りを出していることが昆虫たちを呼び寄せるのに役だっているのです。

資生堂開発研究所の蓬田勝之《よもぎだかつゆき》さんが、東京大学緑地植物研究所の協力をえて調査した蓮の香りの研究論文があります。それによると、四九品種の蓮の香りを分析した結果は、1·4—ジメトキシベンゼンのほか、1·8シネオール、カリオフィレンなど一七種類の香気成分が含まれていたということです。これらの成分は、品種ごとに含有比率が異なっており、そのことが各品種に固有の香気を出させている要因となっているようです。

1·4—ジメトキシベンゼンは、甘さのなかに少し薬くささのある主成分となって、蓮の神秘的な香りを特徴づけています。ライラック、ヒヤシンス、サクラなどにも含まれるようですが、蓮に最も多く含まれて、その香りの特徴となっているようです。北米産の王子蓮には、これが九七％含まれ最高値を示し、東洋産の蓮では、二〇～八〇％の範囲で含まれているようです。大賀蓮では七〇％の含有率を示し、それと王子蓮との交雑種である舞妃蓮では、その中間の含有率を示していました。香気成分の含有率やバランスによって、蓮の品種の違いとか、その交雑の状態が判明することになると報告しています。

赤花八重の仏足蓮を用いて、開花から四日間の香気成分の変化を調べています。それによると、ほとんどの成分は蕾《つぼみ》から開花にむけて増加しています。特に1･4―ジメトキシベンゼンは開花三日目まで増加をしめし、カリオフィレンとペンタデカンという成分は開花一日目が最高で、二日目、三日目と減少したようです。このことは、開花一日目に受粉するといわれる蓮の花が、昆虫を引きよせる物質として、これらの三成分が大きく作用していることがわかりました。さらに、真如蓮《しんにょれん》の花弁と雄しべの成分を調べたところ、蓮の香りは雄しべが代表していて、花弁の香りはあまり関与していないということです。

蓮の香りは、葉や茎にも含まれていますが、花のように強くは匂いません。葉柄を切り取ると、その切り口から微かに蓮の香りが匂うとともに白濁した乳汁がにじみ出てきます。これは、地下茎や根から出てくる空気が葉柄に含まれている成分を押し出しているのです。乳汁を味わってみると、花の香りを出す成分なども一緒になった苦みのなかに、蓮特有のさわやかな香気が含まれています。幼芽や剣葉には、このような成分が特に多くふくまれているようです。これは、殺菌や防虫の役割をはたすとともに葉の生長に役だっているようです。

幼芽や剣葉を、細かく切って湯通しして塩で味を整え、炊き立てのご飯に交ぜると蓮葉飯ができます。これは、昔から盂蘭盆《うらぼん》行事に欠かせない食事で、夏の暑さで疲れた体を回復させ脾臓《ひぞう》や胃腸を強くするとされていました。また、葉身に酒を貯めてその荷鼻に穴を空け、葉柄の切り口から蓮の成分がまじった酒を飲むことができます。これは、古くから碧筒盃《へきとうはい》と呼ばれて親しまれた飲みかたで、その酒を飲むようすから象鼻盃《ぞうび》ともいわれています。

蓮の繁殖法を調べる

蓮という植物は、被子《ひし》植物の双子葉類《そうしよう》という美しい花を咲かせて種子をつくるグループに属します。蓮の植物体は、根、茎、葉などの栄養器官と花と呼ばれる生殖器官に分けることができます。花という生殖器官は、雄しべと雌しべという雌雄の花器官を生じて、それぞれにつくられる生殖細胞（配偶子）が合体することで種子をつくります。このように、生殖細胞の合体によって個体を増やす方法を有性生殖といいます。

普通の蓮（常蓮）でみられる有性生殖のしくみを説明します。蓮の花は、一つの花に雄しべと雌しべがあるので両性花といいます。キュウリやカボチャなどのように、雄しべのみある雄花と雌しべのみある雌花が別々に咲く単性花と区別しています。

蓮の雄しべは、長さ三cmばかりの糸状の器官で、先端部の耳かき状の葯隔突起《やくかくとっき》に続く花粉袋（葯）と花糸があります。雄しべは、品種で多少の違いがありますが、二五〇～五〇〇本と多数あり特徴的な強い芳香《ほうこう》を出しています。雌しべは、花托（花床）の上面の窪みにうめられた状態で柱頭《ちゅうとう》だけを出して

①花弁　②心皮の柱頭　③花托　④花粉袋（葯）
⑤がく片　⑥花梗

図７　常蓮の花の模式図

います。雌しべは、一枚の花葉が胚珠《はいしゅ》を内側に包み込む形で二つ折りにしたようにつくられた一心皮雌《いっしんぴし》ずいです。したがって、雌しべは心皮とも呼ぶことができます。心皮は、主要部分が胚珠を包む子房《しぼう》になり、先端部は柱頭になって花柱はほとんどありません。心皮の数は、品種や環境条件の違いで差がありますが、一個の花托に一〇～四〇個できます。蓮の心皮や花弁からは、かすかな芳香が放出されています。

　雄しべの花粉袋中の花粉が、雌しべ（心皮）の柱頭に付くことを受粉と呼びます。受粉した花粉は、花粉管を伸ばして胚珠に向かいます。花粉管にある精核と胚珠に含まれる卵核が合体することを受精と呼びます。被子植物の受粉から受精への方法には、基本的に二つのタイプがあります。その一つは、同一の花の雄しべと雌しべの間で受粉がおこなわれ、それによって受精して種子がつくられる自花（家）受精です。このタイプの植物は数が少なく、イネを始めとしてスミレ、スイトピー、オシロイバナなどがあります。いまモデル植物として注目を集めている、シロイヌナズナもこの例としてあげられます。もう一つは、同じ種（シュ）

の別の花からくる花粉を受け入れて受精がおこなわれて種子をつくる他花（家）受精です。多くの植物はこのタイプで、この受精は異なる親の遺伝子が交雑することで親よりすぐれた形質を持った子孫をつくりだす可能性があり、植物の進化につながる有利な繁殖法になります。

蓮は一つの花に雄しべと雌しべがあるのに、なぜ自花受精をしないのでしょうか。それは、多くの植物では、近親交配を避けるためのいろいろなしくみがそなわっているのです。蓮の場合には、一つのしくみとして、同じ花の中の雄しべと雌しべの生育時期が異なることで自花受精の機会を避けるようになっています。雌しべが先に成熟して他花の花粉で受粉が終わったあと、雄しべが成熟して花粉を放出します。雌雄異熟という現象で、その内の雌性先熟というタイプになります。

蓮の開花一日目の花の中を覗いてみると、雄しべが花托の周りに密着するように整然と並んでいます。その雄しべの花粉は、まだ完全に成熟していないのです。しかし、雌しべの柱頭をよく見ると粘液状の液体を分泌しています。これは、雌しべが受精可能な状態であることを示しているのです。他の花から運ばれた花粉は、この柱頭の粘液に付きやすく受粉が容易に行なわれることになります。

二日目の花では、雄しべが伸びて花托の周囲で散開しています。一日目の花では雄しべが成熟していないのが、二日目の花では成熟しているようすが観察されます。その二日目の花の雄しべが、花粉袋を裂開して中の花粉を放出するのは朝の八時から十時の間です。二日目の十時ごろの花では、内側の花弁の下部が飛散した黄色い花粉で染められていることが観察されます。花粉袋から飛散した花粉を利用するため訪れた昆虫は、その成熟した花粉を体につけて一日目の花に移動することで受粉がおこなわれます。このように昆虫の働きによって、他花の花粉が雌しべの柱頭につけられることになるのです。多くの花では、一日目の花で受粉が完了します。しかし、一日目の花で受粉できなかった雌しべは、二日目の朝にも受粉することができます。

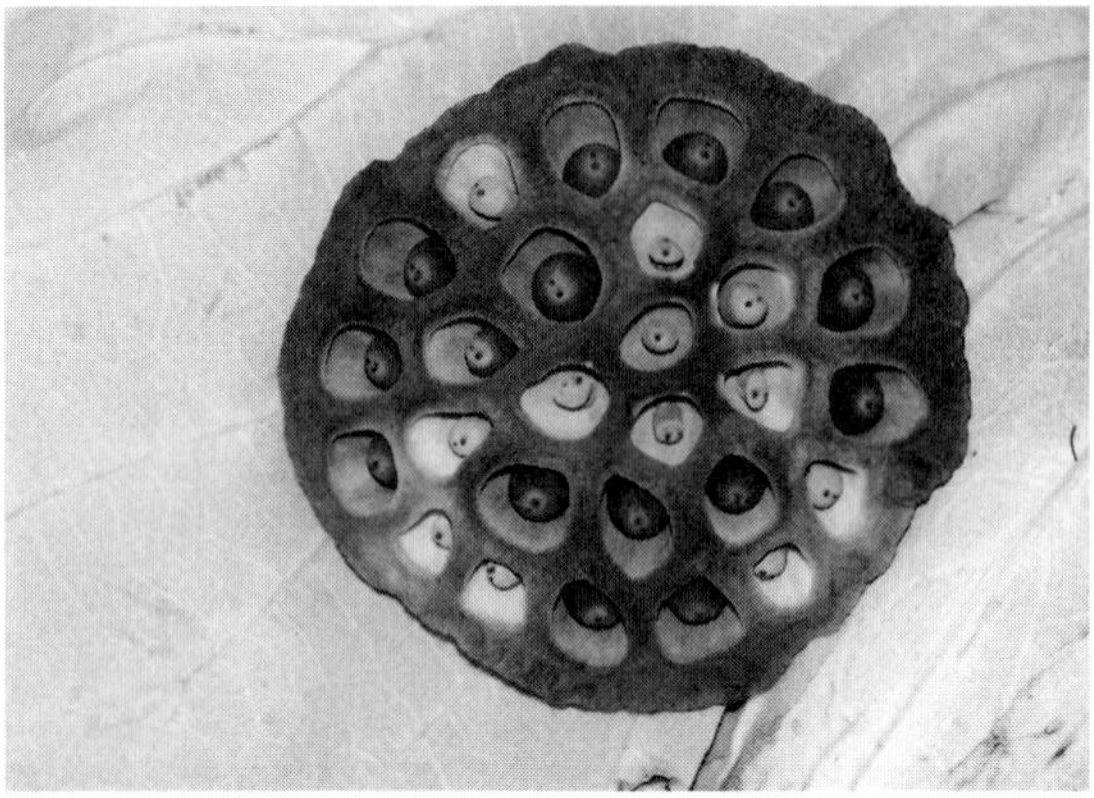
未熟な種子が多くある果托

鉢植えの蓮などでは、一つしか咲かなかった花が種子を成熟させないことが観察されます。これは、その近くに他の花が咲いていないので、他花の花粉を受粉することができなかったのです。また、気象条件などで昆虫が訪れることが少ない日に咲いた花では、受精できなかった心皮が果実に生長しない状態で残っているのを観察することができます。

このことから、蓮には、同じ花の花粉を受粉してもその花粉の花粉管の生長を抑制して、それ以外の自分と違う型の花の花粉の生長を許すという自家不和合性というしくみも備わっているのではないかと考えられます。しかし、このしくみは、単純に説明できる現象ではなく、無理に同じ花の中で受粉させると受精する場合があります。多様性を進めるため他花受粉を積極的に行なおうとするものの、他

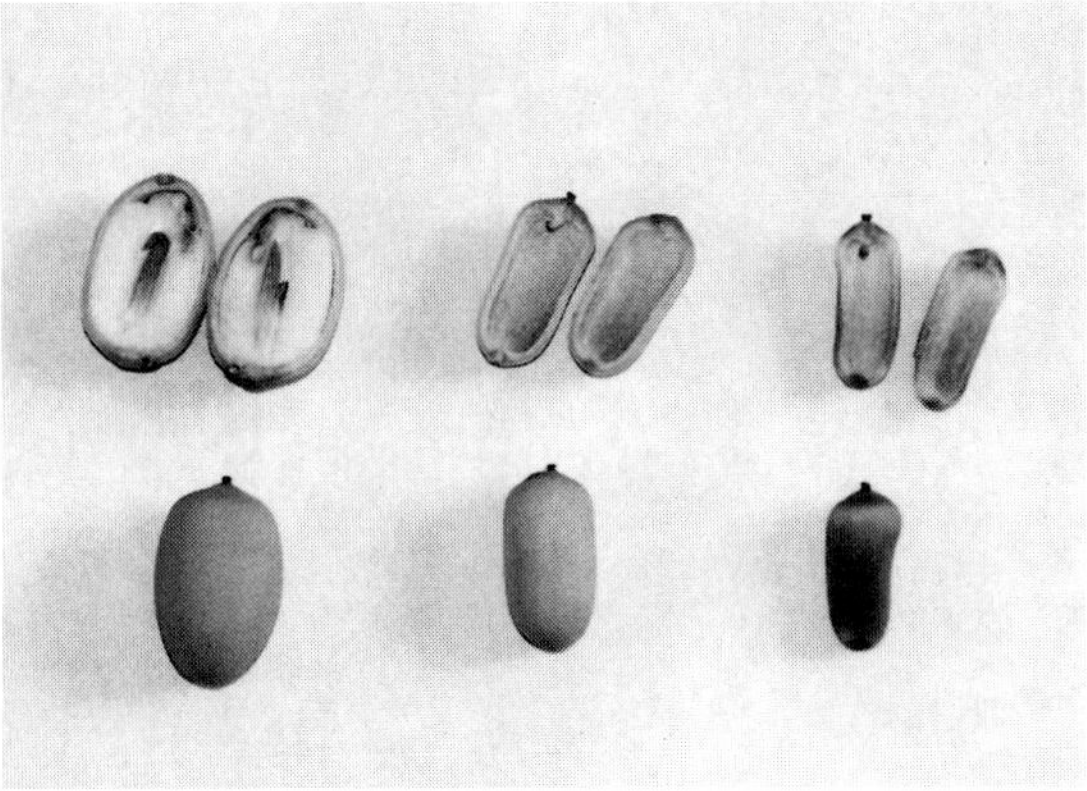

受精した果実（左）と未受精の果実

花がない場合は最終的に自花受粉を行なうことができる場合があるようです。一億年近い進化の過程で蓮が獲得した繁殖法には、単純な解釈の及ばない種族生命維持のしくみが秘められているように思われます。

蓮の花は、昆虫によって受粉がおこなわれるので虫媒花《ちゅうばいか》と呼ばれます。蓮の花に集まる昆虫は、花粉を食用にするハチ類や甲虫類が多いようです。チョウ（鱗翅《りんし》類）のなかまなどは、蓮の花に蜜が分泌していないので引きよせられないようです。ハチや甲虫が二日目以降の花に引きよせられるのは、食用とする花粉が成熟していることだと考えられます。しかし、まだ花粉が利用できる状態になっていない一日目の花に引きよせられるのは、雄しべや花托の色が鮮やかな黄金色で、強い芳香が出ていることが一つの要因と考えられます。さらに、壺形に開いた花の内部が虫たちの活動に最適な温度に調節されていることが大きな要因のようです。そして、この体温調節作用は、雌しべの受粉できる期間と一致しており、二日目の花で雄しべの花粉が放出された後で終了するようになっています。このことから、蓮の花の体温調節は、二日目の花で花粉を体につけた虫たちが居心地のいい一日目の花の中へ飛び去るように促し、受粉が円滑に行われることに役だっている絶妙のしくみであると考えられます。

雌しべの柱頭についた多数の花粉は、すぐに花粉管を伸ばして胚珠に向かって生長します。しかし、受精できるのは選ばれた一つの花粉のみです。その花粉管の中には、精細胞が二個含まれています。胚珠の中には、減数分裂でできた卵核や極核などがあります。胚珠に到達した花粉管は、そこで二個の精細胞を放出します。精細胞の一つは、卵細胞と合体して2nの胚をつくり次世代の幼芽に発達します。もう一つの精細胞は、二個の極核と合体して3nの胚乳核になり、これが分裂増殖して幼芽を生長させる養分となる胚乳《はいにゅう》をつくります。蓮の場合この胚乳は、やがて子葉《しよう》(ふたば)に吸収されていきます。胚を包み込んでいた二枚の珠皮が、種皮となって種子をつくります。

生長した子房の壁は、種子を包み込んで果皮《かひ》になります。種子が果皮に包み込まれた状態を果実といいます。蓮の果実の断面を調べると、緑色の幼芽と白色の子葉がみられますが、これらはこのような重複受精の結果つくられたものです。そして、ドングリ状の果実は、果皮以外はすべて子供の世代になっています。果皮はやがて黒変して極めて堅固な状態になり、種子植物では最長とされる生命力をもつ種子を保護しています。

蓮が繁殖するには、以上のような種子を作る方法以外の増えかたがあります。八月末ごろから地下茎の先端部が澱粉などを貯えて肥大すると、れんこん(蓮根)と呼ばれる塊茎を作ります。このれんこんは、環境条件が不適な冬期を土中で過ごして、翌年の春に出芽して新しい個体を増やします。ジャガイモの塊茎《かいけい》やスイセンの鱗茎《りんけい》が、新しい個体を作るのと同じ方法です。サツマイモは、ジャガイモと同じいも（芋）で新個体を増やしますが、これは根の一部が肥大したもので塊根と呼ばれます。れんこんは、漢字名からみると根のように思われますが、茎が肥大生長したもので根ではないのです。

このように、親の個体の一部が分かれて次の代となることを栄養繁殖といいます。植物体を形成する茎、葉、根や芽、枝などの栄養体の一部が新しい植物体として独立し、雌雄の性とは関係なしに子孫を増やしていく方法です。家畜などで試みられている、クローン培養と同じような原理です。この場合生じた次の代は、親の世代とまったく同じ遺伝子を受け継いでいるのです。

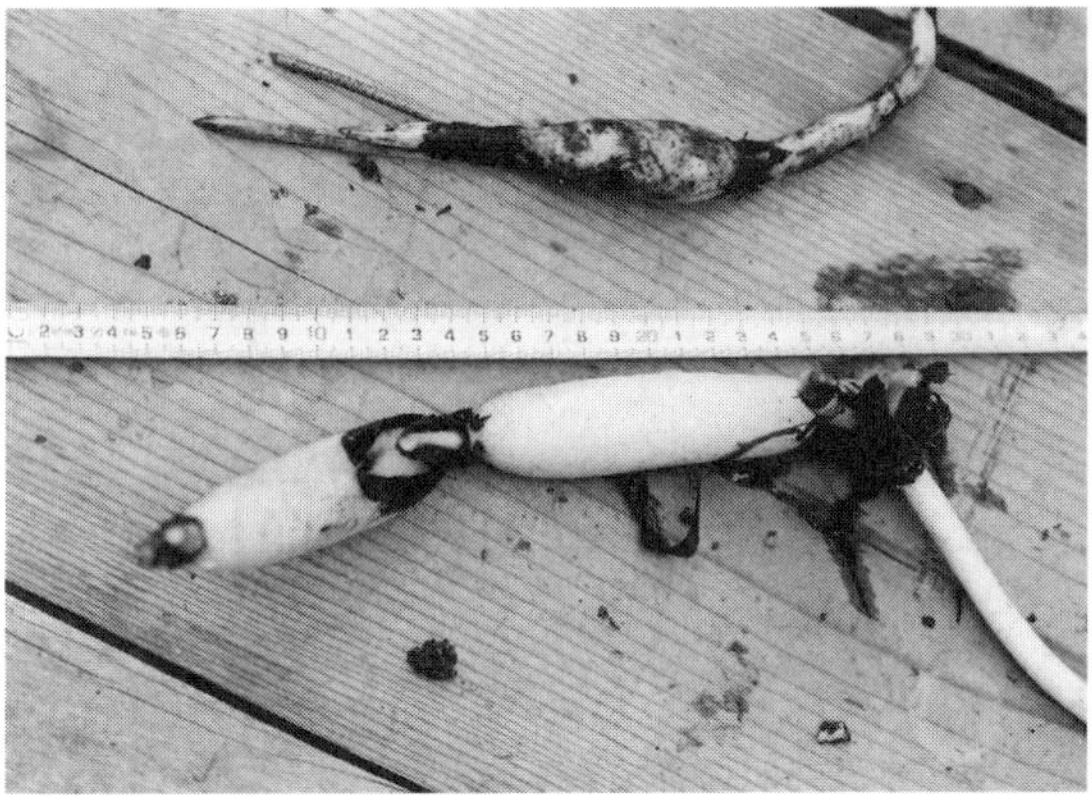

先端部が肥大する地下茎

常蓮は、有性生殖で両親の遺伝子の入り混じった多様性に富む植物体を多数得ると同時に、親と同一の遺伝子を持つ植物体を短期間に作ることができる栄養繁殖法を合わせ備えています。そのことで、蓮の生育する環境が安定している間は、れんこんによる栄養繁殖を主とした生殖法でなかまを増やします。しかし、その環境が適しない状態に変化した場合には、多様性のある種子によって種族生命を維持することができるのです。妙蓮と呼ばれる蓮の花は、花弁のみで雄しべや雌しべがありません。そのため、有性生殖による種子を作ることができないのです。したがって、れんこんによる栄養繁殖を繰り返して何百年も生き延びてきた、環境の変化に対して極めて弱い植物なのです。

食用にする蓮のはなし

蓮の肥大した地下茎は、古くから蓮根（れんこん）と呼ばれて食用にされています。しかし、蓮根は肥大した茎の部分のみ食用にして根ではないので、正確には塊茎と呼ぶべきものです。蓮のなかまを、美しい花を鑑賞する目的で栽培する花蓮と、その肥大した地下茎、すなわち蓮根を食用にする目的で栽培する食用蓮に区別することがあります。食用蓮と呼ばれる品種は、その蓮根が花蓮より太く生育するため見栄えがよく、その味も甘味が増して一般むきであること、さらに蓮根が比較的浅い地中にあることで収穫か容易であることなどが特徴になっています。

元明《げんめい》天皇の和銅六年（七一三）、郡郷の名の由来、地形、産物、伝説などを記して選進させた地誌、『風土記《ふどき》』があります。そのうちの『常陸国《ひたちのくに》風土記』には、「沼尾池の蓮根は味が甚だよく、甘味は他所にすぐれている。病める者がこの沼の蓮を食べれば早く癒えてあらたかである」と、記されてい

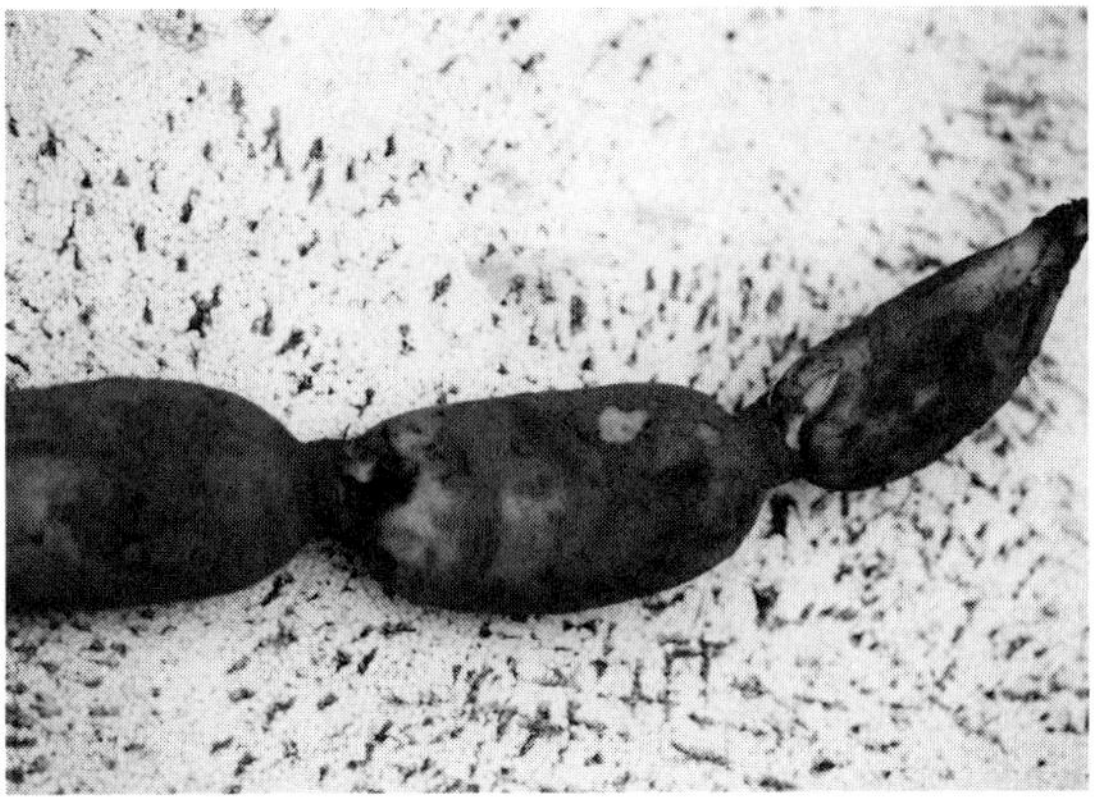

食用蓮のれんこん

ます。また、『肥前国《ひぜんのくに》風土記』には、「高来郡土歯池《たかくのこおりひじはのいけ》では秋七八月に、荷（ハス）の根がたいへん甘い。季秋九月には、香と味とともに変わりて用いるべからず」と記されています。また、『延喜式《えんぎしき》』という平安初期の禁中の年中儀式や制度などのことを記した文書があります。これには、正月の法会に蓮根料理が出され、蓮根や蓮の葉を宮中に献上するようにしていたと記されています。

　このような古記にあるとおり、わが国では古代から蓮根を食用にしたり、薬用にしていたことが分かります。しかし、古代から食用にされていた蓮根は、すべて現在の花蓮とされる品種の地下茎であったと思われます。食用を主とする目的の蓮は、鎌倉時代に僧道元《どうげん》が中国から持ち帰ったというはなしが最も古い記録となっています。さらに、承応三年（一六五四）日本に渡来して、宇治に黄檗山万福寺《おうばくさんまんぷくじ》を創建した僧隠元《いんげん》が食用の蓮をもたらしているようです。しかし、このような食用に供された蓮も、現在の食用蓮とされている品種とは異なる花蓮に近い品種であったようです。

　加賀前田家五代藩主綱紀《つなのり》（一六四三〜一七二四）が、河北潟《かほくがた》周辺の湿地に近江や尾張などから蓮を移

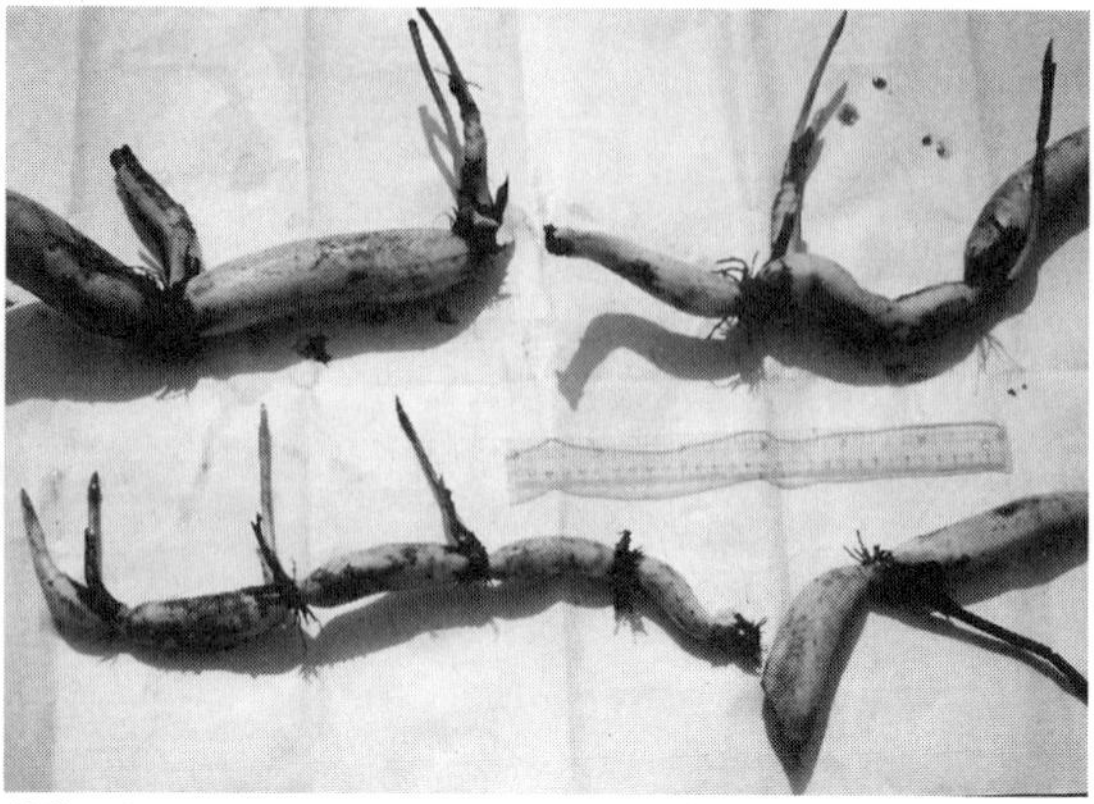

花蓮のれんこん

し植えて食用とすることを勧め、飢饉の救荒作物として備えたとされています。これが、江戸時代に加越能の名物産物の一つとされた「金沢大樋《おおひ》蓮根」であったのです。

愛知県の最西端にある海部《あま》郡一帯は、全国第三位の規模を誇る蓮根の産地です。この「戸倉蓮根」と呼ばれる蓮根の由来は、「天保年間に戸倉村陽南寺の住職平野《ひらの》龍天《りゅうてん》が近江に旅し、琵琶湖のほとりに咲く蓮の花をみて、その美麗なるにこころを打たれ、住民よりその果実をもらい受けて持ち帰り、発芽させたところ美大な蓮根が生じ食用に適することを知り、付近の農家に分与してその増殖をすすめた」という話が、『立田《たつた》村史』に記されていることを、愛知県海部郡立田村（現、愛西《あいさい》市）の横井武憲《たけのり》さんが報告しています。この蓮は、「立田赤蓮《あかはす》」とも呼ばれて濃い紅色の花弁を付けて美麗です。食用蓮の花のほとんどが、わずかに先端を紅色にする爪紅か白花であるのに比べると、この赤花の蓮が盂蘭盆の仏花として東京や京阪地区に大量に出荷されている理由が納得できます。

金沢大樋蓮根や戸倉蓮根の由来は、近江の琵琶湖畔に生育していた蓮にかかわりがあったようです。

すでに述べたように、室町から江戸初期にかけて琵琶湖畔の志那の蓮が有名で、その蓮根が近江守護職の六角《ろっかく》家に献上されていた古文書も残されています。『風土記』は、出雲《いずも》、播磨《はりま》、常陸、豊後《ぶんご》、肥前の五カ国のものだけが伝存したとされていますが、もし『近江国風土記』が残されているとすれば、近江でも蓮根が食用や薬用に用いられていたと記されていることが推測されます。琵琶湖のほとりは、古い時代から蓮の生育に最適の湿地や内湖が広がり、その蓮根や果実が採集されて利用されていたことは容易に想像されることです。

江戸時代末まで食用にされていた蓮根は、すべて花蓮の肥大地下茎であったのです。花蓮の地下茎は、春から夏にかけて池沼の地面下二〇～三〇cmをほぼ水平に伸長しています。しかし、秋になって肥大する地下茎は、地中で四〇～六〇cmの深さのところを潜行するようになります。水深数一〇cmある池の中で、さらに四〇cm以上の泥土を除いて地下茎を掘り起こすのは大変な作業なのです。しかも、初冬の寒さの中で蓮根を傷つけないで掘り上げるのは、並大抵の苦労ではなかったのです。そのため、蓮根は高価で取り引きされ、庶民の手に入りにくい貴重な食材になっていたようです。次の俳句は、元禄《げんろく》四年（一四六九）金沢で発行された俳書『西の雲』に出ているものです。

蓮根ほる　どろも深かしや　薄氷　　窓雪

明治九年（一八七六）十月、勧農局試験場の武田昌次氏が中国南部から「支那蓮」という品種を移入しました。それを、国立の試験場で試作したあと東京や静岡県などへ移植し、それが好評をえて全国各地に広がって、食用蓮として全国的に定着するようになったのです。この支那蓮という品種は、肥大した蓮根が花蓮よりも浅い地中を潜行するので、掘り取りの労力が少なくすむ利点があります。また、耕土が少ない砂土壌地でも生育できる特性がありました。比較的耕土の浅い田んぼなどで栽培するには、この支那蓮のように浅根性《せんこんせい》の食用蓮が適していたのです。

詳しい年次は不明ですが、明治初期に長崎から移入された中国産の蓮根が、岡山県で栽培されて「備中種《びっちゅうしゅ》」と呼ばれて近畿以西で広く栽培されています。この備中種は、栽培方法に利点が多く、蓮根の特徴も食用に適していますが、蓮根の伸長する深さは国産の花蓮と支那蓮の中間的な深さになっています。

花蓮の蓮根は、味が悪く繊維質が多いなどとして食用に適さないとされています。しかし、蓮根に含まれている食品の成分は、花蓮も食用蓮もほとんど違いがありません。ただし、花蓮の蓮根の形や大きさは、食用蓮のように見栄えのするものが少ないのです。これは、花蓮が鉢植えなど限られた場所で鑑賞用に栽培されることが多いためで、食用蓮のように広い土地で十分な肥料を与えて栽培すれば、相応に肥大した蓮根が作られるのです。花蓮の蓮根は、食用蓮とやや異なったえぐ味があり、食用蓮よりも美味しく食べられるように感じます。掘り取る苦労と、見栄えがやや劣ることとを除けば、これほど栄養価の高い美味しい食品はないように思います。

現在、琵琶湖の烏丸の湖に生育する花蓮は、生育面積の広さから考えれば、それ相応に見事な蓮根を大量に作っているはずです。琵琶湖の水質汚染への影響が心配されている時、この蓮根を収穫して利用することができないものかと思っています。

蓮根の成分は、科学技術庁資源調査会編『五訂日本食品成分表』で詳しく調べることができます。この表には、蓮根と蓮の実に分けて成分が示され、蓮の実も蓮根に劣らず栄養価の高い食品であることが理解できます。植物性食品であるから、炭水化物が多いのは当然ですが、繊維素の豊富なことは糖尿病や大腸ガンの予防やコレステロールの吸収を抑制するのに役だっています。無機質としては、カリウムが多く含まれ高血圧の予防と治療や疲労回復に効果があるとされています。ビタミンでは、B群が豊富に含まれ、Cの多いのが特徴的です。このビタミンCは、ジャガイモやピーマンなどと同じように、熱に強い特徴をもつので煮炊きしても壊れません。ただ、Dが含まれていないので、干しシイタケなどと一緒に食べるとよいのでしょう。

成分表に記されていない成分として、蓮根にはタンニンが豊富に含まれています。タンニンには、止血作用があるので血尿、鼻血、痔の出血のほか咳止め、下痢、胃潰瘍などに効果があります。

蓮の実は、甘納豆として水生植物園みずの森の売店でも売られています。しかし、中国では菓子や中華料理の食材として広く用いられ、そのでんぷんは乳幼児の栄養補給食品として利用されています。葉を乾燥して煎じると、日射病、暑気あたり、夏季の下痢のほか小児の夜尿症に効果があるということです。開花時の黄色い雄しべを採取して乾燥したものを「蓮鬚《れんしゅ》」と呼び、遺尿、頻尿《ひんにょう》、吐血、不正性器出血の治療に用います。成熟した胚芽は、「蓮子心《れんししん》」と呼ばれています。強い苦みのある蓮子心は、高熱性疾患の意識障害、うわごと、不安などの特効薬として用いられていました。

蓮の植物体は、ほとんど余すところなく食用や薬用として利用できるのです。しかしわが国では、蓮根以外の部分を利用することがほとんどみられません。これほど栄養価が高く、薬用効果のある植物を放置しておく無駄はありません。華麗な花を観賞したあとは、その葉や果実と蓮根などを有効に活用すれば良いと思います。

そこで、蓮の果実の利用法を一つ紹介します。蓮の黒く成熟した実は、果皮が非常に堅いので食用にするのには特別な処方が必要です。しかし、花弁が散り落ちたあと、一〇日前後経過した果実は緑色で果皮もやわらかです。子供のころ、このような緑色の蓮の実を食べるのが夏の楽しみの一つでした。この緑色の実を氷砂糖とともにホワイトリカーに漬けて、冷暗所に二、三カ月おくとほんのりと紅色に染まってきます。蓮の色素が溶け込み、清浄な蓮の香りが交じった果実酒ができあがるのです。薬用効果の高い、絶好の健康酒だと思います。

一茎に二花が咲く蓮のはなし

平成十年(一九九八)の夏も終わるころ、東京都北区志茂にお住まいの中川晃一さんから封書を受け取りました。見ず知らずの方からの便りで、何事かと恐るおそる封を切りました。出てきたのは、二つの赤色の蓮の花が一本の茎の上に背中合わせに咲いている写真でした。これは、珍しい双頭蓮《そうとうれん》と呼ばれる奇形の蓮の写真です。添えられた書状によると、この夏の八月十三日の朝、上野の不忍池で見かけた不思議な蓮との出会いと、その感動を永遠に残すため写真におさめたということです。そして、はじめてみたこの蓮のことが詳しく知りたいということで、その写真を送ってこられたのです。

双頭蓮のカレンダー

　このあと、毎年、夏になれば不忍池に出かけては双頭蓮との再会を訪ねておられました。そして、平成十四年八月二日の朝六時ころ、ついに同じ赤色の双頭蓮を見付けられたのです。中川さんは、「二度目の奇跡と言いますか、まさに、奇跡の奇跡となり、またまた、双頭蓮との出会いがありました」と、知らせて来られました。この奇遇を喜んだ中川さんは、この双頭蓮の写真入りのカレンダーを作成して友人知己に配布して吉祥を分け合っておられました。

　不忍池は、江戸時代の初期から蓮の名所として有名です。広大な池には、夏になると赤花系の蓮が咲ききそって人々の目を楽しませています。そのうちの、浄台蓮《じょうだいれん》と思われる紅色の蓮に生じた双頭蓮でした。これまでも、不忍池では双頭蓮が咲いていることがあったと思われますが、気がつく人はなかったようです。しかし、中川晃一さんは、二度もこの瑞祥《ずいしょう》の花に巡り会うことができたのです。

京都東山にある永観堂禅林寺は、「みかえり阿弥陀如来《あみだにょらい》」といわれる珍しい仏様と、秋の紅葉で有名なお寺です。このお寺の本堂にある古い厨子《ずし》の扉は、白色の花が咲く蓮が描かれています。よくみると、この白蓮の最上部に出ている花は、一茎二花の双頭蓮がつぼみの状態で描かれて、吉祥を表わす扉絵になっているように思われます。

守山市小島町の村上猛《たけし》家には、珍しい蓮の掛け軸があるということで見せていただきました。この掛け軸に描かれていたのは、鉢植えの白い蓮の花が背中合わせになっています。その二つの花の付け根の部分が、正確に描かれている珍しい双頭蓮の絵でした。この絵には、「北斎為一」と署名があるので、江戸末期の有名な画家葛飾北斎《かつしかほくさい》の作品ではないかといわれています。めでたい席に掛けるための、吉祥の絵図だと思われます。

平成十年十月十三日、東京国立博物館で「吉祥・中国美術にこめられた意味」と題する特別展を鑑賞しました。出品作品は、日本国内に現存する中国古代の青銅器をはじめ、玉《ぎょく》、陶磁、金工、漆工《しっこう》、染色、絵画などが九つのテーマに沿って展示されていました。そして、多くの作品に蓮の花が取り入れられており、蓮が吉祥図を表現する動機となった中心思想であったことが理解できました。中国では、蓮は花と実を共につけて繁茂する生命力の強さをもち、その実が薬効もあることから、それは豊饒と子孫繁盛を象徴するとされていたのです。また、蓮の発音が憐、恋に通じ、荷花の発音が和合に通じるともいわれて、恋愛と婚姻による子孫繁栄を寓意するとされてきました。

蓮を描いた作品のなかで目をひきつけたひとつは、「豆彩束蓮文鉢《とうさいそくれんもんはち》」と名付けられた口径二〇cmばかりの五彩の鉢でした。清時代最盛期の景徳鎮窯《けいとくちんよう》で製作されたこの鉢は、精緻をきわめた筆づかいと上絵具の清らかな発色が格調高い作風となっていました。

束蓮文というのは、蓮の花を中心に、蓮のつぼみ、蓮の葉、蓮の果托をクワイの葉、花咲くタデなどとともにリボンで束ねた図です。蓮には、良縁を祝し、子孫繁栄を願う意味があります。クワイの塊茎は、年に十二子を生むとされて、多子多産を意味しています。タデの花は、粒状の花が多く集まることから多子を連想させています。このような子孫繁栄を寓意する草花を一つに束ねて、吉祥を表わす模様にしたのです。

さらに、この鉢に描かれた蓮は、一茎二花の双頭蓮になっていました。古くから中国では、一つの茎に二つの花が咲く蓮を、「並蔕蓮《へいたいれん》」と呼び「並蔕同心」を意味する夫婦和合の象徴とされていました。この「並蔕同心」の図は、蓮のさまざまな吉祥の意味に加えて夫婦の和睦を象徴しているのです。

日本では、古代の大和朝廷の時代から双頭蓮の咲いた記録が多く残されています。『日本書紀』の舒明《じょめい》帝七年（六三五）七月の条に、「瑞蓮剣ヵ池に生ず、一茎二花」とあります。また、皇極《こうぎょく》帝三年（六四五）六月六日、「剣ヵ池に一茎二蕚の蓮が咲き、蘇我氏の将来の瑞兆として、金墨で画き大法興寺の丈六《じょうろく》の仏に献《ささ》る」とあります。今の奈良県橿原《かしはら》市にあったとされる「剣ヵ池」に、一茎に二つの花がつく、双頭蓮と呼ばれる蓮の花が咲いたことを記しています。このような双頭蓮が咲いたことは、

『続日本記《しょくにほんぎ》』、『三代実録』『百錬抄《ひゃくれんしょう》』、『中右記《ちゅうゆうき》』などにも記されています。いずれも、瑞祥のこととして記録されているのです。ただ、『帝王編年記』に、平重盛《たいらのしげもり》が死んだ治承《じしょう》三年（一一七九）七月「法勝寺の池の蓮、一茎に二花開き」、その吉凶を諸国の役所に問い合わせた結果は、「不快の由、すなわち凶として恐るべし」と、書きとどめているのが凶とされた稀少な例です。

双頭蓮と呼ばれて、一つの花梗（花茎）に二つの花が咲くことは、ときたま生じることのあるごく稀な現象とされています。ところが、中川晃一さんは、平成十年と十四年の二度不忍池で双頭蓮を見ています。また、草津市立水生植物園みずの森では、平成十年七月に二本の双頭蓮が咲き、平成二十一年七月にも一本咲き話題になりました。

そこで、古記を確かめてみると興味のある事実が出ました。先述のように、剣《つるぎ》池で舒明帝七年と皇極帝三年に咲いたことが記されています。『百錬抄』という平安中期から鎌倉中期に至る編年体の記録を読むと、法勝寺の池では天養《てんよう》元年（一一四四）七月一日と仁平《にんぴょう》三年（一一五三）に咲いたことが記されています。さらに、法勝寺の池では、治承《じしょう》三年、治承四年、養和《ようわ》元年（一一八一）と三年続けて咲いたことが記録されています。宇治黄檗山前の白雲庵《はくうんあん》池では、元禄三年（一六九〇）七月に咲いたことが同寺の記録にあり、昭和六年（一九三一）にも咲いたことが記録されています。この宇治では、平成二十一年七月に満福寺《まんぷくじ》の池で咲いています。愛知県中島《なかしま》郡祖父江《そぶえ》町（現、稲沢市）の善光寺では、明治四十二年（一九一一）と翌四十三年、さらに昭和二年（一九二七）に咲いたことが記録され、その果托がすべて寺宝として残されています。以上のように残された記録を見ると、双頭蓮は特定の地域や池で何度も発見されることが多く、時には二、三年続いて生じることもある現象と考えることもできるようです。

江戸時代の国学者屋代弘賢《やしろひろかた》が、文政四年（一八二一）から天保十三年（一八四二）に刊行した『古今要覧稿《ここんようらんこう》』には、興味のあることが記されています。「双頭蓮何処にも蓮の多く生ずる中には、極めて双頭も生ずべけれども、遙かにみては見えざるべし。偶《たまたま》目前に見る故、奇としてめずれども、みえずしてしらざる者あるべし」と、双頭蓮は見つけることが稀であるが、しばしば出現している現象であると述べています。双頭蓮に関して、このような解説をした人物は屋代弘賢のみのようです。

双頭蓮が咲く蓮池（三浦功大氏撮影）

しかし、これが実態であるのかも知れません。鉢植え栽培で咲いた双頭蓮は、すぐに目につきますが、広い池沼に自生する蓮の群落で咲く双頭蓮を発見するのは稀なことになるのでしょう。そして、同じ場所や地域でしばしば双頭蓮が出現するのは、このような変異を起こしやすい特別な生育環境があるようにも考えられます。

双頭蓮の花が咲くしくみを調べる

同一の地下茎から咲く数個の花が、すべて双頭蓮になることはありません。そして、双頭蓮の咲いた地下茎のれんこんから、翌年も同じ双頭蓮が咲くことはありません。また、双頭蓮の果托の種子を発芽させて、双頭蓮を咲かせることもできません。双頭蓮が咲く現象は、一代限りの遺伝しない変異である個体変異(環境変異)と呼ばれる現象です。その個体や器官が生長する過程で体細胞や組織に生じた異常は、遺伝しない一代限りの変異になるのです。生殖細胞の遺伝子や染色体に異常が生じた場合は、その両親とは異なった特徴をもつ個体が生じることになり、その形質は次の世代に遺伝します。この現象を突然変異と呼び、個体変異や環境変異と区別して遺伝する変異としています。

双頭蓮が出現するしくみについては、大正三年(一九一四)刊行の『植物妖異考《ようこう》』上巻で、白井光太郎《みったろう》氏が解説しています。白井氏は、古書にある双頭蓮の記録を調べ、ことに江戸時代の『甲子夜話《かっしやわ》』や『成形図説』(一八〇五)などに掲載された双頭蓮の図を参考にして、「一茎二花を生じるものに二種類ある、一つは、花梗頭両分して二岐をなし、岐頭各一花を着生するもの、他の一つは、花梗頭両分せずして直ちに二花を対生するもの」が、あるとしています。そして、双頭蓮は花梗の分岐によるものが多いが、一花中数花を生ずるものは貫生《かんせい》の一種とみられるとしています。貫生とは、花および花序は通常茎の先端の生長が停止した有限の構造をもつが、何らかの刺激により先端の潜在した生長点が活性化されあるいは不定芽を生じて再び茎が伸び、花序または花を反復してつけ、あるいは枝にもどる現象とされています。この貫生説は、加賀妙蓮を研究して、『植物学雑誌』（一八九二）に詳細な考察を発表した藤井建次郎氏の説を引用したと記しています。

昭和七年（一九三二）七月に発表された、京都帝大理学部植物学教室の三木茂氏の「蓮花の形態特に双頭蓮に就いて」という論文があります。三木氏は、昭和六年八月に宇治黄檗山前の白雲庵の池に生じた双頭蓮をもとに、名古屋の祖父江善光寺と覚王山日進寺に残された古い双頭蓮の果托を調べています。それによると、蓮の花は、花梗の先端に生じた四枚ある苞《ほう》の第三苞の腋芽《えきが》が発達したもので、偽頂生と呼ばれる花の付きかたであるとしています。そして、双頭蓮は、第三苞の腋芽につづいて第四苞の腋芽がなんらかの原因で花になったもので、この二つの花は四枚の苞を共有するのみで、ほかの器官は独立して正常で結実の能力もあるとしています。また、二つの花は、付きかたが百度以上の開度をもち、第三苞の腋芽から生じた花がやや大型になるとしています。そして、花梗の分岐による双頭蓮は、形態上から想像されないと記しています。さらに、双頭蓮の形成は栄養の過多、晴天の連続などに関係するとしています。

三木氏は、宇治白雲庵の双頭蓮を調べるとき、近くにある巨椋《おぐら》池の蓮の花を多数調べました。そして、花托が二分する奇形の花を六個観察しています。三木氏により双台蓮と名付けられた奇形は、がく片、花弁、雄しべなどはすべて共有する一輪の花が、花托のみ二分している現象です。二分する花托は、上部のみが左右に引き伸ばしたようにくびれている状態のものもあります。花托が、次第に生

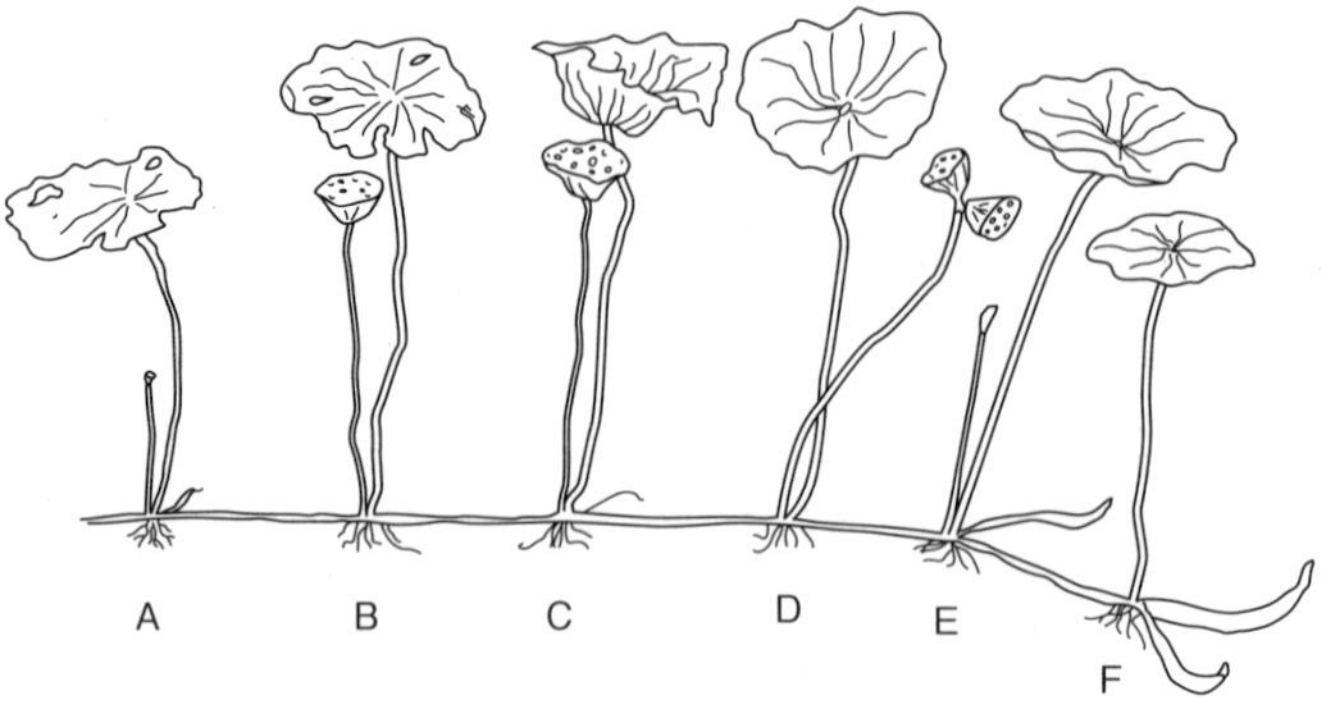

A節の花茎は枯死脱落したため不明。

B節は正常果托をつけ、子房27あり、種子は脱落している。節から出る側枝は枯死。

C節は正常果托で26の子房あり、生熟種子は10コある。

D節は双頭蓮をつけた。８月23日採取したため想像図である。

E節の花はつぼみの状態で枯死、この花を解剖したが、正常の花であった。側枝は蓮根になっていた。

F節は止め葉が出て、花芽はない。その先の茎は蓮根になっている。

図８　双頭蓮の咲いた地下茎（三木茂原図）

長していく過程で生じた奇形で、双頭蓮の生じるしくみとはまったく異なった異常であるとしています。

平成二十一年七月二十七日、静岡県函南《かんなみ》町在住の関根美千子さん方の鉢植えの蓮で双頭蓮が咲きました。この花と対になって出た葉は葉身が二枚に分かれて双葉になっていました。花と葉が同時に双頭・双葉になることは、古来稀なこととして静岡新聞にも掲載され評判になりました。関根さんは、「良いことが何倍にもなる前兆のようでうれしい」と、喜んでおられるとの新聞記事でした。

蓮の季節も終わりに近づいた九月初旬、この双頭蓮の植物体の提供を受けました。そこで、その植物体を調査して、双頭蓮の生じるしくみや原因につながるような異状が見つからないか調べました。その結果、下記のようなことが判明しました。

双頭蓮の花梗は、種れんこんから出た地下茎の第五節目から双葉のついた葉柄と対になって出ています。長さ一六〇cmある双頭蓮の花梗の断面を調べたところ、通常の花梗がほぼ円形であるのに対して横長の偏平状で、通気孔の数も倍近くに増えていました。このことは、葉身が二枚になった一五〇cmある葉柄の断面についても、円形であるはずの葉柄が偏平になり通気孔の数も多くなっていました。さらに、花梗の断面を様々の位置で調べると、花梗が二本付着しているように見られる部分がありました。また、花梗の偏平な外側中央部に深い溝が上下に縦走しているのが確認できました。このような構造は、葉身が二枚に分かれた葉柄でも同じような状態が観察され、二本の葉柄が合着しているようにみえました。また、この年の夏、宇治万福寺で咲いた双頭蓮は、花梗の中央部に縦に溝が付いていて、二本の花梗が合着したように観察されました。

1本の茎から背中合わせに二つの花と2枚の葉が付いた花ハス＝函南町平井

「双頭蓮」の花ハス

函南 関根さん方の 珍現象〝めでたい予感〟

函南町平井の関根美千子さん(60)方の鉢植えの花ハスが、1本の茎の同じ場所から背中合わせに二つの花を咲かせた。葉も同様に、同じ場所から2枚一緒に広がっている。花と葉がそれぞれ二対の珍しい花ハスが、訪れた人を驚かせている。

花ハスは通常、1本の茎に一つの花を付けるが、突然変異で同じ茎につぼみを二つ付ける「双頭蓮」（そうとうれん）と呼ばれる現象が発生することがある。しかし、葉にも同じ現象が発生したのは大変珍しいという。関根さんは、電子メールで花ハスの著名な研究家や全国の愛好家に問い合わせたが、「二つの鉢で、花と葉の〝双頭〟が同時に発生したなんて聞いたことがない」との回答が多く寄せられた。

中国では古来から、双頭蓮は夫婦円満を意味し、非常にめでたいと言われている。関根さんは「良いことがさらに何倍にもなる前兆のようでうれしい」と、笑顔で花ハスを見守っている。

関根美千子氏方で咲いた双頭蓮
（静岡新聞）

そして、関根さんから提供された双頭蓮の果托を調べてみました。二つあるはずの果托は、一方をカラスに取り去られたということで一個しかありませんでした。しかし、果托の基部には痕跡が残されていたので、その痕跡と双頭に分かれる前の花梗を比較してみました。その断面は、双頭に分かれる前の花梗が二本合着したようにみえるのに対して、果托の基部は一本の正常な花梗と同じ断面になっていました。

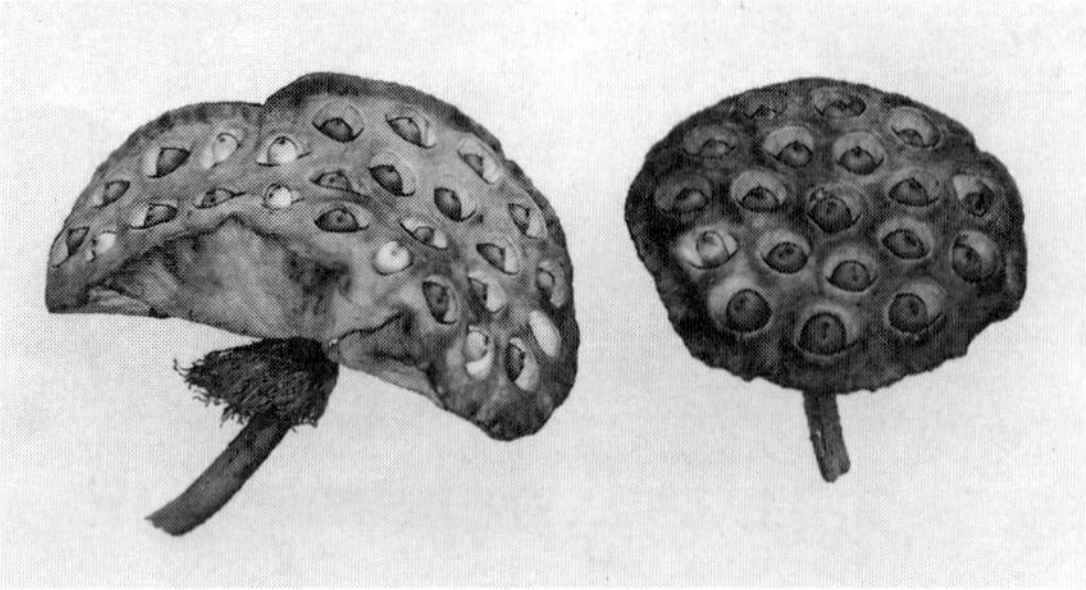

奇形になる果托（左）と正常な果托（右）

蓮の地下茎の頂芽は、第一苞に包まれた内部に、花芽と葉芽が第二苞に包まれた状態で存在しています。この花芽や葉芽の生長点に、何らかの刺激が加わったことで異変が生じて、二本に分裂する花梗や葉柄を生長させたのではないかと思われます。それぞれ二本になった花梗と葉柄は、完全に二本に分離することなく生長して、それぞれの先端に完全な花器官や葉身を形成したのだろうと思われます。生長点に加えられた刺激の程度によっては、花器官を作る段階でがく片や花弁、雄しべは共同で果托のみが二分する双台蓮を生じることになるのかも知れません。また、時には、茎の先端である果托だけをくびらせるような現象を生じるのでしょう。そして、このような変異を起こさせる外因は、生長点の分裂組織に物理的な圧力が加わえられたのではないかと推測しています。

双頭蓮の花梗の断面の一部

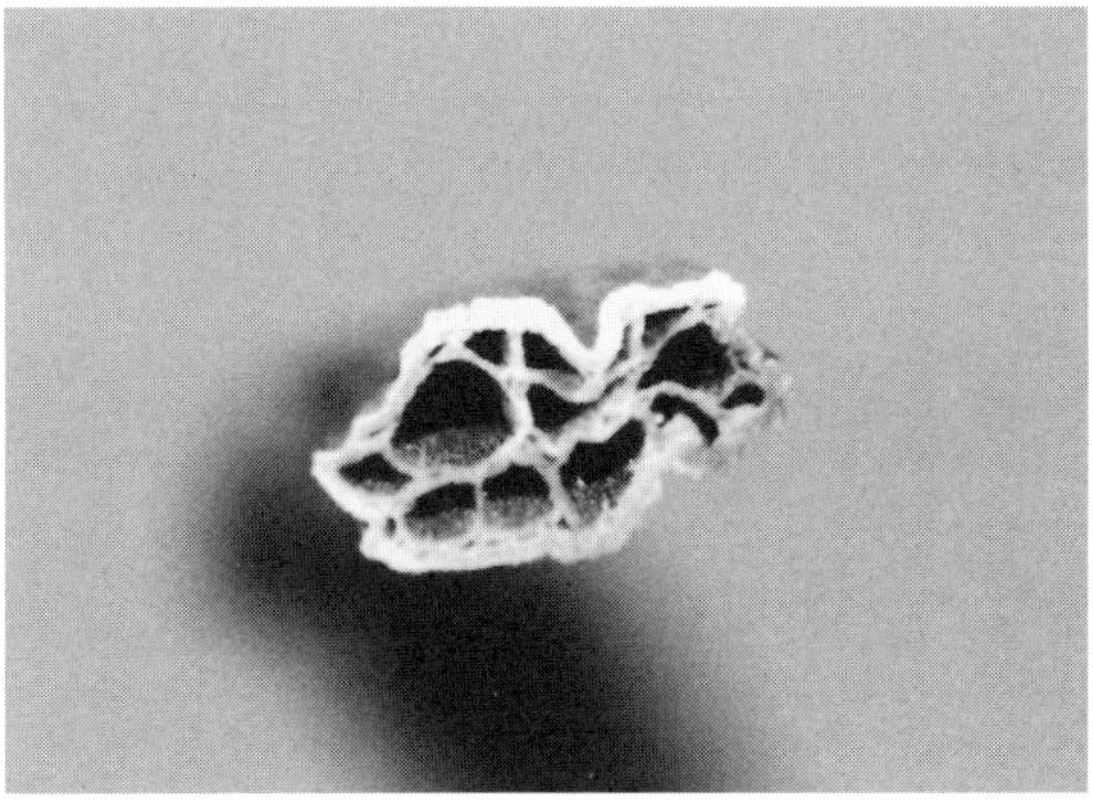

双葉蓮の葉柄の断面の一部

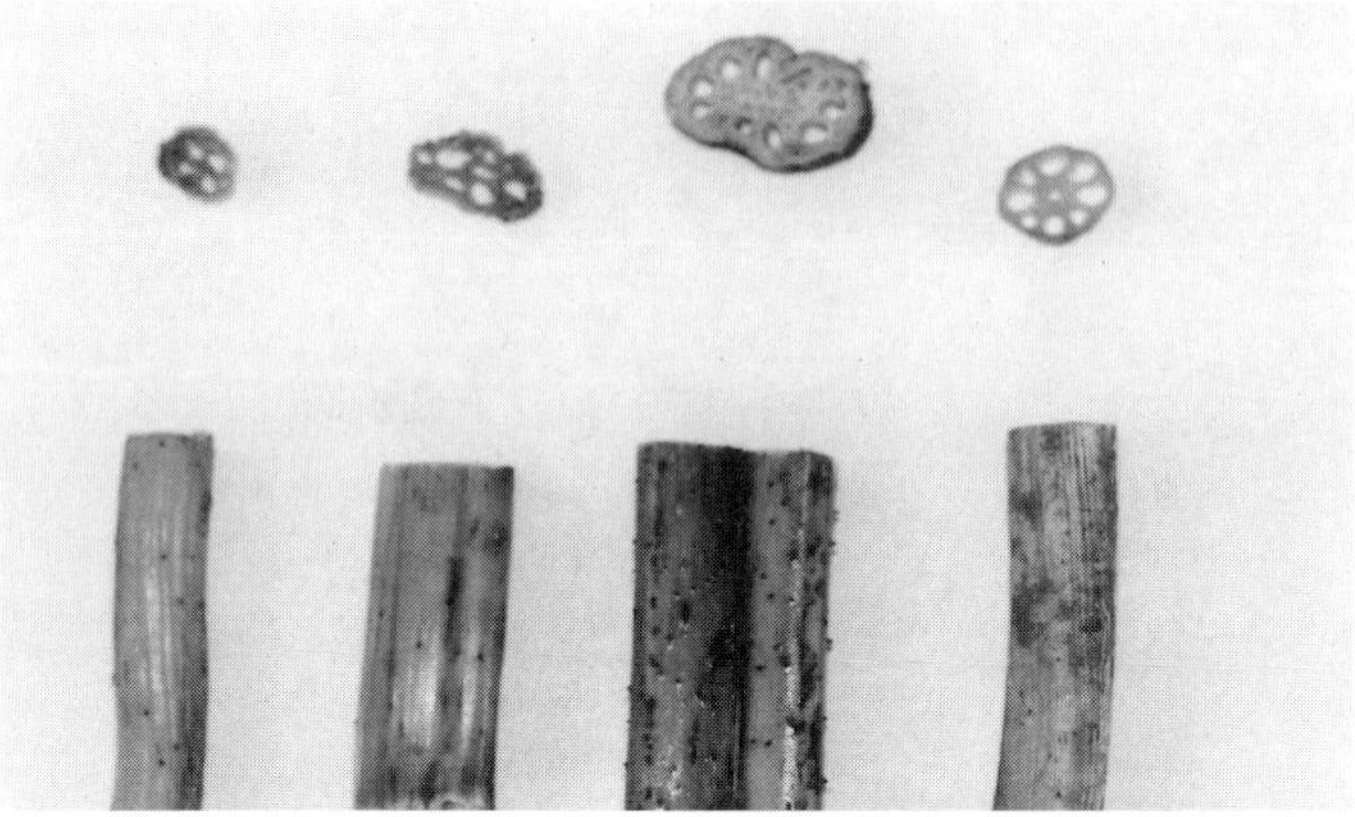

①正常の葉柄　②双葉蓮の葉柄　③双頭蓮の花梗　④正常の花梗

正常の葉柄・花梗を双頭蓮と比較する（上は断面、下は外形）

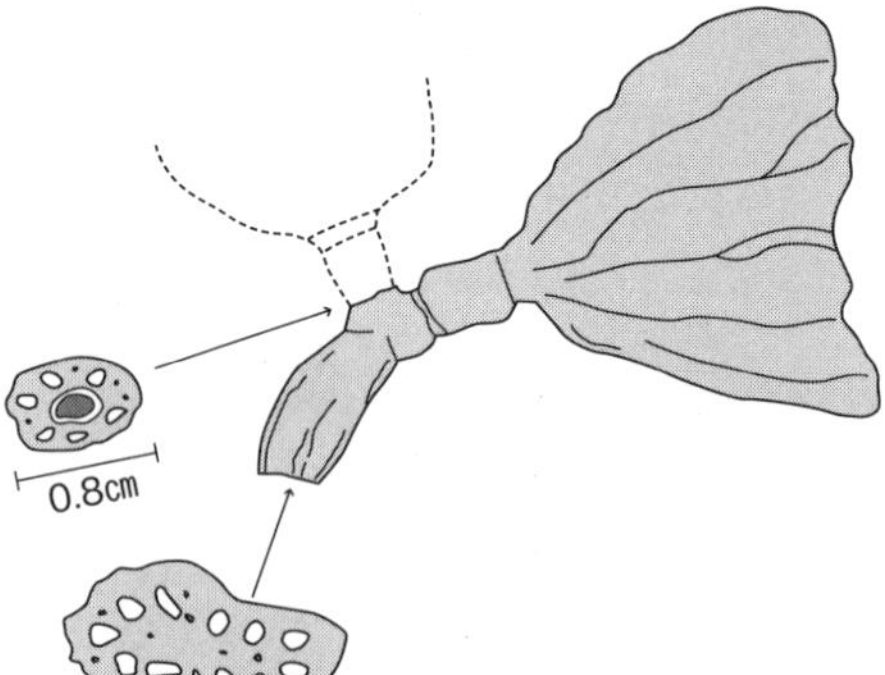

図９　双頭蓮の花梗と果托基部の断面図

無限の生命力を秘める妙蓮の花

六月も半ばを過ぎると、大日池は立葉で覆われてきます。そして、水温が二〇℃を越えるようになると、地下茎の関節部に潜芽の状態で形成されていた花芽が伸びはじめます。水面に顔を出した花芽は、二〇cmくらいに伸びた花梗の先端で二cmほどの長さで膨らんだつぼみ（蕾）をつけています。このつぼみは、最初は二枚の緑色の苞（がく片）で包まれていますが、やがてその先端に紅色をした花弁が見えるようになります。このころの花弁の数は、すでに八〇～一〇〇枚あります。同じ大きさの常蓮のつぼみでは、中央に小さな花托や雄しべが形成されていますが、妙蓮では黄色の生長点のような組織が見られるだけです。梅雨時期の花芽は、雨水やアブラムシの影響で立ち枯れするものが多くなります。立ち枯れした花芽は、その花弁数をかぞえるのに都合のよい資料になっています。

梅雨が明けると、花芽は次々と水面から伸び上がってきます。水面から顔を出したつぼみは、順調に生育すれば二〇日くらいで開花します。開花するまで毎日少しずつ生長するつぼみは、その横断面を調べることで生長する過程を観察することができます。早い時期のつぼみでは、その輪切りは紅色の花弁が何層にも重なって取り巻いた中央部に隙間ができています。つぼみが大きく生長するにしたがって、花弁の数が増えることで隙間が次第になくなり、その中央部は黄色い芽状の花弁で埋められます。この黄色い花弁の層は、次第に幾つかの細かい花弁の群れを分けていくようになります。そして、

水面から伸び出た花芽

開花する時期が近づいたつぼみでは、その断面が渦巻き状になった十数個の小さな花弁群でうめられています。この小花弁群は、数個ずつが花弁で包みこまれてより大きな花弁群が形成されているのが観察されます。そして、最外層は数十枚の大型の花弁で取り囲まれています。

　つぼみの生長する過程を縦断面で調べると、妙蓮の花の特徴がはっきり観察され、常蓮との違いが明らかになります。妙蓮のつぼみの初期の段階は、緑色の花梗部の先端に薄黄色の花床が小さく紡錘《ぼうすい》状に伸び、この薄黄色の花床から層状に重なった花弁が伸びています。ここで見られる花弁は、先端になるほど紅色が濃くなり、花床付近は薄黄色です。薄黄色の花床の先端が分裂組織になっているようです。常蓮では、つぼみの最初の時期から花床部が蜂の巣状の花托になり、それを取り巻くように雄しべが形成されています。そして、つぼみが生長するとともに、花托と雄しべはしだいに大型に生長していきます。

　妙蓮のつぼみでは、生長するとともに花床部の先端が二又に分岐して伸び、その二分した花床の先端に芽状の花弁が多数新生しています。最初は芽状であった薄黄色の花弁は、次第に大きく生長して

花芽は次第につぼみが膨らむ

紅色の部分を増やして中央部の隙間を埋めていきます。つぼみの縦の長さが一〇cm前後に生長するころには、中央の隙間もほとんど埋まり開花時期が近づいたことを示しています。この時期の花弁の数は、確認しにくい芽状のものを除いて一〇〇〇枚以上に増えています。常蓮のつぼみでは、出芽の最初から開花するまで花弁の数は同じです。

　常蓮の花が開花することは、花弁が外側から開きはじめ、やがて全体がお椀《わん》形に開くことで確認できますが、妙蓮ではこのような顕著な変化は認められません。花弁の数が二〇〇〇枚ほどに増えると、最外層を包む大型の花弁が何枚か押し出されるようにして開きます。そして、その花弁が散り落ちると開花がはじまったといえます。最外層の花弁が散りはじめるころには、花全体が桃の実のように膨らみ、花全体を包んでいる花弁の先端が口を開けるように開きます。毎日一〇枚前後の花弁が散り落ちることは、二週間から二〇日近く続きます。花弁が散り落ちている間は、その花が咲き続けていると考えてよいのです。

　開花している花は、二個から数個の花弁群がその外側を多数の花弁で包まれています。この花弁群は、日にちとともに大型になり数が増えることもあります。そして、花全体を包む花弁の最外層は、外に押し広げられたように開いて毎日散り落ちています。開花中に散り落ちる花弁の総数は、平均して一三〇枚前後になります。二個から数個に分かれた花弁群は、それぞれが一つの花のように先端部を開いて内側の紅色の花弁を覗かせています。このような花の外観は、一つの花の中に数個の花が咲いたように見えます。昔の人は、妙蓮の花は、一茎に二花から一二花が咲くと書き残しています。しかし、多くの花を調査した結果は、花弁群が二個のものが過半数あり、三～四個のものが次いで多く、八個以上の花は確認できていません。夏空の下で咲く妙蓮の花は、蓮の花とは思えないような魅惑的な外観をみせています。しかし、花弁の色や形態はやはり蓮の花です。

外輪の花弁を開いては散らせるとともに、花弁群は次第に大きく生長してその数を増やしていきます。環境条件が良い年には、六～七個に増えた花弁群を見ることができ、花の直径も一五cm以上になることがあります。開花して一〇日目くらい経過した花は、最高に生長しているようで生き生きとして華麗に輝いているのを見ることができます。このころの花では、花弁の数が五〇〇〇枚を超えています。ただ、妙蓮の花にとっては、雨水で濡れることが花弁の生長を阻害して腐敗させることになります。一枚の花弁は、葉身と同じように水をはじく作用があります。しかし、花の中央部で何千枚も重なっている小さな花弁は、水滴を排除できない状態になっているため腐敗して黒くなります。華麗に咲いた花が、中央部の小さな花弁群を黒く腐敗させているのは雨水が原因です。

晴天が何日も続く時期に咲いた花は、いつまでも生き生きと輝いている状態で見ることができます。

しかも、午後にはほとんどの花が閉じる常蓮と異なって、一日中同じ状態で華麗に咲いているのが妙蓮の花です。十五夜の月の光のもとで咲く妙蓮の花は、例えようもない魅惑的な美しさを見せてくれます。

開花を続ける花をいくつか分解して、その内部構造のようすを調べてみました。緑色の花梗《かこう》が花床になる境目は、外見では少し膨らんでいることで区分できます。花床は、二・五cmほど伸びたところで最初の分岐をします。この分岐するまでの花床についた花弁は、開花を続ける期間中に散り落ちて、その痕跡が亀甲形《きっこう》で残されています。この花弁跡を調べると、開度がほぼ一二〇度でらせん状に配列している亀甲形の数を、一三〇個前後かぞえることができます。

花床は、花梗からほぼ二・五cm伸びたところで二又分岐します。しかし、分解した花の三〇%ほどは、最初に二又分岐した一方の枝がすぐに分岐するため三つに分岐したように見えます。二つまたは三つに分岐した花床は、その先を一cmばかり伸ばしたところでさらに分岐することがあります。そうすると、花床全体は五~七本に大きく分岐したことになります。このように分岐した花床の先端部は、それぞれがさらに細かく分岐してコブ状の塊になっています。

花床の先端部には生長点があるので、花床を分岐させるとともに多数の花弁を形成しています。そして、花弁群を生じた花床の周りについた花弁が、その花弁群を包むようになっています。花床が分岐するたびに、新しい花弁群を形成して花弁の数を増やしていきます。

このようにして、花床の分岐した数だけ新しい花弁群を増やし続けているのです。最終的には、二十

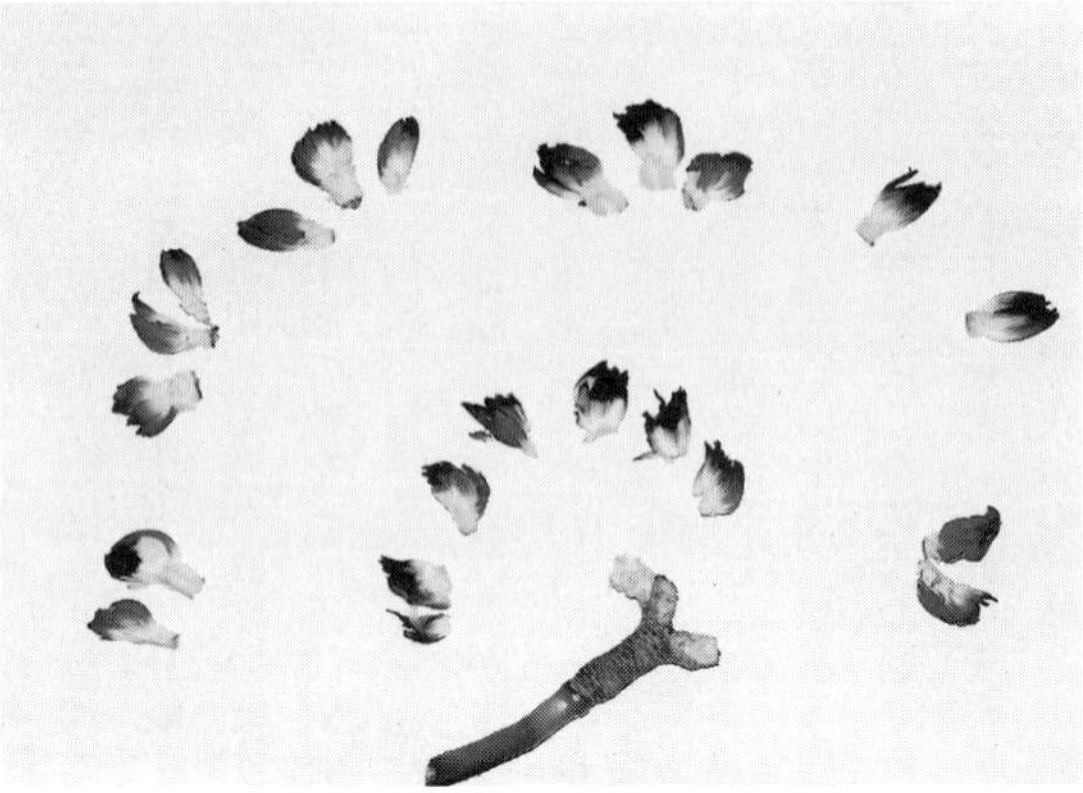

取りはずした小花弁群と花床部

数個の小花弁群が形成されます。小花弁群を数個ずつまとめて中花弁群が形成され、さらに大きく二~七個の大花弁群にまとめられています。小花弁群の中心部は、さらに花弁群を形成する能力を秘めているようですが、開花して二〇日前後で花全体の生長能力は失われるようです。

一つの花の花弁数は、開花のはじめ二〇〇〇枚ほどであったものが、一〇日過ぎには五〇〇〇枚を超えて最終的に八〇〇〇枚以上になることもあります。このように花弁数を増やし続けた花は、花弁が雨水などで腐敗することや植物体が衰弱することなどで、やがて花床先端部の生長点の働きが衰えてきます。もし、花も植物体も枯れないで生長を続ければ、花弁の数は一万枚以上にも増える可能性があります。妙蓮の花は、無限の生命力を秘める不思議な花なのです。

常蓮の花が咲いているのは四日間ですが、妙蓮の花は二〇日前後咲き続けることができます。花が咲いている間に散り落ちる花弁は一三〇〇枚前後で、残りの数千枚はそのまま花床についたままで枯れます。枯れる花は、外側の大型の花弁から枯れはじめて、次第に内側の小型の花弁が枯れていきます。

一つの花をつくる大小さまざまな花弁

咲き始めや枯れ始める花が混じる妙蓮

枯れた花弁は、一枚も散り落ちないのが不思議です。そのため、枯れた花はいつまでも花梗の先端についたままで残ります。このような妙蓮の枯れ花は、何年でもそのままの状態で保存することができます。昔の人は、花弁が散り落ちないでそのまま枯れる不思議な花と書き残しています。

妙蓮の花の遺伝的なしくみ

花弁だけが何千枚もある珍しい妙蓮の花は、普通の花を咲かせる常蓮に突然変異が生じてつくられたと考えました。しかし、雄しべも雌しべもつくらない妙蓮の花は、どのような突然変異によってつくられたのか分かりませんでした。この疑問を解決するため、妙蓮の花の誕生に結びつくような文献を探しまわりました。そして、平成九年（一九九七）夏、東京大学緑地植物実験所を訪ねた帰路、東京駅南口の八重洲ブックセンターで裳華房《しょうかぼう》発行の科学雑誌『遺伝』五一巻四号をみつけました。これには、「花の形のできかた」が特集されていました。この中の、「花の器官の並ぶメカニズム―ABCモデル―」という、工藤光子・後藤弘爾《こうじ》両氏による論文が妙蓮の花のしくみを解く鍵になることをみつけたのです。

早速、京都大学化学研究所に後藤弘爾博士を訪ねて解説を受け、関連する論文の提供を受けました。それらによると、妙蓮の花の遺伝的なしくみは以下のように説明することができます。

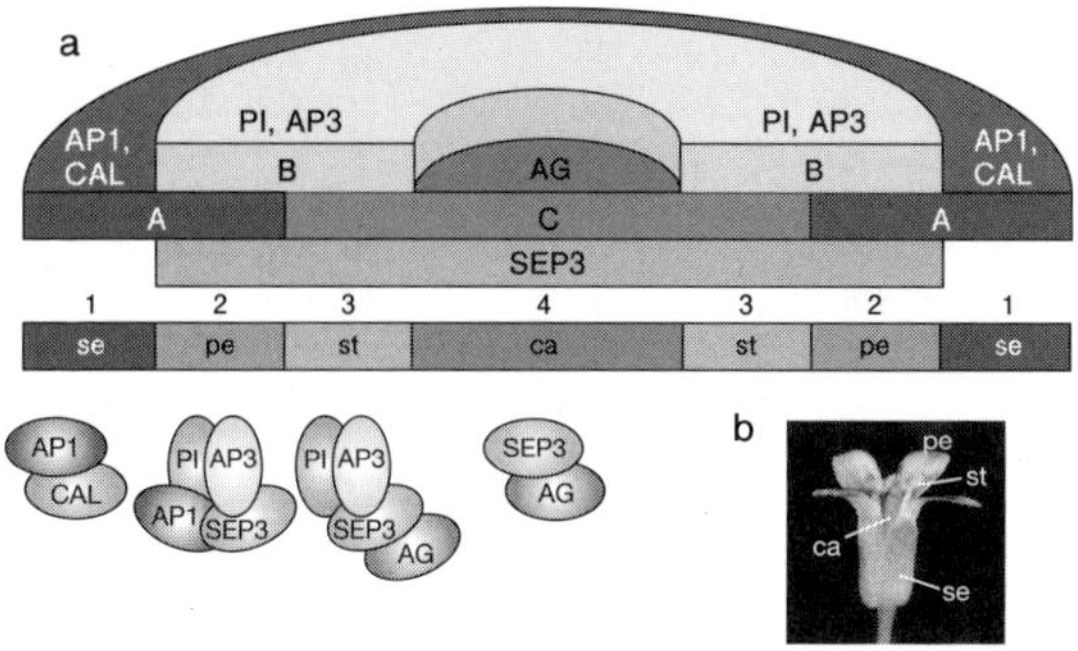

図10　SEP3を加えたABCモデル（後藤弘爾博士提供）

妙蓮の花は、常蓮の花の雄しべや雌しべが花弁に変化したことで多数の花弁がつくられたとされていました。しかし、より正確に説明すれば、雄しべや雌しべができるところに花弁が生じることで、花弁のみが多数ある八重咲きの花ができたのです。このような、本来生じる場所とは異なる場所に器官が生じる突然変異をまとめて、ホメオティク突然変異と呼んでいます。例えば、動物の場合では、手が生える場所に足が生えるということで、できた器官は生えている場所が違うだけで形態や働きは正常なのです。妙蓮の花は、雄しべや雌しべが生じる場所に別の花器官である花弁ができたのです。

このような珍しい妙蓮の花の謎をとく鍵が、後藤弘爾博士などによるシロイヌナズナというアブラナ科の草本を材料にした研究にあったのです。

シロイヌナズナの花は、外側からがく片、花弁、雄しべ、雌しべ（心皮）という四つの花器官が同心円状の配列をしています。このような花器官の配列は、蓮を含めた被子植物では共通になっています。ただ、それらの花器官の大きさ、形、色、数などが異なることで、私たちが見かける多種類の花の違いができているのです。シロイヌナズナの花は、基本的に四枚の花弁で構成されています。それが、八重ザクラのように多数の花弁が重なった花など、いろいろと変わった花を咲かせる突然変異体がみつかっています。このような突然変異の花を調べた結果、三種類の遺伝子が単独に、あるいは相互に組み合わさって働くことで、いろいろに変わった花をつくることが説明できたのです。

この三種類の遺伝子の機能を、Aクラス、Bクラス、Cクラスとすると、外側から順に、Aクラスの遺伝子が単独に働くとがく片、AクラスとBクラスの遺伝子が組み合わさって働くと花弁ができます。さらに、BクラスとCクラスの遺伝子が組み合わさって働くと雄しべ、Cクラスの遺伝子が単独に働くことによって雌しべが作られるとともに、花芽分裂組織の分裂を終わらせて花器官の形成を完了することになると考えたのです。なお、AクラスとCクラスの遺伝子は、相互にその機能を抑制しているため同時に働くことはありません。以上のような花器官形成を説明するしくみは、「ABCモデル」として提唱され、その理論の単純明解さと一般的なことから、すべての被子植物の花の形態形成の基本モデルとして広く受け入れられています。

ABCモデルの妥当性を証明する実験として、A、B、Cすべての遺伝子が働かなくなった突然変異体の花をつくりました。この花は、花弁、雄しべ、雌しべなどすべての花器官が葉のような状態になっていました。このことは、花の器官は葉が変化してできたものであることを証明し、A、B、Cの遺伝子が働かなくなると、花の器官は元の葉に返ることを示しています。ところが、逆にA、B、Cすべての遺伝子を植物体全体で発現させる実験が行われましたが、葉を花に変化させることはできませんでした。この実験の結果からA、B、Cの遺伝子のほかに、セパラータ3遺伝子（SEP3）の存在が必要であることが判明しました。そこで、AクラスとBクラスの遺伝子にセパラータ3遺伝子を共同で働かせることで、葉を花弁のような状態の器官に変えることができました。また、Bクラス、Cクラスの遺伝子とセパラータ3遺伝子で、葉を雄しべのような器官に、Cクラスの遺伝子とセパラータ3遺伝子で葉を雌しべのような器官に変えることができました。すなわち、A、B、C遺伝子にセパラータ3遺伝子の働きが加わることで、葉を花器官に変えることができたのでした。

妙蓮の花が形成されるしくみを、「ABCモデル」によって説明します。花芽の分裂組織が生じる段階で、まずAクラス遺伝子の働きで四枚のがく片が形成されます。ついで、Aクラス遺伝子にBクラス遺伝子とセパラータ3遺伝子が組み合わさって働くことで花弁が形成されます。常蓮の花では、このあとCクラス遺伝子が機能してAクラス遺伝子の働きを抑制して雄しべや雌しべを作っていくのです。しかし、妙蓮では、Cクラス遺伝子がなんらかの原因で働かなくなっているため、AクラスとBクラスの遺伝子がセパラータ3遺伝子と組み合わさって働きを続けていきます。このようなことで、妙蓮の花ではがく片に続いて花弁のみがつぎつぎに作られていくのです。

妙蓮の花は、Cクラスのアガマス遺伝子（AG）の働きが異状になった、「ag突然変異体」と呼ばれているものです。したがって、妙蓮の花は、がく片に続いて花弁、花弁、花弁…という形成を繰り返して花弁群を無限に作り続けるのです。常蓮の花では、がく片、花弁に続いて雄しべ、雌しべという花器官が作られて花の形成は完了します。すなわち、常蓮の花の形成は有限ということになります。
妙蓮の花は、花弁を無限に作る可能性を秘めているのです。しかし、やがて植物体や花の機能が老化して、新しい花芽分裂組織を作る働きが衰えるとともに花は枯れはじめます。妙蓮の花の神秘性は、本来は有限であるべき花が無限になっていることにあります。

妙蓮の花を突然変異で作り出した親になる蓮は、どのような花を咲かせていたのかを探ってみました。常蓮のなかまには、紅万万《こうまんまん》、玉繍蓮《ぎょくしゅれん》や東招提寺蓮と呼ばれる花弁が一〇〇枚から三〇〇枚前後ある花を咲かせる品種があります。このような、赤花系の八重咲きの蓮のなかまから、突然変異によって生じたのが妙蓮だと推測していました。しかし、この推測は誤りでした。妙蓮公園の池で、妙蓮の先祖と考えられる花が見つかったのです。

平成九年七月十五日、妙蓮公園の池に花の半分が妙蓮で、それに対する半分が花托をもつ常蓮になっている奇形の花が咲きました。生物学的には、モザイクといわれる現象で、昆虫などでしばしば観察されている奇形です。ショウジョウバエでは、体の半分ずつが雄の細胞と雌の細胞でできている奇形がよくみられます。これを、雌雄モザイクと呼んでいます。妙蓮公園で咲いたモザイクの花は、突然変異で生じた妙蓮と突然変異を起こす前の常蓮の花が半分ずつ合着したような奇形の花になっていたのです。

このモザイクの花を調べました。半分ある常蓮の部分は、開花二日目の花が半分になったようにみえます。蜂巣状の花托が、真半分になって雄しべに囲まれています。半分になった花托は、断面の直径が四・五cmあり、心皮が一四個と変形したものが四個ありました。花托が完全であれば、心皮の数は三〇個になると思われます。雄しべは、長さが三・三cmあり、数が二一〇本余りありました。外側を取り巻く花弁は、妙蓮の部分と同じ形と色で長さが一〇・七cmありました。残り半分の妙蓮の部分は、一つの大きな花弁群を包み込むようにして大型の花弁があります。二個以上の花弁群をもつ妙蓮の花が、ちょうど半分に分割されて半分になった花托に合着しています。

このような奇形の花は、田中米三家に残された古文書によると、明暦三年（一六五七）と天明元年（一七八一）に大日池で咲いたことが記録されています。そうすると、何百年に一度咲くことのある極めて珍しい奇形の花であったのです。

一方、これまで大日池では、ときたま常蓮と同じ花が咲くことがありました。他から常蓮の種子がまぎれこんで、常蓮の花が咲いたのではないかと考えて、見つけしだいに取り去っていました。常蓮が大日池に生育することは、妙蓮にとって絶滅の恐れがあるとして、すぐに取り除くようにしていたのです。そのため、筆者がこのような花をはじめて観察したのは、平成十一年七月三日のことでした。この日は、この花を取り除く前に連絡をうけたので、雨天の日でしたが、詳しく観察することができました。

この開花二日目の花は、大日池にたくさん咲いている妙蓮の花と同じ花弁が二一枚ありました。そして、この花弁は以前に観察したモザイク花の花弁と同様のものでした。この花の花托は、直径が二・八cmあり、心皮の数は三〇個ありました。雄しべの数は、五一八本あり、その長さはモザイク花と同じ三・三cmでした。このようなことから、この日に咲いた花托をもつ常蓮と同じ花は、妙蓮の先祖になる花と考えて間違いないと判断しました。

生物の個体には、先祖返りと呼ばれる現象がしばしば起こります。遺伝子の働きが変化することで生じた突然変異体が、その変化した遺伝子の働きを元の状態に返すことがあります。そうすると、突然変異の生じる前の親の形質に帰ることがあります。

妙蓮の花の先祖返りを「ＡＢＣモデル」で説明すると、働いていなかったＣ遺伝子が、なんらかの原因で正常な働きに帰ったのです。そのため、二一枚の花弁を作った後で、五一八本の雄しべに囲まれた花托を作り、そこに三〇個の心皮を形成したのです。大日池で六百年前から咲いている妙蓮は、このような蓮が先祖であったことが判明したのです。

中国やインドのどこかで、突然変異を生じて妙蓮を作り出したと考えられる蓮のなかまを探しました。妙蓮の先祖返りと同じような花は、ピンクの爪紅系の花弁をもつ一重の普通種の蓮のなかまになります。このような花を、日本各地で栽培されている蓮の品種から探しました。すると、金輪蓮《こんりんれん》や酔《すい》妃蓮《ひれん》と呼ばれる美しい蓮の花がよく似ていました。舞妃蓮は、大正七年に孫文が田中隆氏に贈った蓮の実を開花させた、孫文蓮と同じ品種です。日中友好の象徴になった蓮が、妙蓮の先祖になる蓮と同じなかまだったように思われます。また、韓国景福宮蓮《けいふくきゅうれん》と呼ばれる韓国古来の蓮の花もよく似た花を咲かせます。そうすると、韓国と日本との友好の絆を象徴しているのが、妙蓮の花ということになるのでしょう。

ソメイヨシノが咲く頃の大日池

赤褐色をした浮葉と葉芽

立葉が伸び始めた大日池

後出の葉がより高く伸び広がる

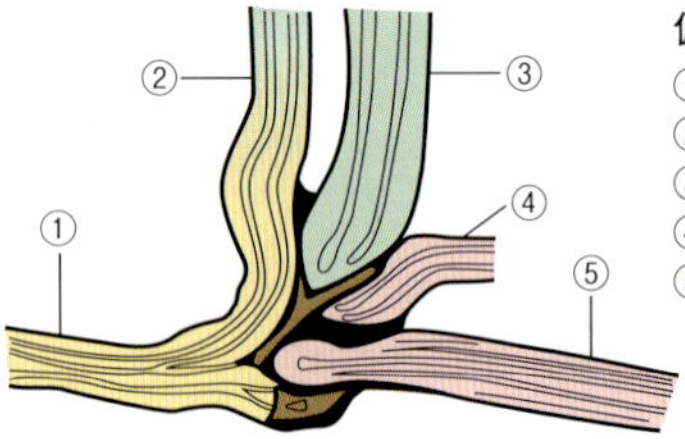

仮軸説を示す地下茎節部の断面と模式図
①主軸の地下茎
②花梗
③葉柄
④腋芽ガ伸びた地下茎（側枝）
⑤分岐して次の主軸となる地下茎

開花１日目の花とつぼみ

開花２日目の４時頃の花

開花２日目の５時頃の花

開花２日目の６時頃の花

開花２日目の７時頃の花

開花３日目の花

開花４日目の花

１日目と２日目の花

１日目と２日目の花が目立つ蓮池

紅蓮系の大賀蓮

爪紅蓮系の酔妃蓮

斑蓮系の大名蓮

白蓮系の真如蓮

黄蓮系のキバナハス

黄蓮系の王子蓮

八重の紅蓮系の仏足蓮

八重の白蓮系の碧台蓮

開花１日目の花
（未熟な雄しべと粘液の出る柱頭）

開花２日目の９時頃の花
（花粉袋の裂開で花粉が飛散）

開花２日目の花を訪れたハチ類

開花２日目の花を訪れたハナムグリ

妙蓮は花弁のみの花を咲かせる

食用にする蓮のはなし

加賀大樋蓮根の花

先端が肥大した地下茎

一茎に二花が咲く蓮の話

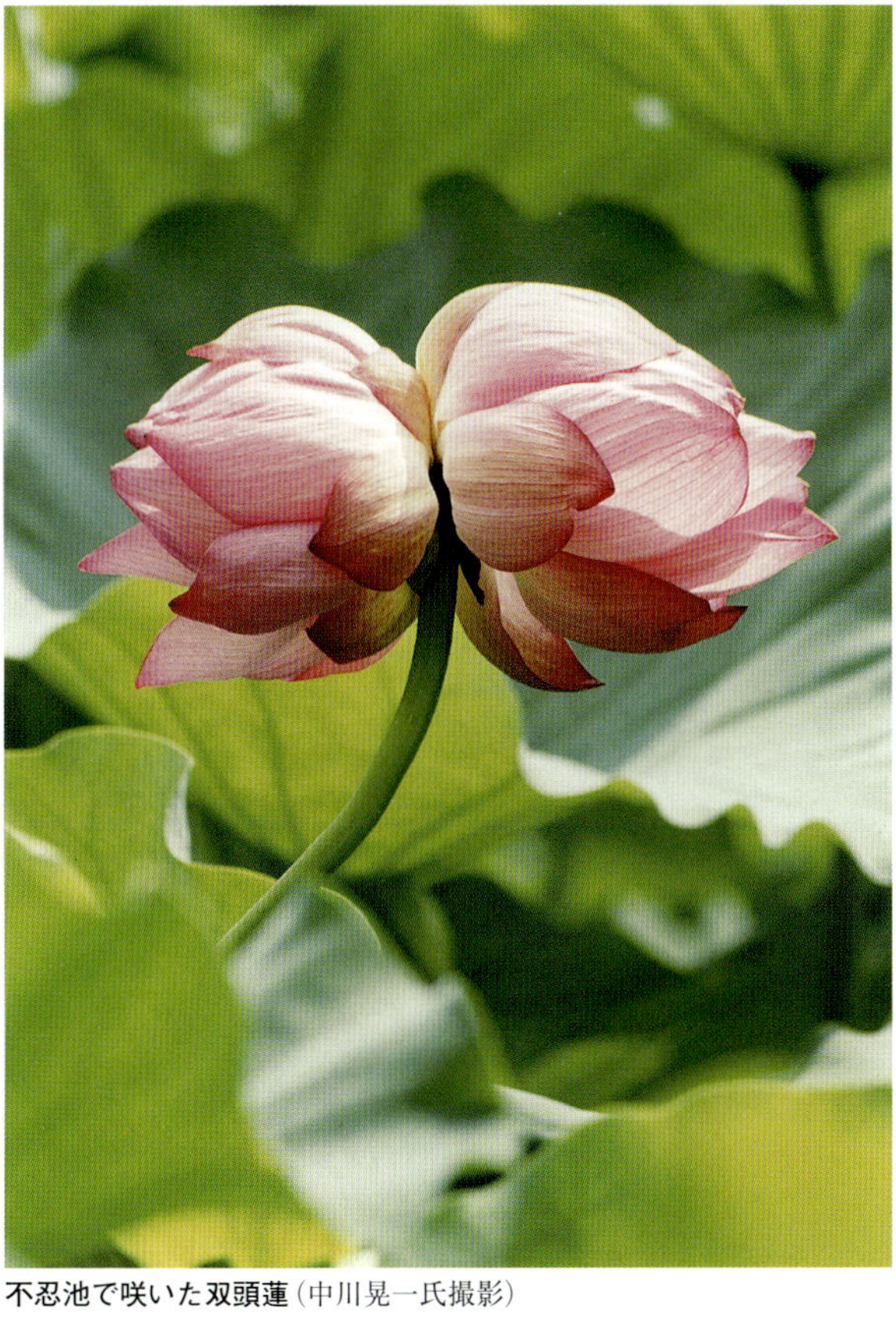

不忍池で咲いた双頭蓮（中川晃一氏撮影）

双頭蓮が描かれた掛け軸（守山市小島町村上家蔵）

景徳鎮窯　豆彩束蓮文鉢　姿（塗蓋）
（東京国立博物館所蔵　Image:TNM Image Archives Source:http://TnmArchives.jp/）

南条はな蓮公園で咲いた双頭蓮
（三浦功大氏提供）

双頭の花と葉が開いた
（関根美千子氏撮影）

原市沼で咲いた双台蓮
（三浦功大氏提供）

双台蓮の果托
（三浦功大氏提供）

さまざまな時期の妙蓮のつぼみ

無限の生命力を秘める妙蓮の花

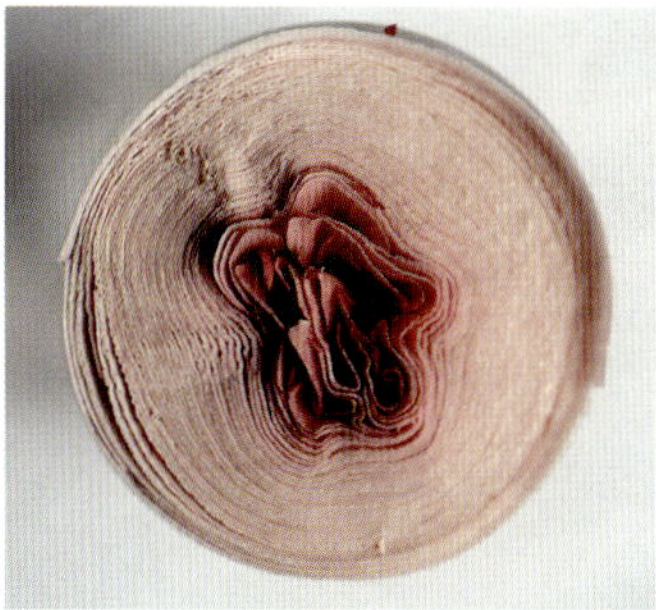

妙蓮のつぼみの輪切り面

常蓮のつぼみの輪切り面

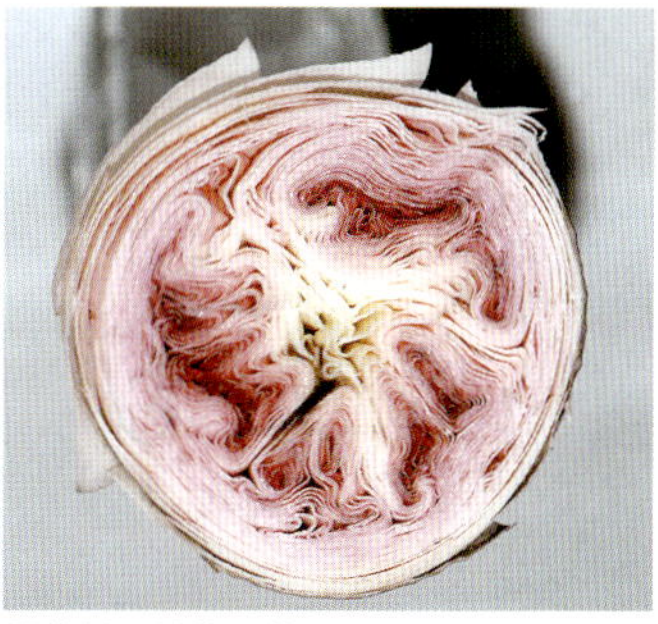

開花前の妙蓮の花の輪切り面

妙蓮と常蓮（右端）のつぼみの縦断面

開花前には花床が二分岐する

開花前のつぼみの断面（左が妙蓮）

開花する妙蓮の花

花弁群が二つの花（双頭蓮、駢蔕蓮）

花弁群が三つの花（品字蓮）

花弁群が四つの花（田字蓮）

花弁群が五つの花（五岳蓮）

花弁群が七つの花（揺光蓮）

取りはずされた中花弁群と花床部

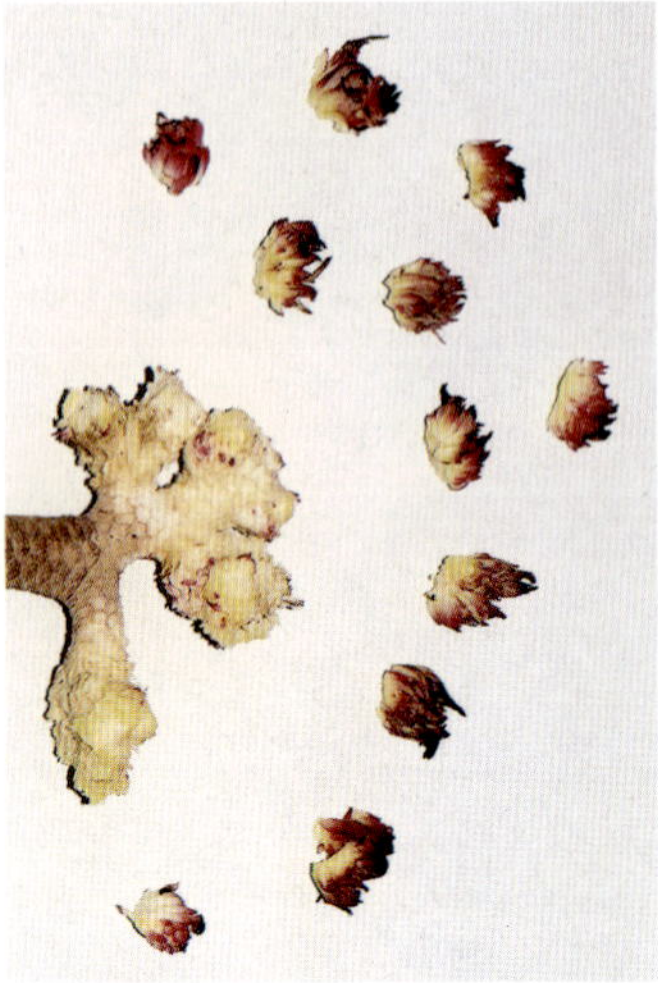

小花弁群を取り除いたコブ状の花床部

妙蓮の花を形成する大小さまざまの花弁

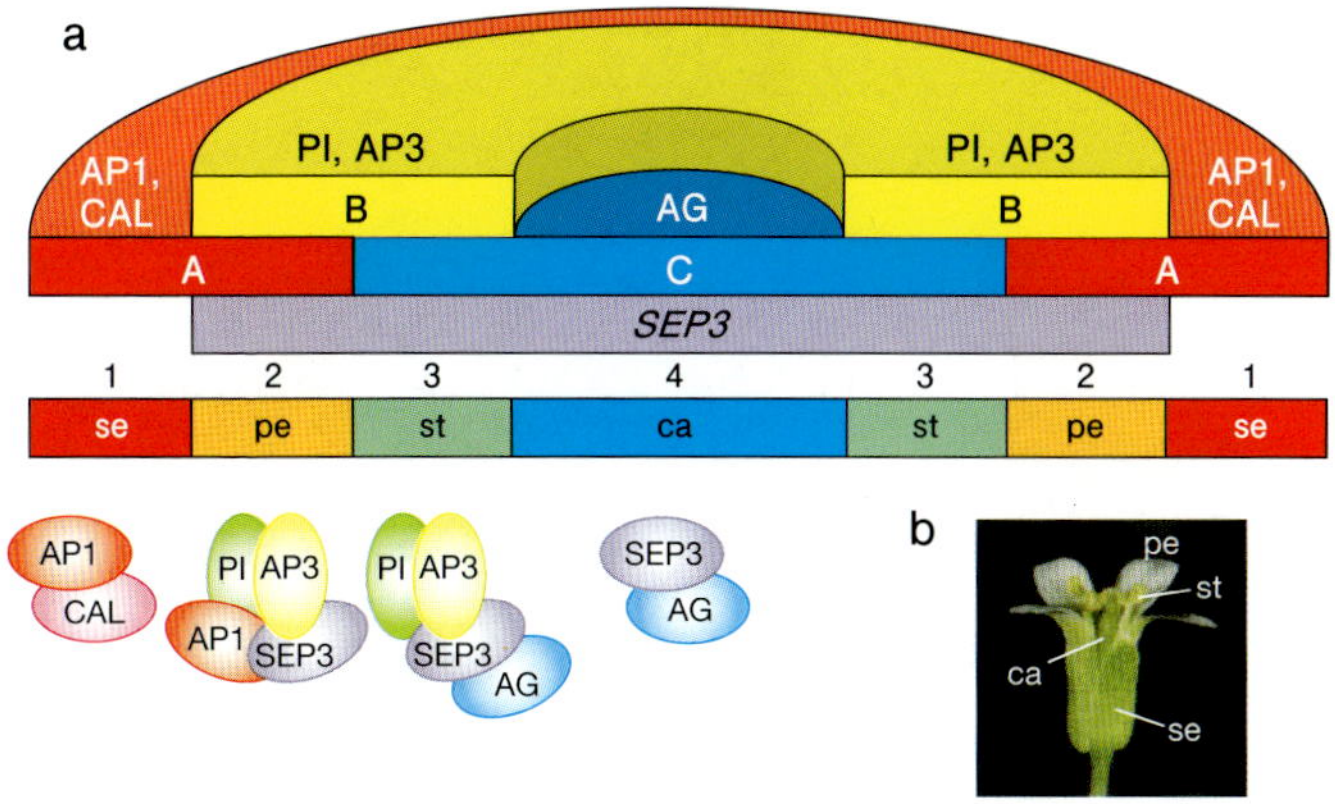

SEP3を加えたABCモデル（後藤弘爾博士提供）

a：上は花芽におけるABC遺伝子の発現領域を示している。中は同心円領域（whorl, 1～4）とそれぞれに発生する器官（se；がく、pe；花弁、st；雄しべ、ca；心皮）。下はタンパク質の相互利用に基づいた、A、B、C、SEP3タンパク質複合体を示す。重ねて描いたタンパク質同士は相互利用している。

b：シロイヌナズナの野生型の花

八重咲の紅万々

妙蓮公園で咲いたモザイクの花

平成11年７月に咲いた先祖返りの花

先祖返りの花

妙蓮公園で咲いた奇形の花

孫文蓮の花

韓国景福宮蓮の花

きれいに咲いた妙蓮の花

大日池は妙蓮の花盛り

第三章　蓮日記につづられた村里のものがたり

妙蓮の花咲く里の百六十年間の日記

田中家に残された古文書のうち、他に比類のない価値をもつものとして、江戸時代百六十年間にわって書き続けられた『蓮日記』があります。妙蓮の花が咲いた数と田畑の作柄、あるいは天候のことから野洲川の洪水のようすなど、世相の一端を記録し続けた日記です。筆者は、江戸時代の田中家当主が受け継いでいます。年代順にすると、『蓮花立覚留《はすのはなたつおぼえとめ》日記』が二冊、『蓮之立花覚《はすのたつはなおぼえ》』、『蓮立花覚《はすのたつはなおぼえ》日記』と題する四冊の日記帳になります。そして、日記の下書きや整理に使った用紙などを綴じた『永々蓮立花覚帳《えいえいはすのたつはなおぼえちょう》』になります。

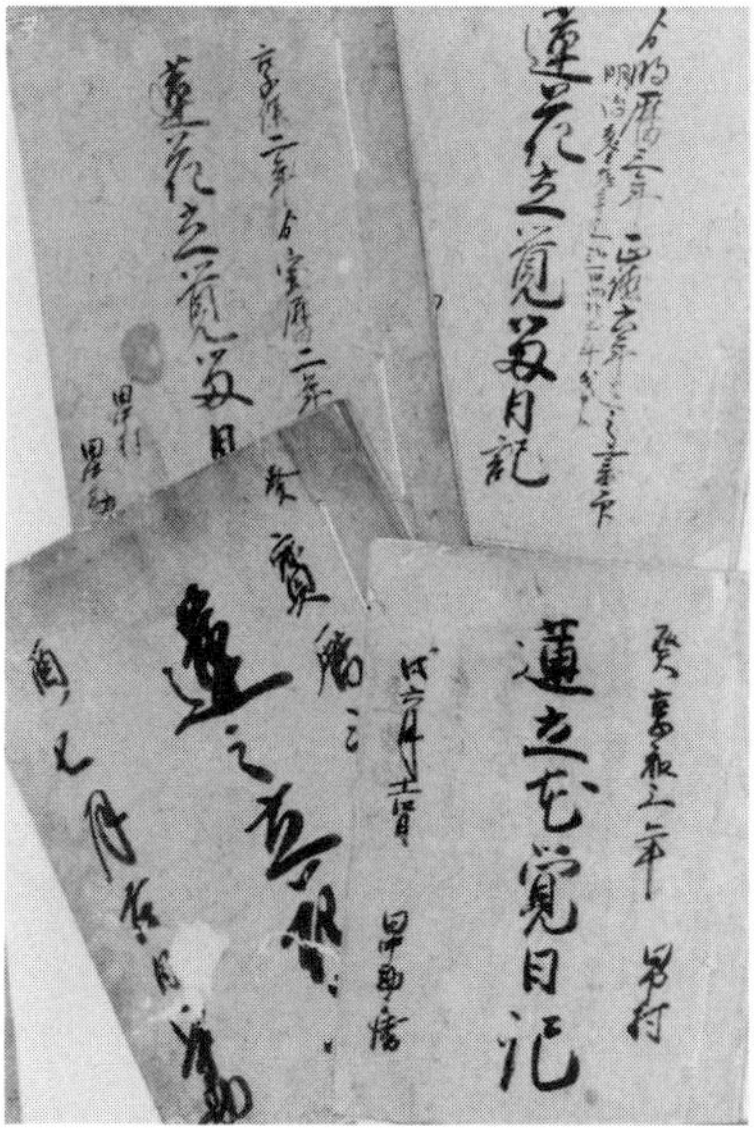
四冊の蓮日記

江戸幕府が創設されてほぼ半世紀を過ぎるころの農村では、室町時代の末期ごろから発達した河川の治水《ちすい》工事や、それにともなう新田開発によって耕地面積は二、三倍に増えています。このことは、耕作する百姓たちの労働力の補充が追いつかなくなる現象をつくり出しています。一方では、急激な新田開発の結果が山野の荒廃につながり、洪水など災害の増加や人手不足で既存の田畑の収穫減をもたらしました。幕府は、寛文《かんぶん》六年（一六六六）に「諸国山川掟《しょこくさんせんおきて》」を定めて、新田開発の制限と荒廃した山野への植林整備を決めています。そして、これまでの開発至上主義を改め、荒廃した土地の回復をはかるという政策転換が行なわれたのでした。

『永々蓮立花覚帳』の表紙

そのころ以降、農政の基本的な流れは、耕地面積の拡大よりも本田畑での収穫量を増やすことに意をそそぐ農業に変わっていきました。そして、十七世紀の半ばごろには、年貢を納めた百姓の手元に余剰農産物が残るようになりました。百姓の手元に残った農産物は、交換に出されて農村の生活に豊かさをもたらすようになり、農村ではそれまでの自給自足の時代から、少しでも多くの産物を作りだして販売する農業に転換したのです。このような時代、田中村では妙蓮のことにかかわる記録が書き残されるようになったのです。

蓮日記が記されはじめたころの田中村近辺のようすは、豊かな農村として比較的安定した生活が営まれていたようです。鈴鹿山系に水源をもつ野洲川は、石部付近から葉山川、境川、江西《こうざい》川などいくつかの流れとなって琵琶湖にそそいでいました。

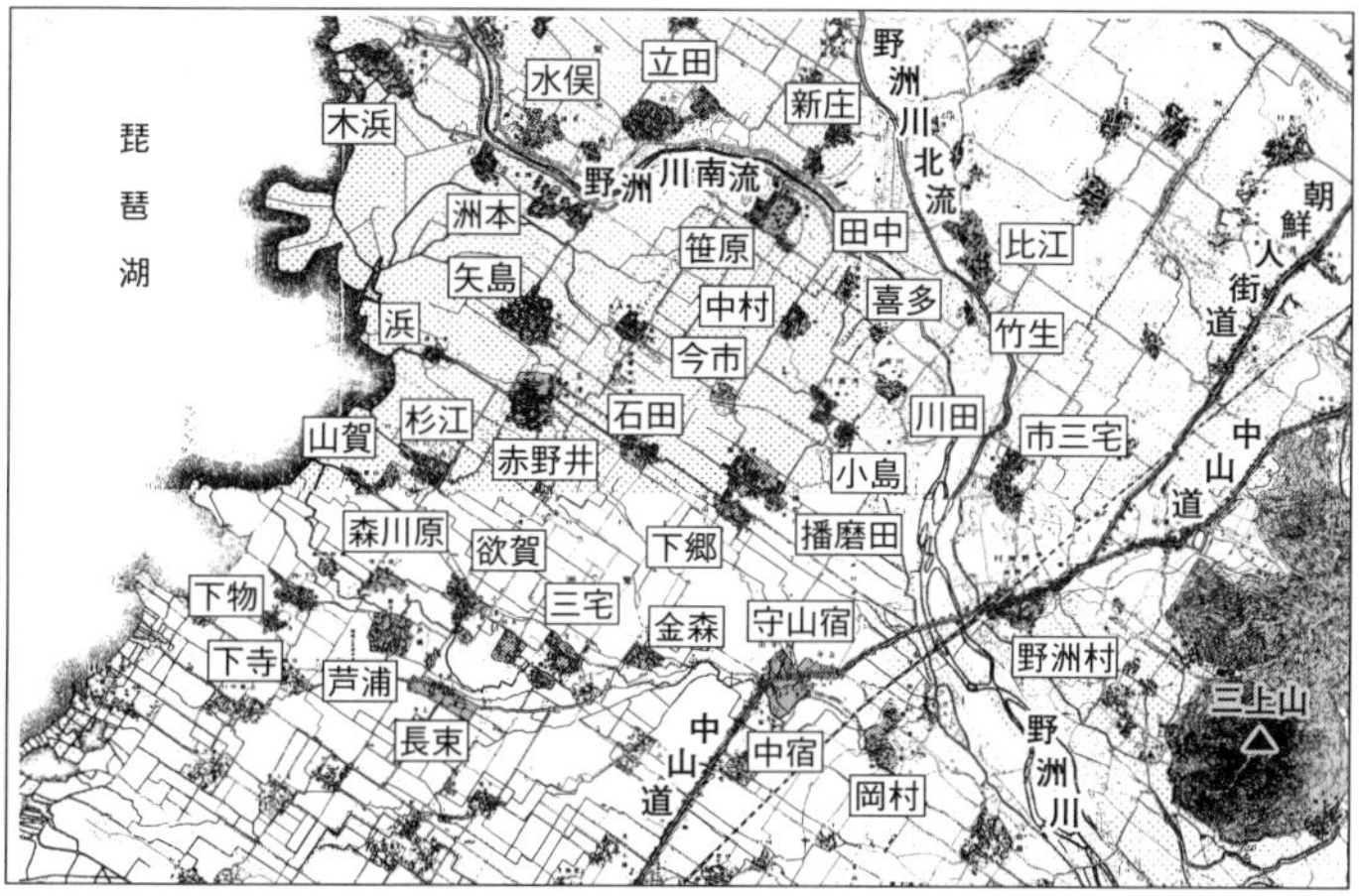

妙蓮の里の地図（明治25年測図より）

江戸時代初期の主流は、三上山《みかみ》の麓を北向きに流れて川田《かわた》村地先で北西に転じて琵琶湖にそそぐ北流でした。野洲川の北流は、川田村地先で二分して南流をつくりました。この南流が分かれる所の左岸にある集落が田中村でした。このころの野洲川は、天井川になっていない河川敷の広い流れでした。野洲川の南北流が高い堤防をもつ天井川になるのは、幕末から明治のころでした。しかし、降雨期になると鈴鹿山系の雨水を集めた野洲川は、激流となって各所で氾濫して田畑に被害をおよぼしました。野洲川の伏流水のお陰で日照りには比較的強いこの地域は、数年ごとに氾濫する暴れ川には困惑していたのです。しかし、野洲川の堤防や河川敷に生える草木は、流域の農民にとって大切な燃料や肥料、あるいは用材などを提供していたのです。田中村は、野洲川とともに生活しながら妙蓮を育ててきたのでした。

守山の地は、京都に近いことから譜代大名や旗本の在京用途領として分与されていました。そのため、天領のほか小藩の飛地《とびち》や旗本の知行地《ちぎょうち》が多く、同じ村を数人が領有する「相給《あいきゅう》」という分割支配が行われていました。田中村は、当初幕府直轄の天領でしたが、元禄のころから高島郡の大溝藩や旗本など四者の相給地になりました。しかし、地味の肥えた田畑から収穫できる米や農作物は多く、他領に比べて豊かな生活を送っていたようです。

『蓮花立覚留日記』は、明暦《めいれき》三年（一六五七）から始まり、最後の『蓮立花覚日記』は、文化十二年（一八一五）で終わっています。途中、天明の大飢饉のころの日記が中断されていますが、江戸時代の百六十年間におよぶ妙蓮の生育する農村の記録です。しかも、これらの日記が一冊ごとにまとめられている期間が、米本位制度に立脚した幕藩体制が変遷する時代の流れの中で作り出した節目に同調していることは驚くべきことです。そして、一冊ごとの記述が、それぞれの時代性を反映した内容になっていることも注目すべきことです。二百六十年続いた江戸時代の初期と末期のほぼ五十年ずつを省いた、泰平で繁栄した百六十年間の農村のようすを書き綴った比類のない日記なのです。さらに、琵琶湖のほとりに住む農村の人々が高い教養と文化に育まれた生活を送り、妙蓮の花を絆として公卿《くぎょう》をはじめとする貴人や文人たちと深い交流があったことを示す日記でもあるのです。

農村の経済が発展する時代の日記

『蓮花立覚留日記』の一冊目は、表紙に「明暦三年より正徳六年迄の書印」と記し、裏表紙に「数冊に致て之有候得共当年壱冊に写替仕候」と書かれています。この日記は、それまでに書き残されていた妙蓮に関する年ごとの記録を、田中家十六代当主綱光《つなみつ》が内容を整理して一冊にまとめた、ちょうど六〇年分の日記です。明暦三年ごろの田中家当主は、十四代綱衡《つなひら》です。綱衡が妙蓮の記録を書きはじめて、延宝《えんぽう》六年（一六七八）に七三歳で死去しています。そのあとを十五代綱重《つなしげ》が引き継ぎ、元禄十六年（一七〇三）に六九歳で死去しています。さらに、綱光がこれを引き継いで、正徳六年（一七一六）にこれらの記録を整理して、『蓮花立覚留日記』と題する冊子にまとめたものです。

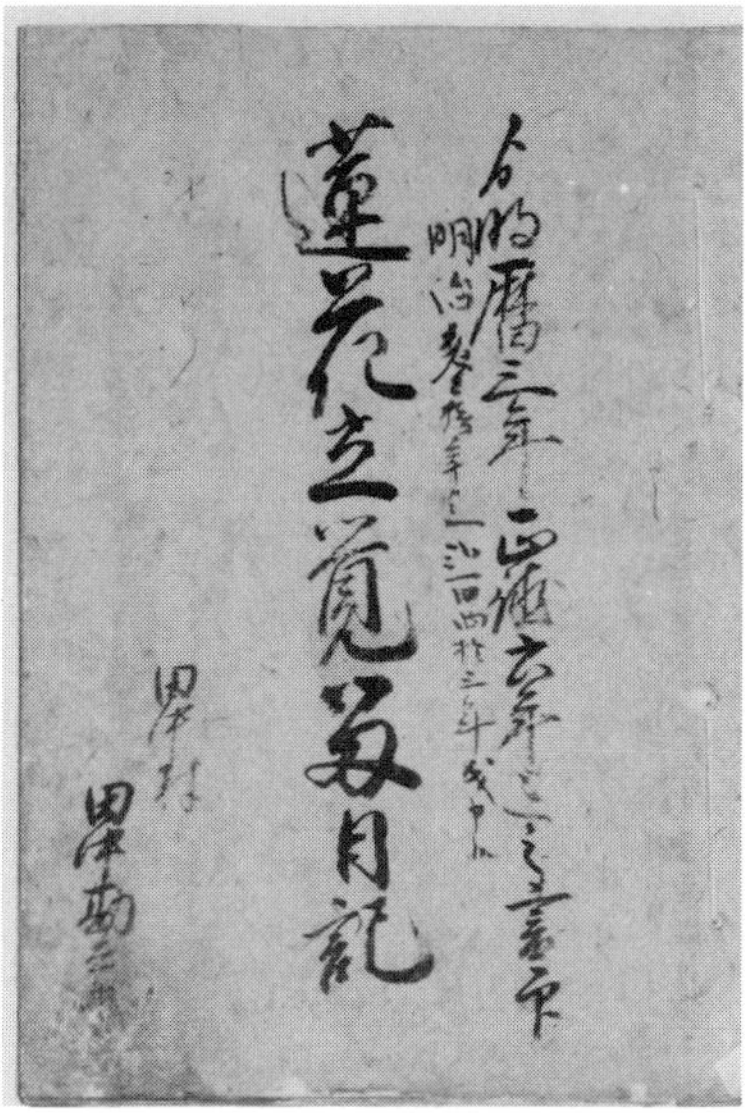

『蓮花立覚留日記』の表紙

この日記にまとめられている時代は、保《ほ》科正之《しなまさゆき》が四代将軍家綱《いえつな》の補佐役として文治政治の基盤を築いたころからはじまり、七代将軍家継《いえつぐ》の時代まで続きます。保科正之が、明暦三年正月の江戸はじまって以来の大火に際して、米価などの値上がりを防ぐためにとった対応は、需要と供給との関係が市場経済の根本問題と考える現実的な政策でした。そして、そののち農業や手工業の生産力向上をめざす諸政策がとられるようになりました。それは庶民経済を向上させ、やがて元禄の繁栄といわれる時代に発展していきます。

このころの農村では、既存の古田畑をていねいに管理耕作することで、収穫を増やそうとする本田畑中心の農業に進んでいます。わが国最初の体系的農学書、『農業全書』が宮崎安貞《やすさだ》によって著されたのもこのころのことです。また、江戸時代のはじめには収穫量の約六割六分強が年貢であったのが、次第に減少して正徳《しょうとく》二年(一七一二)には二割九分ほどに低下しています。そのようなことで、このころの農村は、それなりに豊かで安定した生活を営むことができました。このころからはじまった園地的精農主義の農法は、このあと三百年間維持されて、昭和三十年(一九五五)過ぎまで続く日本の農政の基本となる農耕思想であったとされています。

『蓮花立覚留日記』の内容は、明暦三年と万治《まんじ》三年(一六六〇)の記事を除いて、六〇年間のほとんどすべてが二行または三行の記文に整理されています。一行目は妙蓮の花の咲いた数、二行目に田畑の作柄の豊凶、三行目はさこね畑のようすや反当りの米の収量などを記しています。一つの例を上げると、次のような記文になります。

寛文十一辛亥《かのとのい》年

此年蓮花拾五本立
作物田畑共豊年
さこ祢畑大吉悦申候

この六〇年間で蓮花の咲いた数は、宝永《ほうえい》三年（一七〇六）の二三五本が最高で、この年は「作物三十年此方大豊年」と記されています。そして、一本も咲かなかった年は三度あり、いずれも「此年蓮花一本も立申さず候、世中殊の外不作故、難儀者共多く有」と記されています。さらに、寛文十年には、「此年蓮花一本立、蓮肉乗、作物田畑共悪敷、難儀仕り候」とあり、一本咲いた花は花托のある奇形の花で、農作物は不作で難儀したと記されています。妙蓮の花が多く咲く年は豊年になり、一本も咲かないか咲いても奇形の花になった年は不作になっているようです。このようなことから、妙蓮の花の咲く数が稲作の豊凶を左右するとして、不思議なことに思われていました。しかし、蓮も稲も熱帯から亜熱帯が原産地であり、蓮の花が咲かないような天候では稲の作柄も良くなかったのでしょう。

日記にしばしば出ている「さこ祢《ね》畑」というのは、田中村の地先になる野洲川の中洲に開かれた面積五〇〇坪（一六五〇㎡）ばかりの畑地のことです。このころの野洲川は、天井川になっておらず、中洲は畑地として耕作されていたのです。日記には、「さこ祢畑水押仕り難儀者共多く有り候」（万治三年）、「さこ祢畑水押し故不作」（寛文九年）、「さこ祢畑度々水押し難儀致す」（天和《てんな》三年）などと記されていますす。野洲川が増水すると、簡単に冠水して収穫に大きな影響を与えていたようです。しかし、このよ

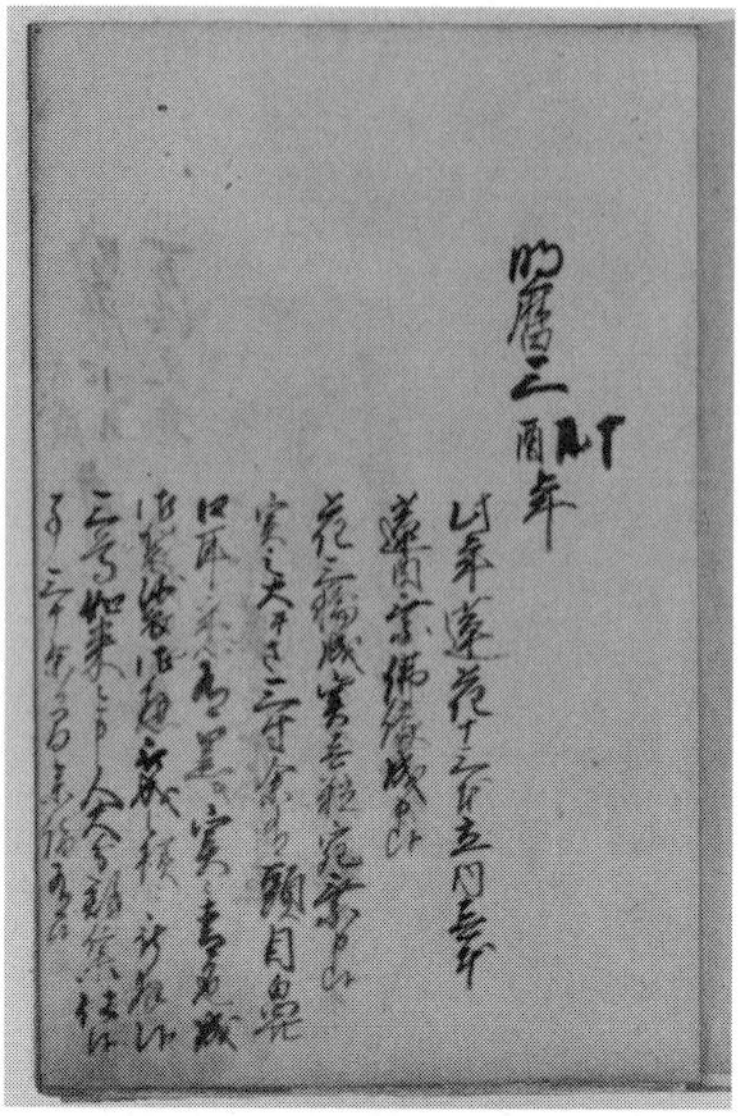

蓮日記の序文になる明暦３年の記文

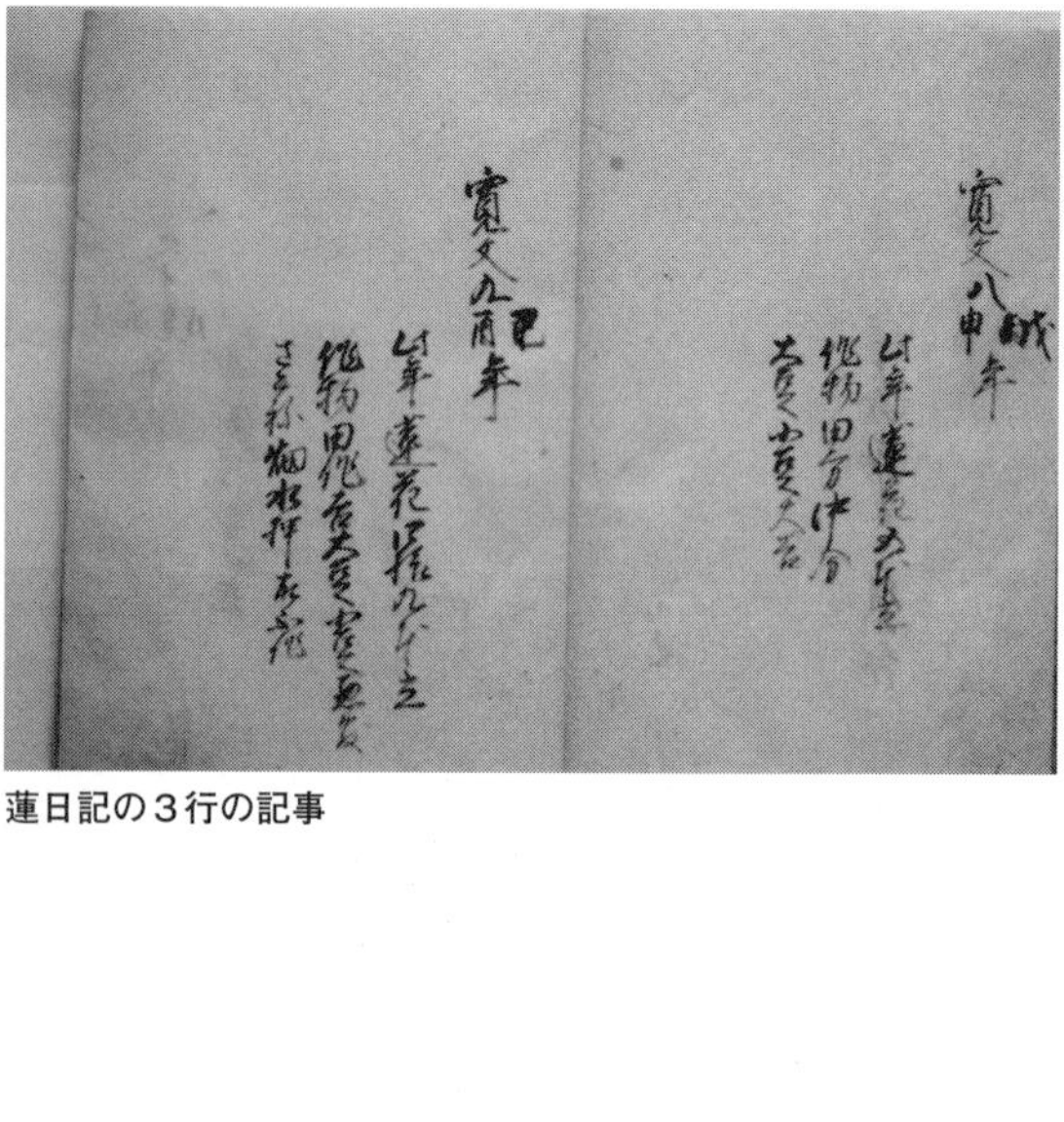

蓮日記の３行の記事

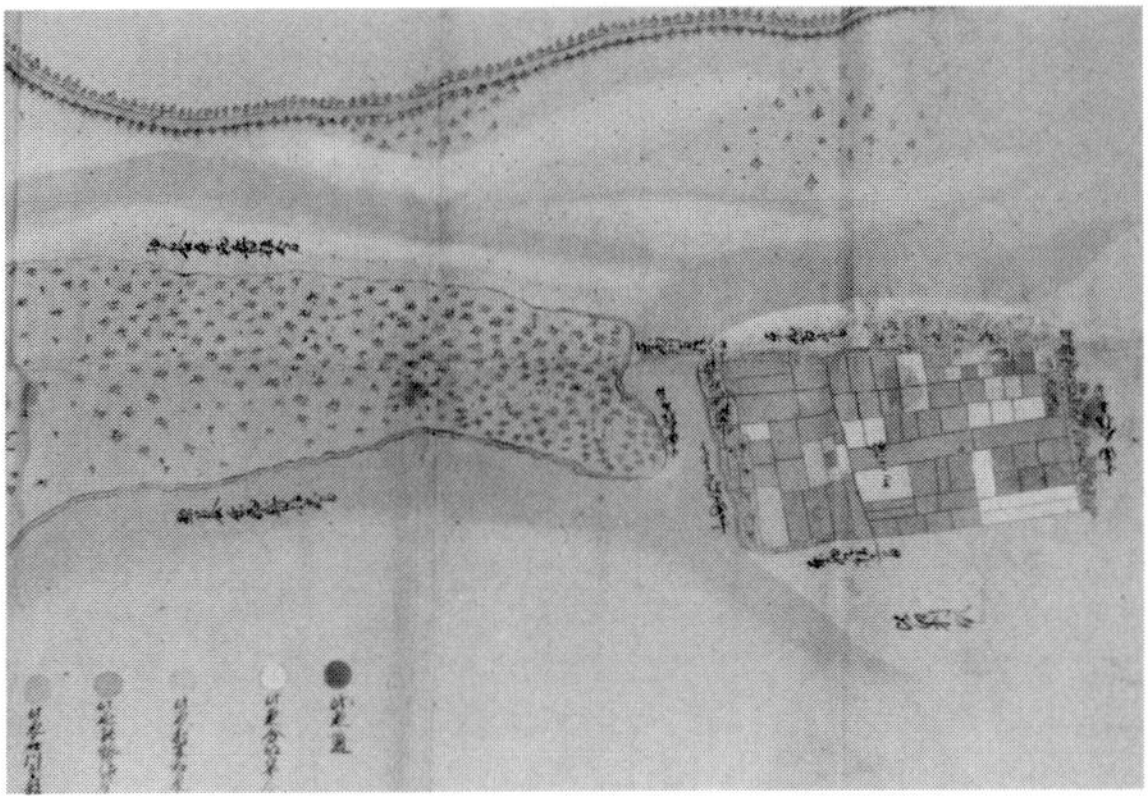
さこ祢畑の絵図（川田純一家蔵）

うな荒れ洲に近い畑でも、四人の領主の入る相給地で一石五斗ほどの年貢を納めていたのです。

元禄十四年（一七〇一）からは、一反当りの収量が記されるようになります。「三十年此方大豊年」と記された宝永三年は、反当り七俵の収穫となっています。そして、収量の少ない不作の年でも反当り四俵半となっており、平年作で六俵は収穫できた豊かな土地でした。また、天和二年（一六八二）の条には、「わせ吉中て吉おくて悪敷、大豆小豆中分、畑物吉」とあります。稲作の基本品種である晩稲《おくて》よりも早く収穫できる早稲《わせ》や中稲《なかて》の栽培のことが書かれています。このことは、天候不順などによる収量減にたいする備えの意味もありますが、端境《はざかい》期に少しでも早く収穫して、より高く売る農業になっていたことを示しています。

さらに、大豆、小豆、大麦、小麦などの収穫にも大きな関心がはらわれた記述になっており、米以外の農産物による収入が農村の生活と経済を支えていたことを示しています。ことに、年貢米の一割は大豆で納入することになっていたことから、大豆の作柄に一喜一憂するようすもうかがわれます。また、この時代から一般的になった貨幣の流通は、農民の生活に大きな影響をあたえるようになったと思われます。

年貢増徴策のすすむ時代の日記

『蓮花立覚留日記』の二冊目は、表紙に「享保二年より宝暦二年迄書印」とあり、享保《きょうほう》二年（一七一七）から宝暦《ほうれき》二年（一七五二）までの三五年間を、綱光が一冊にまとめた日記です。

正徳《しょうとく》六年（一七一六）五月一日、徳川吉宗《よしむね》が八代将軍となり、その六月二十二日に享保と改元されました。そして、これまでの文治政治は終わって、将軍吉宗の独裁による享保改革が進められていきます。家康の時代を理想とする武家権力の回復をはかり、米本位の経済を維持し確立させようと苦慮した時代です。

八木《はちぼく》（米）将軍ともいわれた吉宗の農政は、それまでの検見《けみ》取《どり》法という年貢徴収法を、定免《じょうめん》法という、その年の作物の出来具合に関係なく、あらかじめ決めておいた年貢量を徴収するという方法に変えています。年貢率を引き上げるとともに代官所役人などの収賄をなくすることで、実質的な年貢徴収量の増加をはかったのです。この他、貞享《じょうきょう》四年（一六八七）以来禁止されていた町人の新田開発を解禁して、民間資金による新田開発をすすめて年貢課税対象の増加をはかっています。しかし、元禄の繁栄のなかで破綻《はたん》していた幕藩体制の財政は、このような年貢増徴策と倹約令の徹底だけではその回復は困難

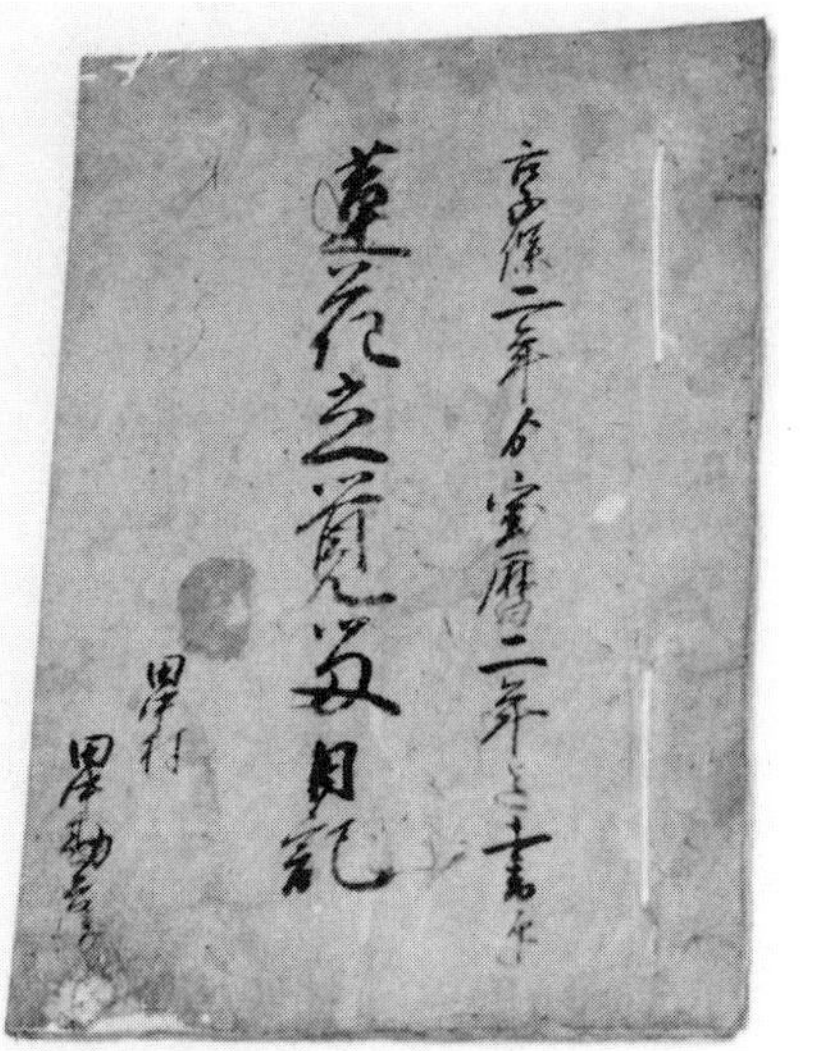

２冊目の『蓮花立覚留日記』の表紙

でした。そして、諸大名から高一万石あたり百石を献上させる「上米《あげまい》制」をとったりします。しかし、年貢増徴策に苦しむ各地の農村では、代官や領主のやりかたに反対する百姓一揆が頻発するようになっていきました。

米の価格が変動することと、他の物価が上下することがなんとか連動していたこれまでの経済が、享保の時代になると「米価安の諸式高」という状況がいちじるしくなりました。幕府にとっては、米価と消費物資の値段をどのように整合するかということが最重要課題となったのです。そして、消費物資の増産をはかるとともに、米価の値下がりにつれて諸物価も下げるよう「物価引き下げ令」を出しています。しかし、米価の変動にたいして諸物価は値上がりがつづき、ついに米の最低価格を公定し、それ以下の値段での取り引きを禁止する「米価引き上げ令」を出したりしています。しかし、米本位の経済の構造的矛盾は解消できなかった享保改革の時代でした。

『蓮花立覚留日記』二冊目の内容は、一冊目と同じような三行の簡潔な記文が続きます。そして、享保十年からは、「此年蓮花三本立、二本朽る一本花成る」とあるように、妙蓮の生育のようすが詳しく記されるようになります。また、享保十七年には、「田畑共大不作飢死大分有り、西国は猶々不作故飢死数万人」とあるように、災害のようすが詳しく記されるようになります。一方で、米の反当り収量は、享保十年ごろから記されなくなりました。享保六年に実施された、定免法の影響なのかも知れません。

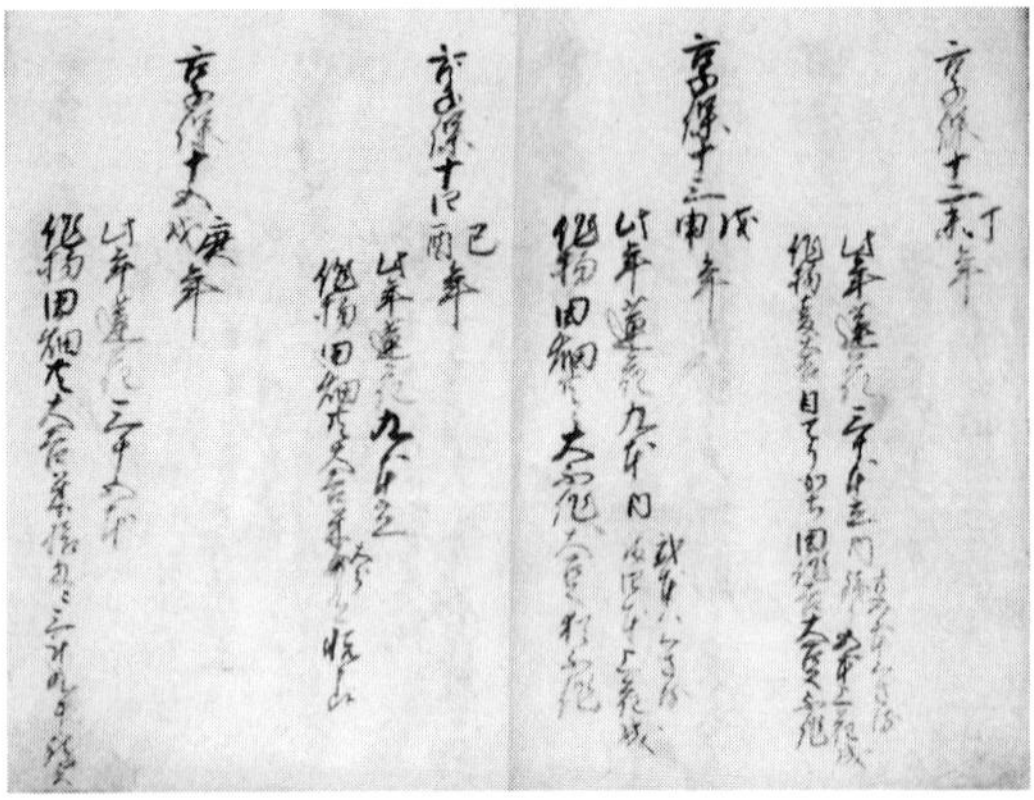
享保12年から15年までの記事

　享保十五年の日記には、「此年蓮花三十五本、作物田畑共大吉、米十匁に三斗九升致す」とあり、これ以後は、米の値段が記録されるようになります。この年は、大坂の米相場は広島米一石で銀二九匁八分でした。一〇匁に三斗九升ということは、米一石が銀二六匁になり、守山の米の値段は大坂より下値になっています。

　享保十七年は、享保の大飢饉といわれた年で、春から異常低温と長雨が続き、夏には蝗《いなご》が大発生して中国、四国や九州では、収穫が平年の二割くらいであったとされています。畿内でも餓死する人が出たようです。この年末は、大坂での米相場が米一石で銀一三〇匁から一五〇匁に高騰《こうとう》していました。江戸で、はじめての打ち壊しによる米騒動がおこったのは、この翌年の正月のことでした。

享保十九年の日記には、「此年蓮花百五十本、作物田畑共中年、他国吉、米下直《したね》に成る」とあり、大坂の米相場で米一石が銀三六匁に暴落しています。これに対して、幕府は大坂の米相場を米一石当たり銀四三匁以上にするよう、公定価格をきめました。しかし、米価は安定せず諸物価は上昇するばかりでした。享保二十年から元文《げんぶん》三年（一七三八）までは、天候不順で水害も多く、「難儀迷惑仕り候」と記される年が続きます。

元文四年以降の一四年間は、天候が安定したこともあって比較的平穏に経過したようすが、それまでと異なる二行書きで続く記文からうかがわれます。

年貢増徴と新田開発策に加えて徹底的な倹約政策を押しすすめた結果、江戸城の金蔵には一〇〇万両の小判が貯えられたと言われています。しかし、一揆の頻発《ひんぱつ》など社会不安は増え、石高制《こくだか》が危険な動揺期に入ることなど幕藩体制の根幹をゆるがし、享保改革は失敗に終わるのです。

享保時代に記録した日記は、米の値段が変動するようすを詳しく記載するなど、「殊外世間難儀致申し候」という記文が多くなっています。それでも、妙蓮が生育する守山の農村では、野洲川の氾濫に苦労するほかは一揆が発生することもなく、他領にくらべて比較的平穏な生活が保たれていたように思われます。

分水嶺の時代の日記

『蓮之立花覚』は、宝暦三年（一七五三）から天明《てんめい》二年（一七八二）までの三〇年間にわたる記録です。宝暦九年三月に八二歳で死去した綱光と、そのあとを引き継いだ十七代綱義《つなよし》による記録です。この日記が宝暦三年から新しい冊子にまとめられたことは、江戸時代を流れる歴史の大きな節目を見抜いた驚くべき着眼というべきことです。

延享《えんきょう》二年（一七四五）に将軍職を家重《いえしげ》に譲っていた大御所吉宗が、寛延《かんえん》四年（一七五一）六月に歿し、その十月二十七日に改元されて世は宝暦となります。吉宗が進めていた改革の足かせがはずれて、幕府の一方的な威圧感もうすれ、幕藩体制が下り坂に入るころに『蓮之立花覚』が書きはじめられています。田沼時代ともいわれる、現実的対応力のみられる政策がとられた期間と重なる日記です。

田沼意次《おきつぐ》は、賄賂《わいろ》の権化《ごんげ》のようにいわれていますが、江戸時代では珍しい経済政策に明るい政治家でした。彼は、すぐれた財務家であるが、誠実一筋の人間であるうえ常々目立たぬよう心がけていた大変な気くばり人間であったという評価もされています。田沼時代があとしばらく続けば、日本が鎖国を解いて近代化へすすむ可能性があったとする、現代の歴史学者が少なからずみられます。

意次は、「財政の健全化をはかろうと、年貢の増徴などしようとするのは、筋ちがいだ」と断定しています。そして、それまでの年貢増徴のみの政策をやめて、商品流通に財源を求めて税の不足分を

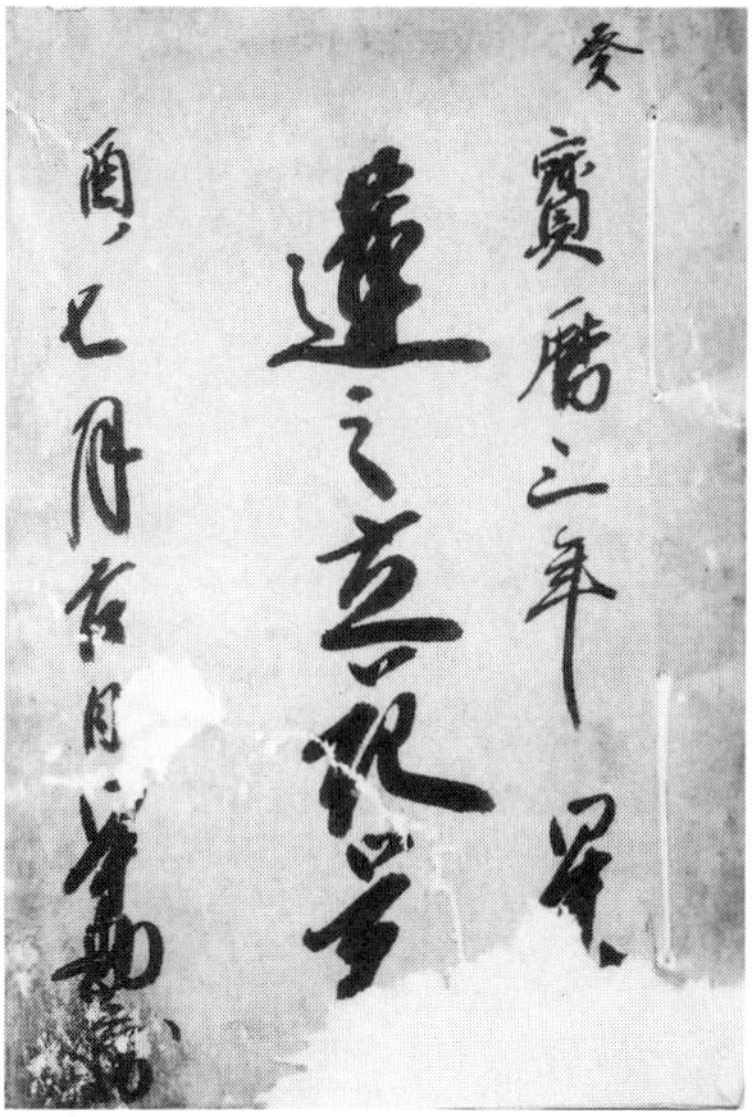

『蓮之立花覚』の表紙

補うという、いわば間接税の徴収を実施しています。この時代の商業経済の発展は、天災や凶作の続く中でも、江戸をはじめとする城下町の生活文化を向上させました。そして、重商主義の政策がすすみ、士農工商の身分秩序がゆるやかになっていた時代で、江戸時代をつうじてもっとも幅の広い豊かな社会がつくられていたのです。

　幕府のかかえる課題は多難でしたが、江戸時代を通じて比較的物価が安定しており、庶民の生活はおおむね安定した時代でした。百姓一揆が相変わらず発生している農村では、米づくりに経済性が取り入れられ、米以外の農作物についてもゆきとどいた肥料と栽培方法のもとで管理して全国各地に売り出すという、特産物農業が発展し商業的農業が定着するのです。

　このような時代性を反映して、『蓮之立花覚』の用紙は、他の日記帳より一回り大きな用紙が使用されて、年毎の記載内容も行数にこだわらずに豊富な事柄が記され、年間の記述が一ページから二ページになることもあります。また、宝暦十一年のように、「蓮花弐本立、大豊年」とだけ記して、豊作が続く泰平な世をただ一言で示す年もあります。この時代、妙蓮の花が禁裏《きんり》様はじめ各方面に献上され、学者や文人が毎年のように田中村を訪れて、妙蓮を讃える詩歌を残しています。文人たちの時代とも称された、宝暦、明和《めいわ》、安永《あんえい》と続く時代の妙蓮の花が咲く里のようすは、農民たちの時代ともいえるようです。

宝暦三年と四年は、妙蓮の花も順調に咲いて田畑も平年作でした。米価は、「米一石に付四十五匁相成申し候」と記されるように安値で安定しています。しかし、一部の物価は依然として高値のため、幕府は米価に見合う物価の引き下げを指示しています。宝暦五年は、妙蓮が一本だけ咲き、東国、西国とも不作で、米価は一石で銀九拾匁と倍増し、「難儀の者共多く有」と記されています。さらに宝暦六年は、妙蓮が二本咲き、秋に野洲川筋の堤が二〇カ所も切れる洪水が起こり、東近江各地でも洪水が多くあったと記されています。ところが、「然れ共郷内不難故、大悦申し候」とあり、妙蓮の里は無難に経過したようです。そして、全国的には豊作となり米価は安値になったようです。

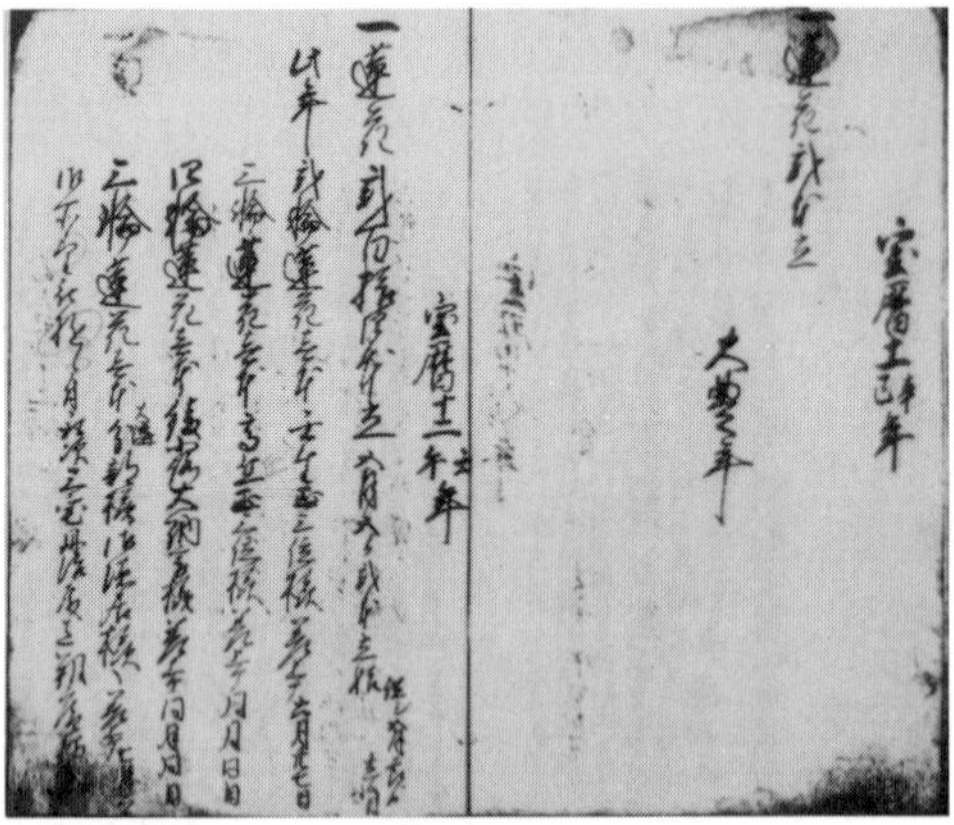
『蓮之立花覚』の特徴的な記事

宝暦九年は、「蓮花六本立、殊の外見事に咲申し候。此年五十歳此方の大豊年也、浦方も百年此方大豊年と言

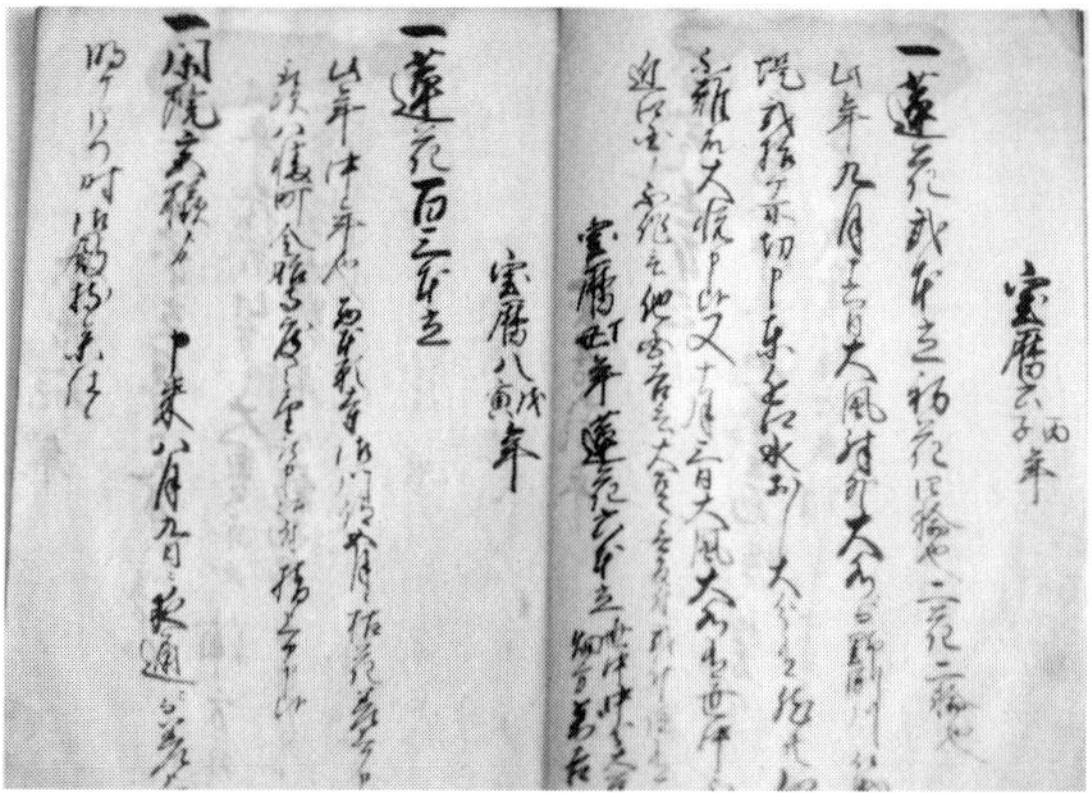

宝暦６年から８年の記文

う」と記されています。宝暦十年は、「おくて大豊年、米殊の外下直」と記され、宝暦十三年まで豊作の年が続いています。宝暦十二年は、妙蓮が二一四本咲いています。これは、この三〇年間で最高の数になり、この年の八月には「米価引き上げ令」が出されました。豊年が続いて、米将軍時代の余韻が現れたのでしょう。

明和元年（一七六四）から九年までは、毎年のように天候不順が続き、妙蓮も花を咲かせることが少なく不作の年が続いています。稲作は、早稲や中稲の不作が続いたことが記されているので、春先に天候不順が続いたようです。明和四年には、妙蓮が六五本咲いています。そして、「此年わせ不作、大豆不作、おくて大豊年、浦方殊の外満作、米大分有り二十年此方の豊年悦び申し候」とあります。近年になく妙蓮も多く咲き、晩稲が大豊作になったことが記されています。ところが翌五年は、「此年浦方大水、田作皆無。…米四斗二升三十余致す、難儀者多く有り」とあり、米一石に付き銀七十五匁と高値であったことが記されています。

明和七年は、六月から一一〇日間日照りが続き、野洲川に二三五日間水が流れなかったと記されています。この年は、琵琶湖の水位が一丈（三ｍ）も低下したという記録もあります。しかし、妙蓮は一三本咲いており、「畑方八分取れ」と記されていることから相応の収穫はあったようです。守山は、旱魃《かんばつ》には比較的強い土地柄であったことを示しています。また、この年の記事には、「七月二十八日夜五つ時（八時）より北方赤気雲気有り、段々大に成り夜半頃は北方東西方迄紅の如く成る、其内に白筋有り嶋筋如く成る」と、夜空に起こった異変に驚いています。これは、大きな隕石が大気圏に突入して燃えつきた現象か彗星《ほうきぼし》の出現のように思われます。

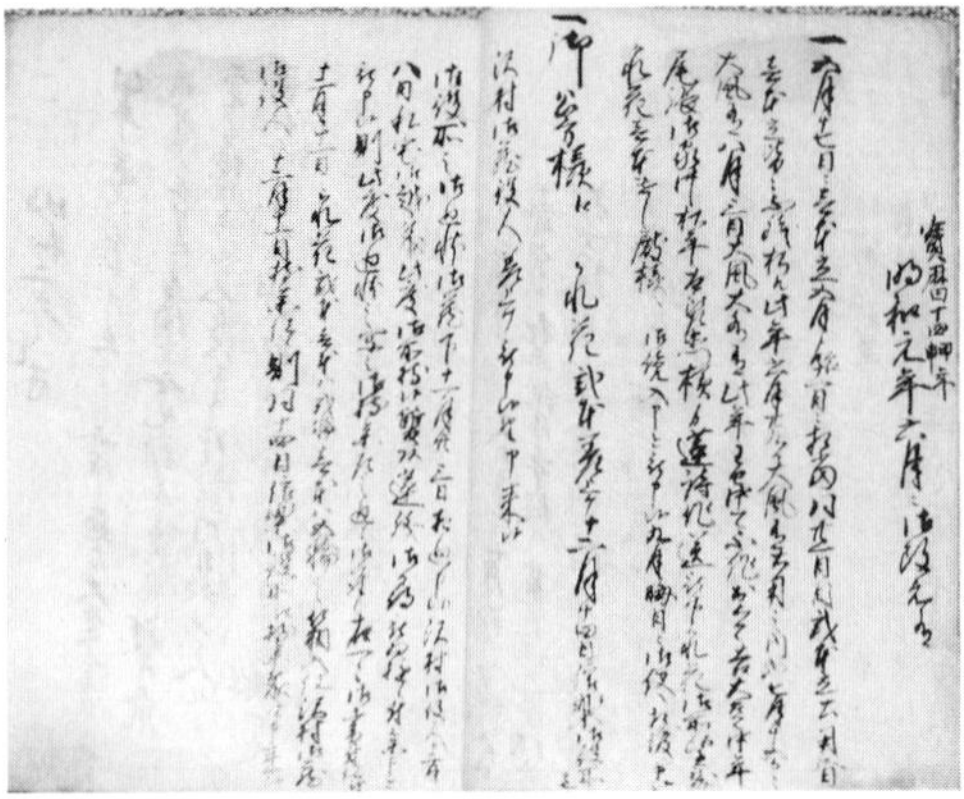

明和元年の２ページになる記文

明和八年は、四月朔日《ついたち》から夏にかけて八五日間日照りで稲の植えつけができず、「難儀致す」と記されています。ところが、七月二十二日に集中豪雨があり、野洲川の堤が何カ所も切れる大洪水になっています。さらに、「此年伊勢御かけ参宮夥しく有り、四月始り申す」とあります。宝永二年（一七〇五）以来のお陰参りが、守山の道を通って伊勢神宮に向かった騒動のことが記されています。この年は、旱魃や豪雨という天候不順に加えて、さまざまな事象や騒動が続いて世情は不安であったようです。

明和九年は、妙蓮の花が咲かずに葉だけが伸びたことが

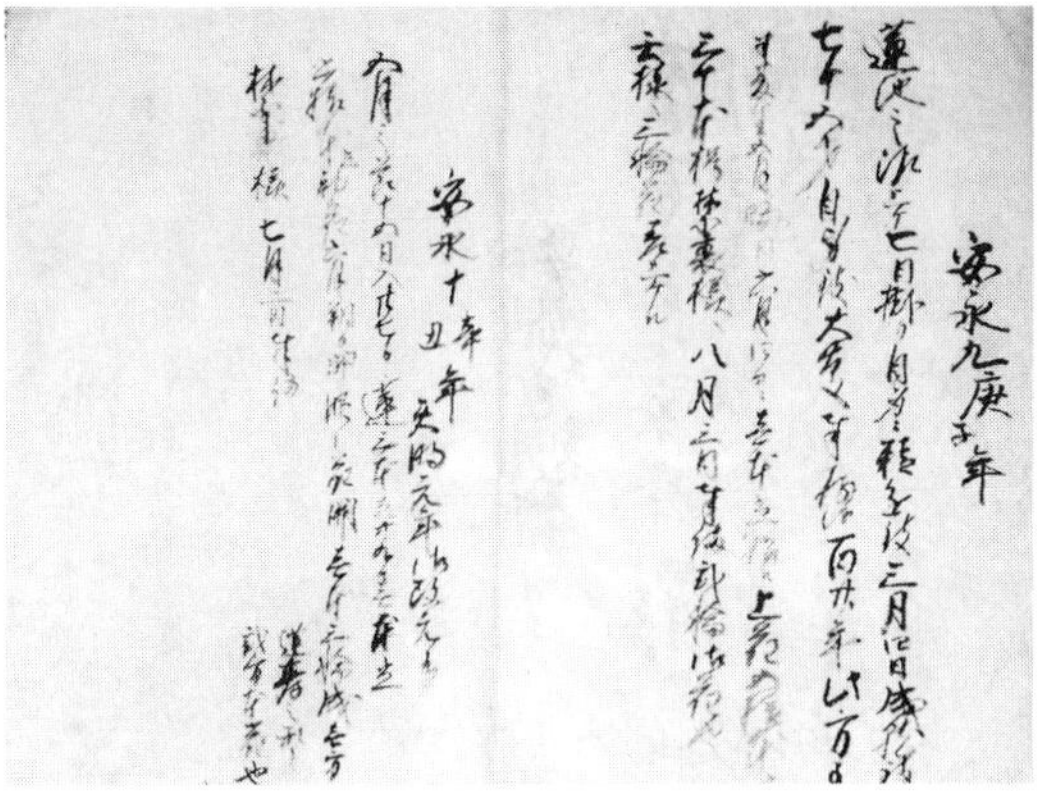

安永九年と天明元年の記文

記されています。この年六月には、「めいわく」と語呂が悪いとして安永と改元されています。安く永くという願いに反して、安永年間は冷夏や霖雨などの不順な気象が続き、野洲川の洪水も度々起こったことが記されています。妙蓮の花は、安永三年（一七七四）に三〇本咲いた他はほとんど咲かなかったようです。安永九年の三月、妙蓮の絶えることを恐れて大日池の泥上げを七日がかりで行なっています。

　このような大日池の改修は、一二〇年ぶりのことと記されています。そうすると、明暦三年以後の日記などには、大日池の泥上げのことは記されていないので、明暦元年か二年に大日池の泥上げが行なわれていたことになります。農村の生活がようやく安定した明暦の時代に、大日池はじまって以来の大がかりな泥上げ整備を行ったのです。そして、それを契機にして、妙蓮の開花にかかわる記録を年毎に書き残すようになったと思われます。

　天明と改元された年の記事は、「六十本立、初花六月朔日開、段々花開。一本三輪成り、壱方蓮台の形有り弐方本花也」とあります。妙蓮と常蓮の花が半々についたモザイク花が咲いたのです。池の

天明元年にも咲いた奇形の花

改修工事は、このような奇花を咲かせることがあるようです。このことは、すぐに信楽《しがらき》役所に報告され、めでたいこととして江戸の将軍家にも上申されていたことが田中家の古文書に残されています。

天明二年（一七八二）の記事は、「蓮壱本立、又壱本立候得共花不開。世中殊の外不作、米高直也、難儀者多く有り」とあります。天明の大飢饉の前触れのような記述で、この『蓮之立花覚』は閉じられています。

幕藩体制が動揺する時代の日記

天明三年（一七八三）から寛政《かんせい》十年（一七九八）までの一六年間は、天候不順で妙蓮の花もほとんど咲かなかったようで、妙蓮日記は記録されずに中断しています。しかし、田中家の当主綱義は、妙蓮日記をなんとか書き続けたいと願ったようです。そして、天明七年に「蓮植え初ハ」という記文を書き残しています。それには、妙蓮を唐より将来したのは定慧《じょうえ》上人《しょうにん》であるとして、天明七年はその時から一一一〇年という節目になるとしています。そして、妙蓮の育成と蓮日記の記録がいつまでも継続できることを祈念しています。しかし、綱義は寛政六年に八八歳という長命の生涯を終えています。『蓮立花覚日記』と題する日記は、寛政十一年から十八代義俊《よしとし》が書きはじめています。そして、享和《きょうわ》三年（一八〇三）に表紙をつけて一冊にまとめました。この日記は、文化四年（一八〇七）に義俊が死去した後、十九代近良《ちかよし》に引き継がれて文化十二年まで続きます。

天明三年（一七八三）七月、浅間山が大噴火して関東一円に大被害をあたえ、東北地方は大飢饉となり、農民の生活への打撃は著しいものがありました。この噴火で成層圏まで吹き上がった灰は、北半球全体に大きな冷害をもたらし、フランス革命の誘引になったと言う説があるくらいです。天候不順による全国的な凶荒不作は、天明八年まで続き、日本史上空前の大飢饉となったのです。この間に、田沼意次は解職蟄居《ちっきょ》させられ、天明七年六月、松平定信が老中首座となり寛政の改革がはじめられるのです。

松平定信が特に目指した改革は、武士階級の家格の復権による幕藩体制の強化でした。田沼時代の重商主義をやめて、吉宗時代のような年貢増徴策を進めました。農村では、百姓の贅沢を禁止して、米作従事を強化する施策がとられました。また、それまでの農村を潤していた副業的な商業の従事も禁止されるようになりました。商品の流通の活性化による経済の発展の時代から、再び米本位の経済に逆戻りして、倹約を中心とする政策がすすめられたのです。しかし、改革の効果は上がらず米価安の諸式高が続き、倹約中心の政策に対する批判も高まり、定信は寛政五年に辞職します。江戸時代でも珍しいほど激しい時代の変わりめとされる寛政の改革は七年で失敗に終わったのです。そして、改革の余波もおさまったころから、『蓮立花覚日記』は書きはじめられたのです。

『蓮立花覚日記』の表紙と『蓮之立花覚』の最終ページ

『蓮立花覚日記』は、これまでの日記とは書体も内容もまったく異なったものになっています。『蓮之立花覚』で毎年のように書き続けられていた禁裏様などへの妙蓮献上のことはほとんど記されなくなります。これは、尊号《そんごう》事件で朝幕関係が冷却したことが影響しているようです。しかし、京都などの商家には、枯れ花などを進呈したことが記されていきます。妙蓮池に常蓮の花が多く咲くようになったことや、野洲川の洪水の具体的なようすが詳しく記されています。さらに、米価の変動と年貢の金納などで苦慮するようすなどがより克明に記録されるようになります。天明の大飢饉と寛政の改革で、村方での窮乏が慢性化しているようすが窺われます。また、家族のことなど身近な問題に関連する記述が多く見られるのも、これまでの日記にはなかったことです。幕藩体制の根本が破綻していく世情のなかで、ますます過酷になる農政に苦悩する農村の生活が記されています。

享和元年（一八〇一）の日記には、「此六七年以前より蓮ミノリ相立、当年よりミノリ花ミナミナ引取始る也」とあります。大日池では、ミノリ花といわれる花托のある常蓮が多く咲くようになりました。この常蓮を取り除くなど、妙蓮の保護管理に苦労しているようです。

享和二年は、「蓮三十本相立候へ共、ヨク三本花と相成り申し候」とあるように、妙蓮は三本だけが花を咲かせたようです。そして、この年の六月二十九日の夜、大風大水で野洲川の堤防が各所で決壊し、田中村も床上二尺（約六〇cm）の洪水になり、守山の各所で被害が多く出たようすが詳しく記されています。

享和三年は、「蓮立花三百五十本立、内少々ミノリ花有り。田畑十分作にて米壱俵に付弐拾匁」と記されています。この年の夏は、琵琶湖の水位が七尺下がるほどの日照りになっていますが、妙蓮は多く咲き豊作になったようです。米価は、一石当たり銀五〇匁になっています。この後、文化二年（一八〇五）まで妙蓮はたくさん咲いたと記され、米価も一石当たり銀五〇匁前後で安定しています。

文化三年は、米価が春から秋にかけて銀四匁前後での変動が続き、年貢を納めるころには一石で銀五五匁八分になっていました。しかし、銀納する値段は一石五九匁五分九厘とされ、四匁高く納めることになり大変困ったと記されています。さらに、文化六年には、「此年日てりに御座候、

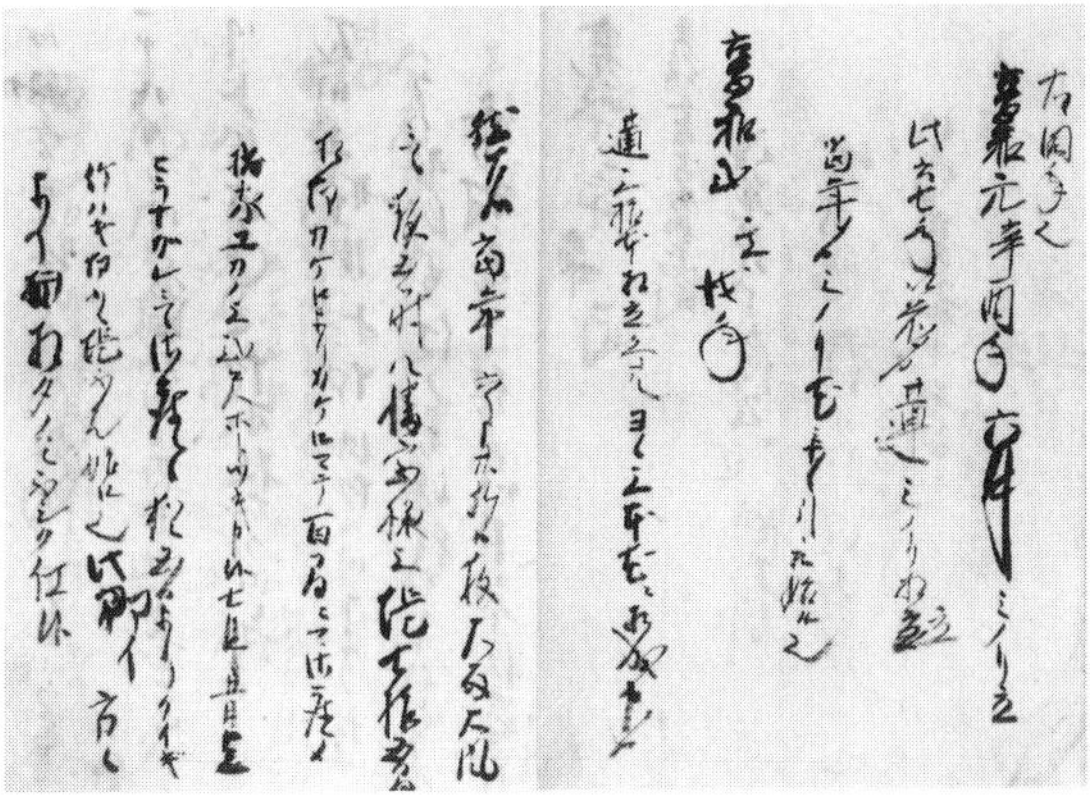
享和元年と２年の記文

米壱反に付七俵づつ、俵に付二十五匁づつ」とあり、さらに「田地石がかり六匁づつ年貢間大きに御座候」とあります。守山では、米一石当たり銀六三匁だったのですが、年貢は六匁ずつ多く納めなければならなかったことが記されています。米価安の諸式高の続く中で、金納をする苦労が「甚こまり入り候」という記事になっています。三分一銀納法で納める年貢は、物納よりもきびしい負担を強いられたのでした。

文化十年は、記録されず二ページが空白となっています。また、文化十二年は、新しい分家に田地を譲り渡したことのみを記しています。このころは、妙蓮のことを記録する余裕もなくなっていたのか、用紙の余白を残しながら妙蓮日記の筆を折っています。内憂外患の世がつづき、あと五十余年で幕藩体制は終末を向かえることになるのです。

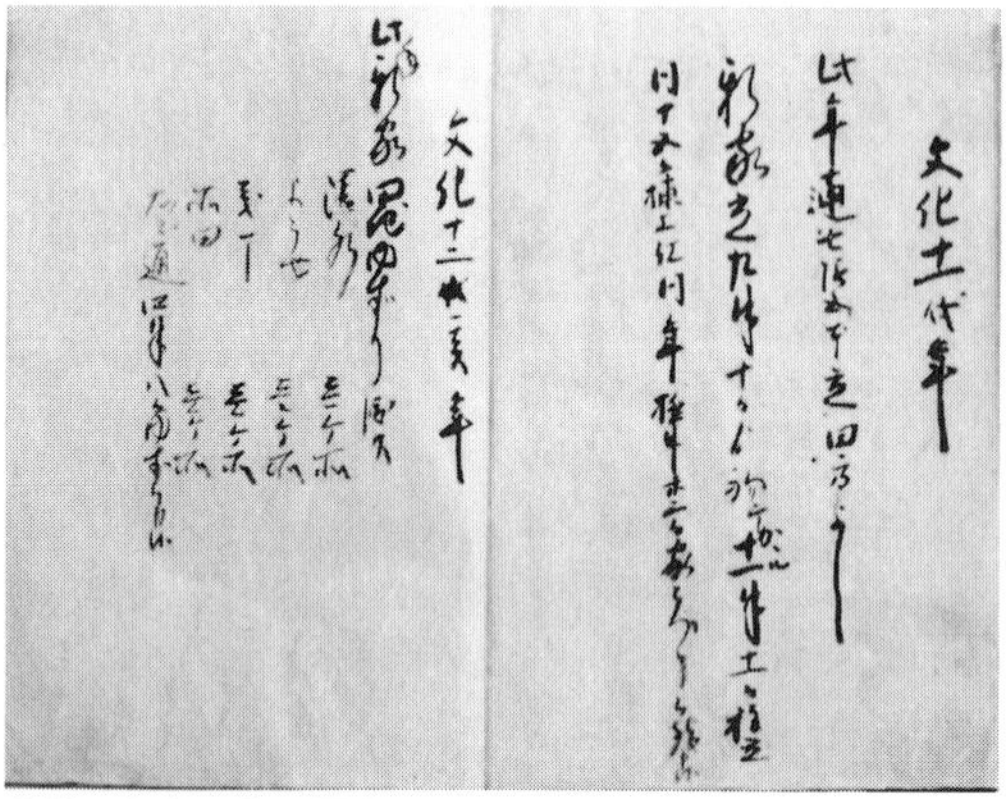
文化11年と12年の記事

妙蓮の花芽が出はじめる日の記録

『蓮之立花覚』の明和四年（一七六七）の条には、大日池で妙蓮の花芽が出はじめた日と花のようすを詳しく記しています。

明和四丁亥《ひのとい》年

此年五月節廿日目に壱本立、但し五月廿九日、花成蓮肉乗《れんにくのり》。又六月五日壱本立、蓮肉乗。六月十三日壱本立、上花成。又後壱本蓮肉乗、以上三本蓮肉乗、上花六拾五本立。（中略）この年わせ不作大豆不作、おくて大豊年。浦方殊外満作。米大分有二十年此方豊年、悦申候

この年、妙蓮の花芽が最初に出たのは五月節から二〇日目です。これは蓮肉乗と記され、先祖返りと思われる花托のある奇形の花を咲かせています。続いて、六月五日に出た花芽も花托のある花を咲かせ、六月十三日に出た花芽は上花と呼ぶ妙蓮の花を咲かせています。その後は、花托のある花一本と妙蓮の花が六五本咲いています。そして、この年は、早稲や大豆が不作となったが晩稲が二〇年ぶりの豊作で大喜びだったと記されています。

そこで、『蓮之立花覚』などに、妙蓮の花芽が出芽した日を記載している年を取り上げると、次のようになっています。

享保二十年（一七三五）・「五月節より廿二日目壱本出、朽ル」

宝暦十二年（一七六二）・「五月五日弐本立始、但し五月節より廿一日目」

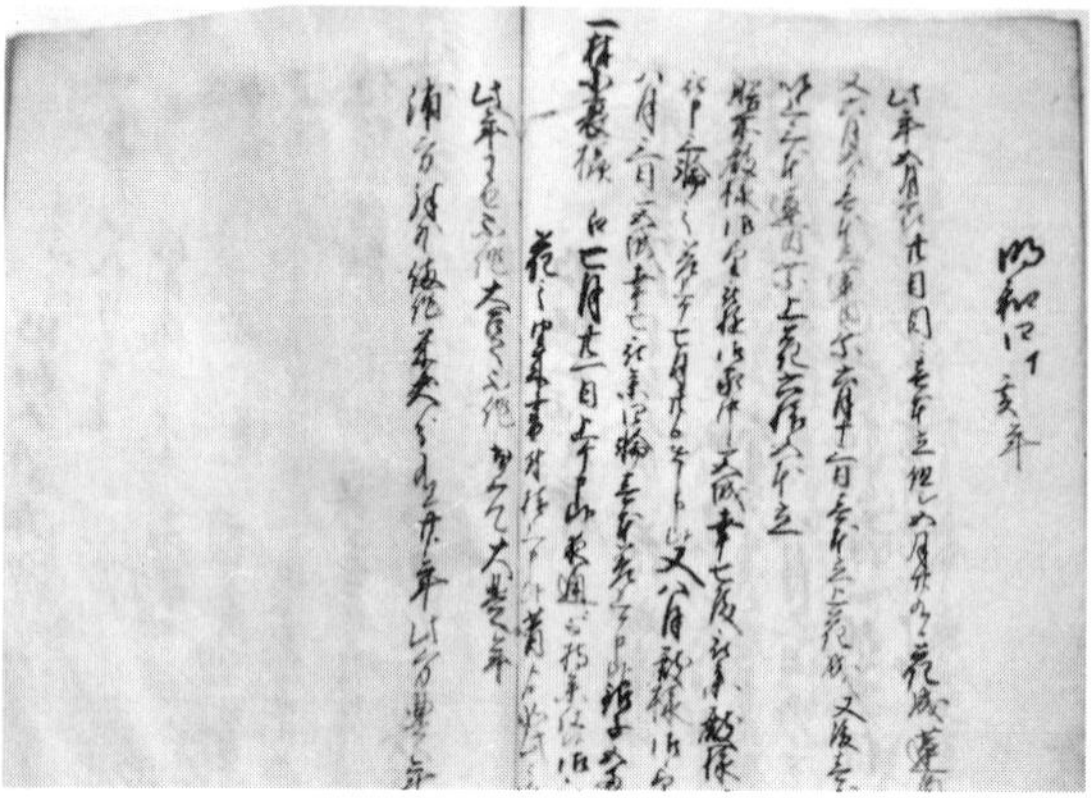

『蓮之立花覚』の明和四年の記文

出始めた妙蓮の花芽

宝暦十四年（一七六四）・「五月節より十一日目一本立、二十一日目二本立」
明和四年（一七六七）・「五月節廿日目に壱本立、但し五月廿九日」
安永五年（一七七六）・「五月十一日ニ壱本立、五月節より廿一日目也」
安永六年（一七七七）・「五月廿一日壱本立、五月節より廿一日也」

これらの記録をみると、妙蓮の花芽が出始めた日を五月節を基準にして記しています。そして、花芽が初めて出た日は、五月節を基準にすると二〇日目から二二日目がほとんどで、二一日目が最も多くなっています。しかし、この『蓮花日記』に記されている花芽が出始めたとされる月日を確認すると、早い年は五月五日、遅い年は五月二十九日と一カ月近くの差があります。これでは、五月節を基準にしている意味が曖昧になり、理解できなくなります。

このような疑問が生じるのは、江戸時代の暦《こよみ》が月の満ち欠けによる周期変化を基準として月日を定める「太陰暦《たいいんれき》」が元になっているからです。太陰暦では、一年の一二カ月が三五四日になり、毎年季節が一一日余りずれていくことになったのです。この一一日の差を処理するために、二、三年ごとに一三ヶ月の年を設けて調整しなければならなかったのです。この加えられる月を閏月《うるうづき》と言い、閏年は一年が三八四日となります。

このような太陰暦では、春夏秋冬の季節変化にずれが生じて農作業などでは不便でした。そこで、太陽の運行による季節変化を加味して考え出された「二十四節気《にじゅうしせっき》」を導入し、気候の推移を太陽の運行との関係で示すようになりました。二十四節気とは、一太陽年を二四等分して暦面に示すようにした二四の基準点です。これによって、毎年同じ季節に同じ節気が暦に記されるようになり、農作業などでは便利な指標になったのです。これが、「太陰太陽《たいよう》暦」(旧暦)と呼ばれる暦で、明治六年に太陽暦(新暦)に改正するまで千年以上用いられていたのです。江戸時代には、一年の長さは不問に付して、太陰暦を季節の推移に合わせるようにした太陰季節暦とでも呼ばれる暦が用いられていたのです。

妙蓮の花芽が出始める時期は、旧暦にしたがう月日を不問に付して二十四節気の一つである「五月節」を基準にすれば、ほぼ同じころになっていたのです。このことに気がついたのは、田中家の十六代当主綱光であったと思われます。そして、妙蓮の花芽の出始めた日を五月節を基準にして日記などに書き残したのです。さらに、春先に出る妙蓮の芽などの生育状態から籾種《もみだね》をまく時期を判断するなど、妙蓮を農作業の目安にする「自然暦」として利用していたと考えられます。栄養繁殖のみで世代交代する妙蓮は、自然暦とするのに最もふさわしい植物だったのです。江戸時代における野洲川流域の農村では、大日池の妙蓮の生育状態を指標にして農作業を進めていたのではないかと思われます。

ところで、五月節は、『日本暦西暦月日対照表』で調べると現在の六月六日になる年が多く、まれに一日前になることがあります。そして、妙蓮の花芽が出た日として多く記されている、「五月節より廿一日目」という日は、新暦では六月二十六日になるのです。

『守山市誌自然編』執筆のため、平成四年(一九九二)の四月から九月まで大日池で妙蓮の生育状態を観察しました。その記録を振り返ると、花芽の出始めた日は六月二十六日であったことが記されています。これは、『蓮之立花覚』などで花芽の立ち始めた日として最も多く記録されている、「五月節より廿一日目」になっていたのです。妙蓮の花芽の出る時期は、江戸時代も現在も大きな違いがみられないことが確認できました。このことは、妙蓮の花芽が地中から出始めるのは遺伝的な要因と地温に支配され、毎年ほぼ一定した時期になっていることを示しています。そして、出芽後の花芽の生育状態は、その年の気温を主とする環境条件の影響を受けて違いが出ていることが判明しました。

妙蓮の花芽が生長するころは、近畿地方は梅雨《つゆ》の季節に入ります。旧暦では、梅雨入りを五月節後の最初の「壬《みずのえ》の日」とした説もあり、妙蓮の花芽の生育時期と梅雨は同じころになります。梅雨期間の長短や降水量と気温などは、妙蓮の花芽の生育に大きな影響を与えています。

享保二十年の条には、「五月節より二十二日目（新暦六月二十七日）〔以下（　）内は新暦〕に一本出た花芽は枯れた、その後二十三本出た花芽のうち五本が花を咲かせた、これは花が咲く時分の六月二十二日（八月十日）に、人家が流され人死が出るような大風雨があった故」と記されています。

宝暦十四年は、五月節より一一日目（五月十六日）に一本、二一日目（六月二十六日）に二本、土用入りの日（七月十九日）に一本の花芽が伸び出たのですが「皆々残らず朽る」と記されています。この年は、土用に入ったころから大風大雨が続いたと記されており、花芽がすべて枯れて妙蓮の花は一本も咲かなかったようです。

安永六年は、五月節より二一日目の五月二十一日（六月二十六日）より次々と花芽が伸び始めましたが、土用入り（七月二十日）のころから大雨が降り続き四〇本ばかりの花芽が枯れました。その後は、好天に恵まれ花芽は順調に生育して妙蓮の花が二七本咲いたことと、「わせ中て不作、おくて吉」と記録しています。

平成二十一年の気象は、安永六年の記事とよく似ているようです。六月は、気温の変化か著しく夜間に冷えることが多く、梅雨の入りが遅れました。そのため、花芽の生長は遅れるが枯れるものがほとんどない状態でした。しかし、七月半ば過ぎから始まった梅雨は断続的に雨を降らして日照時間が少なくなる状態になり、さらに雨の降る日は気温が異常に低下することがありました。そのため、ようやく咲き始めた花は雨水と低温の影響で腐敗し枯れるものが多く見られました。八月中旬からは高温で快晴の夏日が続き、妙蓮の花も例年並みに見事に咲くようなりました。この年は、稲作が心配されたのですが、八月半ば頃からその作柄が回復して豊作になりました。梅雨のころの気象条件は、伸び始めた妙蓮の花芽の生育と開花に大きな影響を与えていることは昔も今も同じようです。

妙蓮の花が咲き始めた日は、宝暦四年の条に、「蓮花五拾三本立、初花六月二十日開ク」とあります。また、天明元年には、「六拾本立、初花六月朔日開」とあります。この他には、初めて花の咲いた日の記録は見当たりません。妙蓮の花は、常蓮と違って開花の日を見極めるのが難しいことから、記載されるのが少ないのだと思います。妙蓮の花が初めて咲いた日を新暦に換算すると、宝暦四年は八月八日、天明元年は七月二十一日になります。初めて咲いた日は、現在と比較するとずいぶん遅れています。現在に比べて、花芽が出始める日があまり変わらないのに開花する日が遅れているのは、出芽後の気温が現在に比べて比較的低い日が多かったように思われます。江戸時代に比べると、現在の平均気温は高くなっているのではないかと考えられます。

初花の咲いた日の記録は少ないのですが、禁裏様に花を献上した日の記録は多くあります。大日池に咲いた花が見頃になった時、その内の一本を夜通しかけて京都御所まで運んで献上しています。禁裏様へ献上した年は一二回記録されていますが、その月日とそれを新暦に替えた日を一覧表にすると次のようになります。

見事に咲いた妙蓮の花と蕾

享保十八年七月十八日　(八月二十七日)
明和三年八月三日　(九月六日)
明和四年七月廿一日　(八月十五日)
明和五年七月十八日　(八月二十九日)
明和六年七月廿四日　(八月二十五日)
明和七年閏六月廿一日　(八月十二日)
明和八年七月朔日　(八月十一日)
安永三年七月十七日　(八月二十三日)
安永五年七月十六日　(八月二十九日)
安永六年七月晦日　(九月一日)
安永九年八月三日　(九月一日)
安永十年七月二日　(八月二十一日)

禁裏様へ花を献上するのは、十五夜の満月前後の明るい夜道を運んでいたのではと思われましたが、新月朔日の闇夜でも運ばれています。開花した妙蓮の花は、二〇日前後の間咲いていますが、最もすばらしく咲いた花が選ばれて献上されていたと考えられます。

明和三年の条には、「此年蓮花弐本立、壱本は花成申さず候、壱本見事花ニ成リ申し候、此花ヲ禁裏様へ」と記されています。この年は、天候不順で花芽はようやく二本出たのですが、一本だけ見事に咲いたので八月三日に禁裏様に差し上げたと記されています。明和三年の八月三日は、新暦では九月六日になります。これが、禁裏様へ花が献上された最も遅い日になっていいます。この年は、異常気象で一本しか咲かない特別な年であったのですが、大日池の花盛りの時期は八月中旬過ぎが通常のことであったように思われます。

平成の時代の大日池の花盛りは、七月末から八月半ばになっています。そして、八月半ばを過ぎて八月末まで花が咲いている年もありますが、最盛期を過ぎた咲き残りの花のように見えるのです。江戸時代の大日池の花盛りは、現在に比べると平均して一〇日ばかり遅れていたようです。その原因には、地球温暖化の影響があるのでしょうか。

妙蓮は野洲川流域の自然暦であった

江戸時代の暦は、月の満ち欠けによる周期変化を基準とする「太陰暦」でした。太陰暦では、季節変化にずれが生じるため農作業などでは大変不便でした。そこで、二十四節気を用いたり、これをさらに細分した七十二候などで季節の移り変わりを予測する「太陰太陽暦」の利用によって農作業を進めていました。しかし、その地域の年毎に異なる気象の違いは、このような暦の上での予測だけでは判断することができなかったのです。そこで、その土地固有の自然現象の変化に目をつけて、その地方の季節の移り変わりや気象の変化を探ろうとしたのです。これが、各地に伝えられる「自然暦」と呼ばれるものです。

本居宣長《もとおりのりなが》は、『真暦考《しんれきこう》』の中で「天地のおのずからなるこよみにて、民は授けざれども、時をばみずからよくしることにて、まづ去年まきおきし青菜の花の咲けるを見ては、苗代時《なわしろどき》をしり、つくりおきし麦の穂のあからむを見ては、田植るときをしり、又その稲の刈時をもて又麦まく時をしるが如く、年々かくしもてゆかば、いかでか其時々のしりがたきこともあらむ」と、田畑の作物の循環が「自然暦」となっていることを説いています。

妙蓮の花が咲き誇るころ

野山の木の芽や開花の時期を見たり、山肌の残雪の形から種蒔きの時期を判断した話は各地に残されています。岡山県真庭市の「醍醐桜」の開花時期が籾種を蒔く時の基準になっていたというような、在所の桜の木が主題となる話は各地に伝えられています。

現在の苗代のように、ビニールハウスで籾種の芽生えに適する環境を人為的に作り出すことのできなかった時代のことですから、稲の籾種を苗代に蒔く時期の選定は、その年の作柄を左右する重大な判断でした。そして、早稲、中稲、晩稲のうち、どれを多く植えるかを選ぶことやその種蒔きの時期を決断することなどは、その地方に古くから伝えられている自然現象の変化の実態を観察することが大きな判断基準になっていたのです。

野洲川流域の農村では、二月も過ぎて比良連峰《ひられんぽう》の雪が消えはじめ、「比良八荒《はっこう》」と呼ばれる比良おろしの冷たい北西風が琵琶湖上を波立たせて吹き終わると、暖かな春が来ると言われています。この「比良八荒の荒れじまい」によって、やがてサクラのつぼみが膨らみはじめます。そして、サクラが開花するのは、新暦では三月末から四月初旬になります。在所の桜がほころびはじめるころは、稲作農家にとって田作りをはじめるころに合致しています。江戸時代には、春先の農作業の目安になった在所の桜は、鎮守の森などにあるヤマザクラやエドヒガン系統の名木・古木であったと思われます。

現在「サクラ前線」として、春先の日本列島を北上するサクラの開花予想の指標になっているのはソメイヨシノです。ソメイヨシノは、自家不和合《じかふわごう》という特性のため種子を作ることがほとんどありません。したがって、ソメイヨシノの新しい苗木を作るのは、接ぎ木などの栄養繁殖という方法でふやしています。そのため、日本各地に植えられているソメイヨシノは、そのほとんどすべてが同じ遺伝子を持つと考えてよいのです。日本列島の南から暖かさなどの気象条件が次第に北上するとき、遺伝的に同じ暖かさのもとで開花する特徴を持つソメイヨシノは、その土地の気象条件を示す目安として都合の良い植物といえます。ソメイヨシノを標本木にする「サクラ前線」は、暖かさなどの気象条件が日本列島を北上していくようすを示す指標になっているのです。

妙蓮という蓮は、雄しべと雌しべを作る遺伝子が働かなくなったことで雄しべも雌しべも作れません。したがって、有性生殖による種子を作るという繁殖は不可能になり、地下茎（蓮根）による栄養繁殖で世代を重ねています。このことは、毎年春に新しく芽生える妙蓮は、六百年間同じ遺伝子を受け継いでいることになるのです。そして、同じ生態系のもとでは同じ生育状態を示すという特性を持つことになるのです。大日池の妙蓮は、ソメイヨシノの標本木と同じように自然暦としてあつかうのに相応しい植物になっています。

春を告げるヤマザクラの古木

大日池では、ソメイヨシノが散りはじめるころから妙蓮の浮葉《うきは》が出はじめます。しかし、浮葉の出る日付は、「花冷え」と言われる寒波の残る年は遅くなるなど一定しません。平成八年に妙蓮公園に瑞蓮池《ずいれんいけ》という新池を設置したことで、妙蓮の生育する池が二カ所になりました。この二つの池で妙蓮を観察すると、新しい池では浮葉の出はじめる日が大日池より遅れるのが通例のようになっています。新しい池は、比良おろしの北西風が直接吹きつけていますが、六百年前からある大日池は樹木で北西風がさえぎられるような環境になっています。この二つの池の妙蓮の生育状態は、それぞれ二つの池の生態系の違いを的確に反映させていることが分かりました。このことは、大日池の妙蓮が六百年の間、年ごとの微妙な気象条件の変化をそのまま反映させる育ち方を示していたことを推定させます。

妙蓮の生育を長年のあいだ見守ってきた田中家の当主は、妙蓮の生育のようすが稲作の状況と深く関連していることに気づいたと思われます。『蓮花立覚留日記』などには、妙蓮の花の咲いた数と稲作の豊凶を関連づけた記録を長年にわたって残しています。『蓮之立花覚』になると、その記述はより詳しく具体的になっています。このようなことから推測されるのは、妙蓮の浮葉の出はじめるようすを観察して苗代づくりの日程を判断していたのではないかということです。あるいは、早稲《わせ》、中稲《なかて》、晩稲《おくて》のいずれを多く植えるかの選定にも妙蓮の生育具合を参考にしていたことも考えられます。大日池の妙蓮の生育状況から判断する「自然暦」は、野洲川流域の農村にとって稲作の重要な指標になっていたと考えられます。妙蓮の生育が良くないという情報は、この年の不作凶荒を予測させることになり、その対応策などがあらかじめ検討されるようなこともあったと思われます。妙蓮は、野洲川流域の農村にとって貴重な「自然暦」の役割を担っていたと思われます。

五月中旬に大日池では立葉が広がる

上と同じ日の新池ではようやく浮葉が出る

『蓮之立花覚』の宝暦十年(一七六〇)の記事は、「此年蓮花一本も立不申候。大豆殊外不作、わせ中て中分、おくて大豊年。…」と記されています。この年は、妙蓮の花は一本も咲かなかったという異常気象の年だったようです。そのため、春先からの妙蓮の生育が例年と異なっていたと思われます。その様子を察知して、早稲より晩稲を多く植えたように思われます。その結果は、おくて大豊年と記録されて異常気象の年にもかかわらず無難に過ごせたようです。

安永四年の記事は、「此年蓮花一本も不立、葉百三拾本立葉有り。四月十七日より雨ふり続き、六十日間日和無し。(中略)此年早物悪敷、おくて物吉、大豆よし、さこね畑水六度上る故畑物皆無。雨ふりがち也」と、なっています。

この年は、四月十七日(新暦五月十六日)から二カ月ほど晴間がなかったようです。京都では、宇治川が洪水となり桂橋が浮き上がり、鴨川でも洪水があるなど大きな被害のあったことが記録されている年だったのです。大日池の妙蓮は、立葉が一三〇本と多く出たが花芽は生育できず、そのため花は一本も咲かなかったようです。このような妙蓮の生育状況から判断して、稲作などへの対策をたてたものと思われます。その結果、さこね畑は冠水する被害で収穫は皆無となり、早稲は不作となりました。しかし、晩稲や大豆が順調な作柄となったことで、天候不順による大きな被害をまぬがれたことが記されています。

妙蓮の花が咲かなかった年の出来事

『永々蓮立花覚帳』の筆頭には、つぎのような記文が記されています。

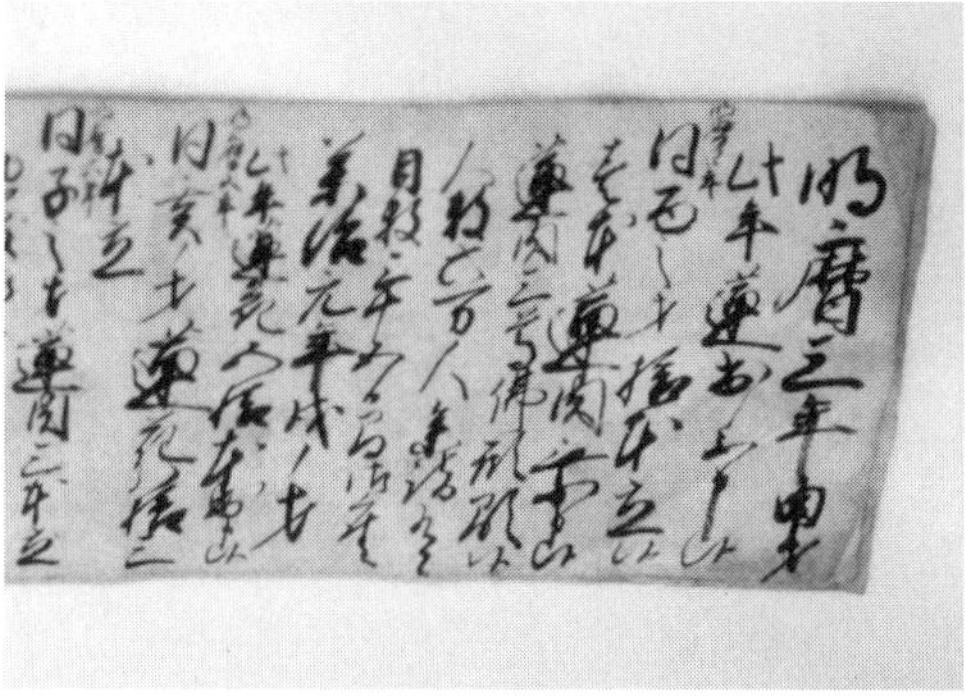

『永々蓮立花覚帳』の筆頭の記事

明暦三年申才、此年蓮出不レ申候

大日池で妙蓮の花が一本も咲かなかったことを初めて記したものです。ただし、この内容には誤りがあります。明暦三年（一六五七）の干支《えと》は、丁酉《ひのととり》が正しいのです。ここに記された申才であれば、それは明暦二年の丙申《ひのえさる》の年のことになります。この文は、『永々蓮立花覚帳』に続いて記されている記事から判断すると、明暦二年のことになります。江戸時代初期の農村では、元号による年代と十二支の年代が一致しないことが多かったようです。

　ところで、明暦二年は、妙蓮の花が一本も咲かなかったのです。それは、この年の春に泥上げという大日池の改修工事を行なったことが原因と思われます。土壌の入れ替えという池の生態系の変化により、この年は妙蓮の花が一本も咲かなかったのです。

『蓮花立覚留日記』から『蓮立花覚日記』までの百六十年の間で、「蓮花壱本も立不申」と記された年は一六回あります。このうち、明暦二年以外はすべて天候不順によって妙蓮の花が一本も咲いていません。天候不順で妙蓮の花が一本も咲かなかった年は、洪水などの気象災害が出て稲作など農作物が不作となっています。そして、多くの人々は生活するために大変な難儀をしたようです。このような災難の年を、ここで順次取り上げてみます。

万治四辛丑《かのとうし》年　寛文元年御改元
此年蓮花一本も立不レ申候
世中殊外不作故　難儀者共多ク有

万治四年(一六六一)は、この前年に続いて春先からの寒冷と長雨という異常気象のため妙蓮の花は一本も咲いていません。そして、稲作を始めとする農作物は不作となり、多くの人々が難儀したと記されています。

天和四甲子《きのえね》年　貞享元年御改元有

此年蓮花一本も不レ立　作物品々悪敷難儀致ス
貞享二乙丑《きのとうし》年
此年蓮花一本も立不レ申候
作物品々悪敷　難儀者多有

天和四年（一六八四）の六月には、中国地方を中心に大風雨・洪水がありました。続く貞享二年（一六八五）にも、畿内を始めとした各地で大雨洪水があり、異常気象の年が続いています。妙蓮の花は、この二年間は一本も咲いていません。

享保十七年　同子ノ年　蓮壱本出不レ申候
大麦小麦殊外不作　田作猶不作故
飢死大分有之　難儀致申候
西国ハ猶々爰元《なおなおここもと》より不作故飢死数不知大分罷有《まかりあり》

享保十七年の西国は、江戸時代三大飢饉の一つとされる年でした。春から長雨と低温が続き、洪水が各地で起こりました。夏の酷暑で、稲作はやや持ち直したのですが、秋の蝗害《こうがい》（バッタ類の大発生による作物の被害）で西日本各地での収穫は、平年の三分の一以下で餓死者が一万二〇〇〇人余り出ています。

元文二丁巳《ひのとみ》年

此年蓮花壱本も立不レ申

作物悪敷　大水さこね畑度々水押皆無

浦方大水故難儀致ス

元文三戊午《つちのえうま》年

此年蓮花壱本も立不レ申

作物田畑共ニ大不作　さこね度々水押藁《わら》壱本大根壱本も無　難儀迷惑仕候

浦方大洪水ニて床上壱尺弐尺つき　殊外難儀迷惑致ス事五十日間

元文《げんぶん》二年（一七三七）は、春から長雨・洪水があったようです。野洲川の氾濫で、さこね畑は収穫皆無となり、湖岸の村は冠水被害があったようです。続く元文三年は、四月から五月まで近年まれな長雨があり、諸国で水害が発生し不作・飢饉になっています。野洲川も洪水が続き、さこね畑の冠水被害による収穫皆無の記事は切実です。湖岸の村では、前年からの琵琶湖の水位上昇が続き、五〇日間水が引かなかったことが記されています。

宝暦十庚辰《かのえたつ》年

此年蓮花一本も立不レ申候
大豆殊外不作　わせ中て中分　おくて大豊年　米殊外下直《したね》

宝暦十年（一七六〇）は、春先から夏まで異状気象が続いたようですが、晩稲が稔り始める夏の終わりころから天候が持ち直したため、晩稲が豊作になって米価も安くなったようです。妙蓮の花が一本も咲かない年であったが、凶荒にならなかった珍しい年です。

宝暦十四甲申《かのえさる》年　明和元年六月ニ御改元有
五月十七日ニ壱本立五月節より十一日ニ相当　同二十一日目弐本立
土用入日壱本立　皆々不レ残朽ル
（以下略）
明和二乙酉《きのえとり》年
此年蓮花一本も立不レ申候　世中悪敷
大豆一反付き弐斗より三斗迄ニ有
浦方無毛　難儀者共多シ
（以下略）

宝暦十四年の春は、京の都で積雪が平地で一尺四寸（四二㎝）という記録があり、寒冷の気象で次々と出芽した妙蓮の花芽も皆枯れてしまったようです。しかし、夏から天候が持ち直したため、晩稲が平年作になったとされています。

続く明和二年（一七六五）は、四月に京都鴨《かも》川が洪水、七月に近畿地方大風洪水、八月に奈良地方大暴風・美濃大水で死者多数という記録があります。野洲川の氾濫洪水や琵琶湖の増水被害により、湖岸の村々や他の村など凶荒となっていますが、妙蓮の里は作物中分と被害が比較的少なかったようです。

明和九 壬辰《みずのえたつ》年　安永元年御改元有
　蓮花一本も不レ立　葉弐百五十枚立葉有
安永二 癸巳《みずのとみ》年
　蓮花一本も不立
六月十六日一本立　六月十八日一本立　又十八日一本立
皆々朽
六月二日大風大水　同十九日大風大水二度　浦方水一尺
六寸増

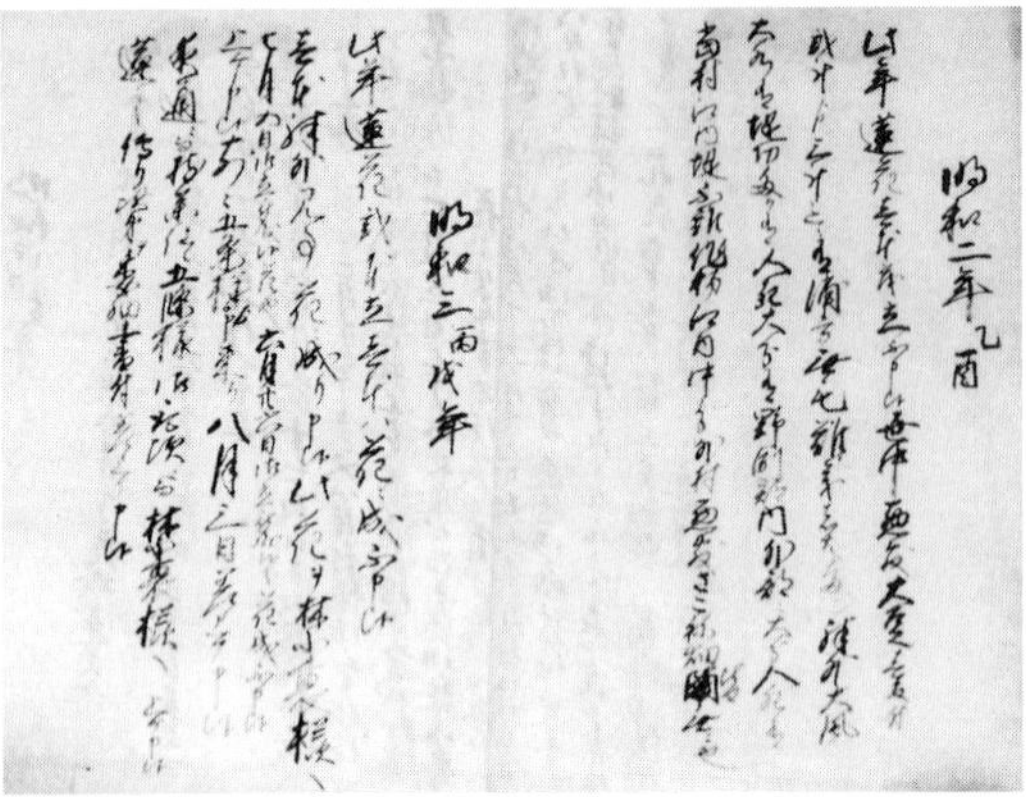
『江源日記』

七月十日大雨風大水出　浦方弐尺七寸増　中野堤切三度四尺三寸増
安永四 乙未《きのとひつじ》年
此年蓮花一本も不レ立　葉百三拾本立葉有
四月十七日より雨ふり続　六十日間日和《ひより》無し
（以下略）
安永七 戊戌《つちのえいぬ》年
蓮花一本も不レ立候　葉東の方ニ立葉七十枚立
七月二日大雨にて　京大水ニて人死大分有　同十二日大水有
（以下略）
安永八 己亥《みずのとい》年
此年蓮花一本も立不レ申　葉池半分程立
八月十六日屋舗《やしき》ニ池掘

明和九年は、妙蓮の花が咲かないで立葉のみ出たと記されています。この年は、東日本を中心にして冷夏となり、疫病が流行し死者が多く出たといわれています。そこで、元号が「めいわく」と語呂が悪いのだとして、十一月に安永と改元されています。

安永二年（一七七三）は、前年からの冷気は続いて全国的な凶荒になっています。六月には、東海・

近畿を中心に風水害が甚だしく、七月には全国的に風雨が激しく街道の往来が数日止まったと記録されています。妙蓮は、前年から花が咲かず、琵琶湖の水位は八〇cm余り増え、野洲川の洪水も被害を及ぼしていたようです。

安永四年は、四月十七日から二カ月間雨天続きであったため、妙蓮は花が咲かず葉だけ多数出ています。しかし、六月から天候が持ち直して、晩生物や大豆が平年作になったと記されています。

安永七年は、四月に北国で雪が降り、江戸でも霰が降る低温気象であったようです。七月には畿内で大雨が続き、禁裏に浸水床上三尺といわれています。このような異常気象は、翌年にも続いています。

安永八年の春は、松前で家屋が埋没する大雪があり、江戸・京・大坂は大寒となり、北国から伊勢にも降雪がみられたようです。そして、夏の間は、近畿・東日本の各地に豪雨と洪水が続いたと記録されています。

永く安らかにと改元された安永年間は、異常気象が続いて妙蓮の花も咲かない凶荒の年が断続的に続いています。そして、安永十年四月には、天明と改元されています。

天明二壬《みずのえ》寅《とら》年

蓮壱本立　又壱本立候得共花不レ開

世中殊外不作　米高直《たかね》也　難儀者多有

天明二年（一七八二）は、諸国に春から夏にかけて冷たい長雨が降り西国は凶作、東北は飢饉になりました。妙蓮は、花芽が出たが花が開かず、田畑の作物は不作で難儀しています。そして、翌年七月の浅間山の大噴火はそれまでの天候不順を倍加させるような影響を与え、天明七年まで続く大飢饉をまねいています。

天明二年の日記には、近世最大の飢饉の前触れを示すような記述がなされています。そして、この年から寛政十一年（一七九九）まで妙蓮の日記は記されていません。天明の大飢饉の間は、妙蓮の花も咲かなかったと思われます。また、飢饉以後も、寛政の改革などの影響で農村の疲弊が続き、妙蓮の記録どころでない世相になったように思われます。

豊かに栄えた妙蓮の里の年貢のこと

徳川家康は、「百姓は生かさぬよう殺さぬよう」といって、年貢をぎりぎりまで取り立てたという話があります。江戸時代初頭の年貢は、六割七分の高率で徴収したとされています。このような七公《しちこう》三民《さんみん》の年貢では、農民の手元に残る生産物は生活の最低限度が保障される程度であったと思われます。それが、『妙蓮日記』が記される明暦年代（一六五五〜）のころから次第に租率が下がり始めました。そして、正徳二年（一七一二）ころには、新井白石《あらいはくせき》が『折《おり》たく柴の記』に記しているように三公七民にまで下がっています。租率が下がって農民の手元に余剰生産物が残るようになると、生活をより豊かにしようとする経済的な農民に体質が変わっていきました。そのころの、野洲川の扇状地に広がる農村における年貢の実態を、『蓮花立覚留日記』をはじめとする古文書の記事から探ってみます。

田中村は、北（喜多）村などとともに川田村として統合されていました。これは、田畑の灌漑に欠かせない水利の関係から、断ち切ることのできない一つの村としての有機体をなしていたからです。川田村の石高（表高）は、慶安四年（一六五一）の『知行高辻郷帳』によると千四十七石九斗八升四合で、この村高は幕末まで変わることなく続いています。

川田村の慶長七年（一六〇二）の検地帳写しをみると、上田《じょうでん》が四〇町二反、中田《ちゅうでん》が六町、下田《げでん》が八町となって、この分米総高が八百四石一斗八升となっています。また、上畑が五町九反余、中畑が三町一反余、下畑が二町三反余となり、その総高が一二二石一斗一升となっています。屋敷地は、二町一反で二五石二斗六升が分米となり、永荒《えいあれ》（耕作できない不毛の地）の田畑が七町八反ありその分米が九六石余と記されています。収穫のない屋敷地も分米があり、年貢の対象になっています。永荒とは、当分荒場（当荒）に対する永年荒場として年貢が賦課されない田畑です。しかし、永久に荒場ではなく村全体の合力で管理することを命じられていた土地です。このように、検地によって決められた田畑などの分米の総合計が、その村の表高（村高）になるのです。

田畑に上中下の等級がついているのは、同じ面積の田畑でも土壌の質などで収量が異なるからです。そのため、検地のとき反あたりの割合で米の収穫量の多寡を見積もったのです。これを石盛《こくもり》と呼

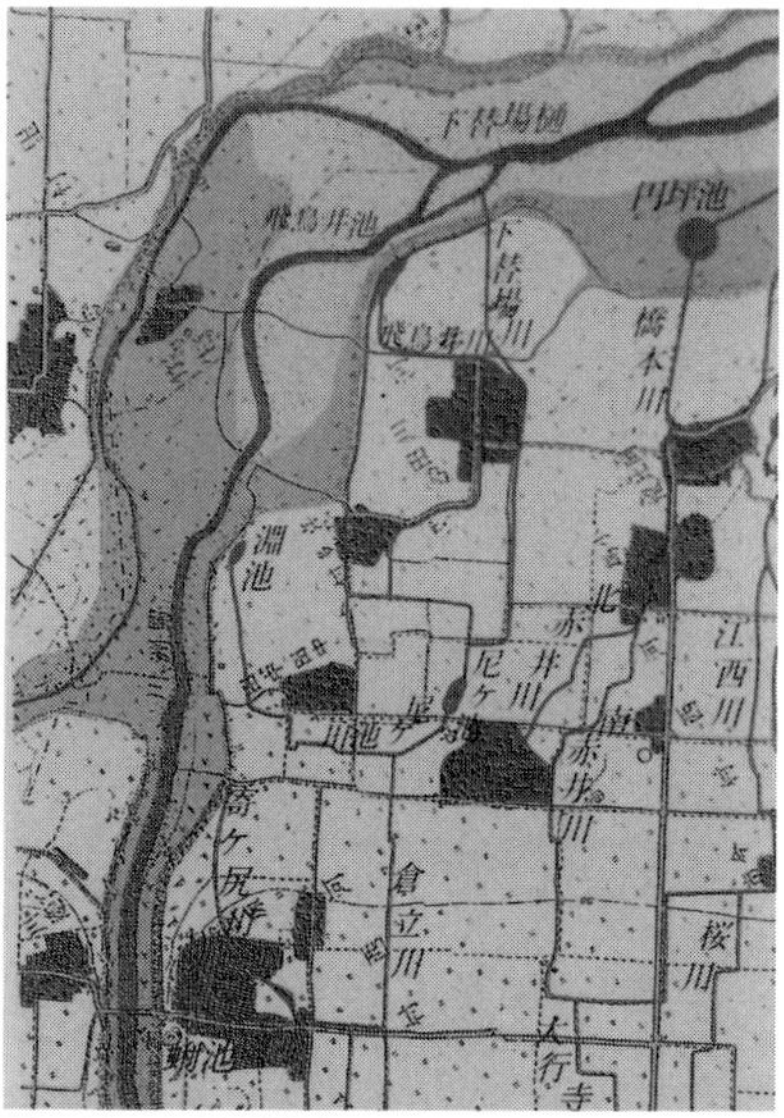

川田村の水利関係図

んで、その田畑の公式の石高（表高・拝領高）になったのです。川田村の場合、その石盛は上田一石五斗五升、中田一石四斗五升五合、下田一石一斗五升となっています。そして、慶長七年の検地帳写しでは、川田村の田地の八〇％近くが上田になっています。野洲川の扇状地でも、特に地味の肥えた中央部の守山村、播磨田村などでは、上々田を設けてその石盛が一石八斗と高くなっています。川田村の畑地の石盛は、上畑一石二斗、中畑一石、下畑八斗となり、上畑が約六〇％あります。野洲川の扇状地は、他の地方に比べて上田や上畑が多く農産物の収穫量の多い地域として評価されていたのです。

このような田畑をもつ村々が領主に納めた年貢はどのようであったかを、川田村に残されていた古文書でみます。

高　二百石　　野洲郡喜多村

内

三斗一升　　　　　　　　　御蔵屋敷高引
十九石一斗七升八合　　　　永荒場高引
七升三合　　　　　　　　　字堂ノ後堤敷地高
　　　　　　　　　　　　　　去る年より引
残百八十石四斗三升九合
　　　　　　　　　　毛付五ツ三分八厘
外　二石九斗一升二合　口米
納合　九十九石九斗八升八合
右の通庄屋年寄惣百姓立合高下なく免割致し、極月十日巳前急度皆済致すべきもの也
　　慶応三丁卯《ひのとう》年十二月

旗本齋藤飛驒守《さいとうひだのかみ》の知行地喜多《きた》村の慶応三年（一八六七）の年貢割付状（免状・下札）です。江戸時代を通して村々の年貢高は、毎年秋に年貢割付状に記され、領主側の勘定役人から村役人に下付されています。このような年貢割付状が村へ下ろされると、村中の本百姓が立ち会い、それぞれの持高に応じて小割されます。そして、極月（十二月）十日までに村役人を経て領主のもとに納められ、領主から皆済目録が下付されて年貢収納の事務が完了するのです。

喜多村の表高は、二百石です。そのうちから、領主の米蔵屋敷地と野洲川の堤敷地、さらに野洲川

の水害などで収穫がなくなった永荒場の石高一九石五斗六升一合が免除されて差し引かれます。そして、残る一八〇石四斗三升九合に付いて、毛付《けづけ》（租率）五ツ三分八厘、すなわち五三・八％を年貢として納めます。その石高が、九三石七升六合になります。これに加えて口米という本租の付加税（雑租）が、二石九斗一升二合あります。この合計（納合）の九九石九斗八升八合が、この年の喜多村が納入すべき年貢高になるのです。

先に述べた、『折たく柴の記』に出ている三公七民の年貢は、幕府の直轄地である天領での特別なことです。大名領などでは、藩財政の厳しさから租率五〇％前後の五公五民になっているのが通例でした。川田村の淀藩領では、享保八年（一七二三）に租率が五ツ四分となっており、膳所《ぜぜ》藩領の勝部《かつべ》村では、寛文二年（一六六二）の租率が六ツ八分と高くなっています。

境川筋の欲賀村は、天領であったのが元禄十一年（一六九八）から狭山《さやま》藩齋藤家の領地になっています。この村の寺田謙三家には、狭山藩領になった元禄十一年から文化十二年（一八一五）までの一一八年間にわたる『御年貢免定之事』という文書が残されています。これによると欲賀《ほしか》村の租率は、最高が元禄十一年の五ツ四分から最低の正徳四年の四ツ二分の間で上下しています。そして、定免法に移行された宝暦元年（一七五一）から文化十二年までは、四ツ五分七厘と一定しています。このように、田畑に課せられた年貢は、領主により違いがありました。このような表高に課せられる正租（本途物成《ほんとものなり》）のほかに、小物成《こものなり》や高掛物《たかがかりもの》、国役や助郷《すけごう》という夫役《ぶえき》などの雑租を納めなければなりませんでした。

野洲郡では、「高二百石百人二十軒」というのが理想の村とされていました。喜多村は、このような標準の村になります。慶応三年は、二〇〇石の村高から九九石九斗八升八合の米を納めています。そうすると村に残る米の量は、一〇〇石余りという計算になります。これが、喜多村の村人全体が一年間に使用できる米の量になるのです。

江戸時代、一人あたり一年間に消費する米の量は、老若男女平均して一日三合の割りで計算して一石とされていました。そうすると、一〇〇人足らずの村人が一年間生活するのに必要な米の量は確保できるものの余裕はありません。これでは、売りに出して生活を豊かにする米はまったく残らない計算になります。さらに、小物成や夫役などとして賦課される雑粗は、食い代を減らして納めなければならないという悲惨な状況になるのです。

村高が二五二石とされる田中村には、この村だけにかかわる年貢割付免状が残されていません。しかし、川田村の枝村である喜多村と田中村は、ほぼ同じ内容の年貢割付免状が下付されたと思われます。そうすると、田中村の場合も年貢を完納した後に残る米の量は、村全体として一人あたり一石程度になるという結果になります。「胡麻《ごま》の油と百姓」は、絞れば絞るほどとれると幕閣が言ったというような厳しい生活を強いられていたことになります。

『蓮花立覚留日記』の記事からは、農民に課せられた年貢にかかわる疑問が出てきました。それは、元禄十四年から記されはじめた一反あたりの米の収穫量から類推されることです。元禄十五年の日記には、次のように記されています。

元禄十五 壬《みずのえうま》午年
　此年蓮花九十七本立
　作物田畑共大吉
　なれ壱反付き六俵半当

この年は、妙蓮の花が九七本と例年より多く咲いています。そして、作物田畑共大吉とあるように作柄は平年作以上で、米は一反あたり六俵半の収穫がありました。このような米の収量は、享保十年まで毎年つづけて記されています。これによると、最も多いのが宝永三年（一七〇六）と享保七年の一反あたり七俵で、富士山が大噴火して不作となった宝永五年が四俵半とあり、最低は凶作の享保十七年のみ三俵の収穫となっています。『蓮花立覚留日記』に記されている二五年間の収量は、一反あたりの平均が六俵弱になりました。

一俵は、加賀、越後などの五斗入り俵から江戸での三斗五升入り俵まで、地方によって違いがありました。守山では、現在と同じ四斗入り俵になっていました。そうすると田中村では、一反あたりの平均収量が二石四斗あったことになります。田中村の一反あたりの収量は、田地の七〇％の面積を占める上田では、石盛一石五斗五升よりも八斗五升多い二石四斗あるのです。不作の年の収量四俵半でも、石盛より二斗五升多いことになります。

田中村の年貢を、反あたり平均六俵の収穫があったことで計算してみます。上田一反では、石盛一

空から見た豊かに栄えた妙蓮の里

石五斗五升に課せられる五三・八％の年貢は八斗三升四合になります。一反あたりの平均実収高が二石四斗あるので、年貢を納めた後に一石五斗六升六合残ることになります。その結果、田中村の上田一反あたりの石盛を上回る一石五斗六升六合が手元に残る計算になります。石盛の少ない中田や下田では、上田よりも多い高の米が残る計算になります。領主から課せられた粗率は五三・八％ですが、実際に収穫した高に対しては三四・八％程度の低い粗率になるのです。年貢米を皆済した後自家消費米を確保して、さらに年貢米以上の余剰米を売りに出すことができたのです。その余剰米は屋敷内の土蔵で保存して置き、米価が高騰する時期を見計らって売りに出すことでより多くの収入を得ていたと思われます。

水田では、二毛作《にもうさく》で菜種や大麦・小麦を収穫しています。また、野洲川の河川敷を開拓した畑地には、大豆・小豆・大根・かぶな・胡麻などや粟《あわ》・そば・ひえなどを栽培して自家消費するとともに売りに出しています。このようにして得た現金収入は、相当な金額になったと思われます。江戸時代の百姓は、働けば働くほど豊かになったのです。

『妙蓮日記』が記されたころの農家は、広い家屋を建て、その敷地内に納屋や立派な土蔵を持っ者が多くありました。土蔵の中には、衣類や夜具が入ったいく棹《さお》もの箪笥《たんす》・長持《ながもち》がありました。その二階には、冠婚葬祭などに使用する高価な食膳・食器類が保存されていました。さらに、各種の書物や高価な書画などを所有する農家も多くありました。百姓は、日頃食べ物を節約し質素な衣類を用いる生活をしていました。しかし、それは過重な年貢を課せられて貧しい生活を強いられていたということではありません。百姓は、生産者として相応の収入を得て裕福だけど質素な生活をしていたのです。『蓮之立花覚』の宝暦十一年の記文は、「蓮花弐本立　大豊年」と、太文字で書かれています。豊年満作で、何も言うことがありませんという気持ちの表れです。

水呑みとされた百姓から稼ぐ百姓へ

岡村に残された天保六年(一八三五)の『御地頭御用向留帳』によると、「家数合十九軒、内八軒御役仕候。三軒寺、八軒水呑。人数合九五人、男四九女四六」とあります。岡村は、地方国本録に「人別は高百石百人、家数二十軒程中の村也」とある標準規模の村です。しかし、村高は二一六石余りと標準の倍以上あります。喜多村や田中村などと、ほぼ同じような規模になっています。このような規模の村に、寺院が三軒もあるのです。寺は、門徒の持ち寄り喜捨《きしゃ》によって建築され維持されているのです。岡村など守山の村々が、いかに裕福な村であったかを証明しています。

「八軒御役仕候」とは、高持ちという田畑を所有する本百姓が八軒あるということです。そして、水《みず》呑《のみ》という田畑を所持しないで小作をする百姓が八軒あったのです。このように、本百姓と水呑百姓が入り混じって村を構成しているのは、どの村でも同じことでした。

水呑百姓のことを、『広辞苑』で調べてみました。「田畑を所有しない貧しい小作または日雇いの農民」と、記されています。平凡社の『世界大百科辞典』では、「寛文から元禄期に発生し、しだいに増大したが、明治維新によって本百姓と水呑の差別は消滅し、水呑という言葉は下層貧窮百姓一般をさすものとなった。江戸期の村落生活の中心をなす本百姓の分解から発生し、封建領主によっても百姓身分内部の一階層として制度的に掌握されていた。耕地を持たないため、領主に対して直接には年貢納入義務を追わない存在となった。水呑は、耕地を持たないとはいえ、一家をかまえ独立の生計を営む百姓であり、多くの場合本百姓の土地を借り受けて小作をし、あるいは賃仕事（日雇）によって生計を維持した」などと、より詳しく記されています。いずれにしても水呑とは、病気や天災などで年貢が納められなくなった本百姓が、耕地を売り渡して小作人などになった貧しい百姓ということになります。それでは、小作人の生活は本当に貧しかったのでしょうか。

石田村に残された天保十二年の文書によると、この年の小作料は「上田一反につき米一石二斗より二斗五升迄」ときめられています。明治七年の田中村での小作料は、一反あたり一石五斗五升の上田で一石二斗から一石三斗でした。この小作料では、小作をする百姓の手元には一反小作して三斗五升から二斗五升程度の米が残るという計算になります。小作人の収入は、畦の豆しかなかったと言われのが本当のことになります。それゆえに、「水呑百姓は永遠に水呑であった」と、『守山市史』にも記されているような貧窮の百姓になります。

しかし、この計算にも事実と異なる問題があります。『蓮花立覚留日記』によると、一反あたりの収穫米は平均して六俵ありました。この二石四斗の収穫米から一石二斗の小作料を納めても、小作人の手元には一石二斗の米が残るのです。通常実施されている小作料は、その田畑の収穫量の半分となっていたのです。田中圭一著『村からみた日本史』によると、「群馬県の月夜野地方では、戦後の農地改革まで、稲が稔ると小作人と地主が立ち会って田の中央に縄を張り、半分ずつ刈り分けていた」と記されています。全国的に、収穫量の五〇％が小作人の収入になると言うしきたりがあったのです。そして、高持ちである地主は、小作人から得た収穫量の半分で、その田地に課せられた年貢や雑粗を領主に納入します。その後に残る三斗余りの米は、田地代として地主の収入になったのです。

野洲川流域の農村では、越後の国のような大地主はありませんでした。また、天保期に湖岸地帯で開発された新田にみられたような、自らは耕作しない不在地主もいませんでした。

一般的な地主である、二町歩（二ha）の田地を所有する本百姓の収入を計算してみます。自家労働力で耕作できる田地は、一町歩程度になります。その田地から収穫できる米は、反あたり六俵として二四石になります。この米からその年貢八石三斗四升を納入した残り、一五石六斗六升が自家保有米になります。さらに、小作に出した一町歩の田地からは、三石余りの収入を得ることができます。自家で消費する米は、五、六石あれば十分です。そうすると、一〇石余りの米を売りに出すことがでるのです。米の価格は年により高下しますが、一石で銀五〇匁とすれば、五〇〇匁の銀を収入とすることになります。これを現在の金額にしてみると、二〇〇万円ほどの収入になります。現在感覚からすると、これでは低所得と言うことになります。しかし、これは日々の食費を除いた予備収入であり、質素で倹約をする当時の状況では、そのほとんどを貯えに回すことができたと思われます。

小作をする水呑といわれる百姓は、領主に対して直接には年貢納入義務を追わない存在であったので、小作で得た米は全部小作人の収入になったのです。五反ほどの小作をすれば、一家が十分生活できる六石ほどの米を得ることができたのです。それ以上の小作をすれば、売りに出すことで貯えに回す収入を得ることができました。水呑といわれる百姓は、健康で働きものでありさえすれば、農村における貴重な労働力の提供者として安定した生活ができたのです。

水呑百姓の土地にしばられない身軽さは、他所稼ぎなどで現金収入を得ることができました。あるいは、守山宿などでの触れ売りや牛馬を使う運送業から鍛冶屋、大工、左官など「もうける百姓」になれたのです。また、資金を持つ百姓は、農間余業として機織りや酒造業などで収入を得ていました。このようにして、商工業や漁業、林業など、多様な職業にたずさわる百姓が現れることになったのです。野洲川扇状地の農村では、本百姓はもちろん、水呑みといわれた百姓も豊かに安定した生活を送っていたのです。『蓮日記』が記されていた江戸中期の時代は、天下泰平を楽しむ百姓の時代であったといえます。

『蓮立花覚日記』が記されなくなった頃から、大名・旗本など武士階級の財政的窮乏による破綻は著しくなってきました。十九世紀になって増大する内憂外患は、幕藩体制を根底からゆるがして不安と動揺の時代を向かえたのです。そして、近江では、天保十三年（一八四二）に甲賀《こうか》・栗太《くりた》・野洲三郡四万の農民による大一揆が起こりました。この一揆は、食べていけなくなった農民たちが貧しさの苦しみに耐えられずに立ち上がったのではありません。領主側が定免制では収穫量が増えても年貢を増やすことができないため、理不尽な検地を実施して一方的に収入を増やそうとしたことに反抗して起こったのです。領主側が百姓と取り交わした約束事を一方的に破棄することに対する怒りがあったのです。そして、ついに検地を取り止めさせて、「十万日延期」という結果で目的を達しています。

『河西村郷土誌』

『河西村郷土誌』には、次のような興味深い内容の文書が記されています。

「領主へノ上納スベキ貢租ノ外、駅掛リ、郷掛リ、村掛リ等重税ヲ課セラレ収支相償ハザルモノ多ク、多クノ土地ヲ所有セルモノハ生計上益々困窮ニ迫リタレバ、其ノ土地ヲ無償ニテ他ニ譲与セントスルモ尚コレヲ受クルモノナク、従ッテ金員物品ヲ添へ以テ人ニアタヘタリ」

悠久の歴史を秘めて流れる野洲川

幕末の明治維新に近づいたころ、播磨田村の地主たちが過重な夫役《ぶえき》に困惑した実情が述べられています。多くの田畑を所有する本百姓は、その土地に見合う労働力を持たないため小作に出しています。ところが、内憂外患で混乱する幕末には、領主から賦課される夫役が過重になりました。そうすると、小作料で得た収入の範囲ではあまりにも過重に賦課される様々の夫役には対応することができなくなったのです。「金員《きんいん》」（金銭）や「物品」を添えるから土地を受け取ってくれという、現代では考えられないようなことが事実として起こったのです。

第四章　妙蓮が育んだ歴史ものがたり

妙蓮を守り育てた田中家

江戸時代から続く表門のある田中家

鈴鹿山系に水源を発する野洲川は、琵琶湖にそそぐ湖南平野に日本最大の湖成三角洲と扇状地をつくり上げました。琵琶湖にできた広大な三角洲は、弥生時代から多くの人々が住む豊かな田園地帯でした。この三角洲と扇状地のほぼ中央で、琵琶湖岸から七㎞ほど離れた野洲川の左岸にあるのが守山市川田《かわた》町田中という集落です。かつては、近江国野洲郡田中村といわれた小さな村落でした。この村に、六百年にわたって妙蓮が生育してきた大日池と、それを守り育ててきた田中米三《よねぞう》家があります。

このような片田舎の土地に、どのようにして妙蓮という日本一珍しい蓮が育てられてきたのでしょうか。長い年月を経過した妙蓮の歴史は、田中家に残された二個の桐箱に納められた五百点余りの古文書で、そのおおよそを知ることができました。

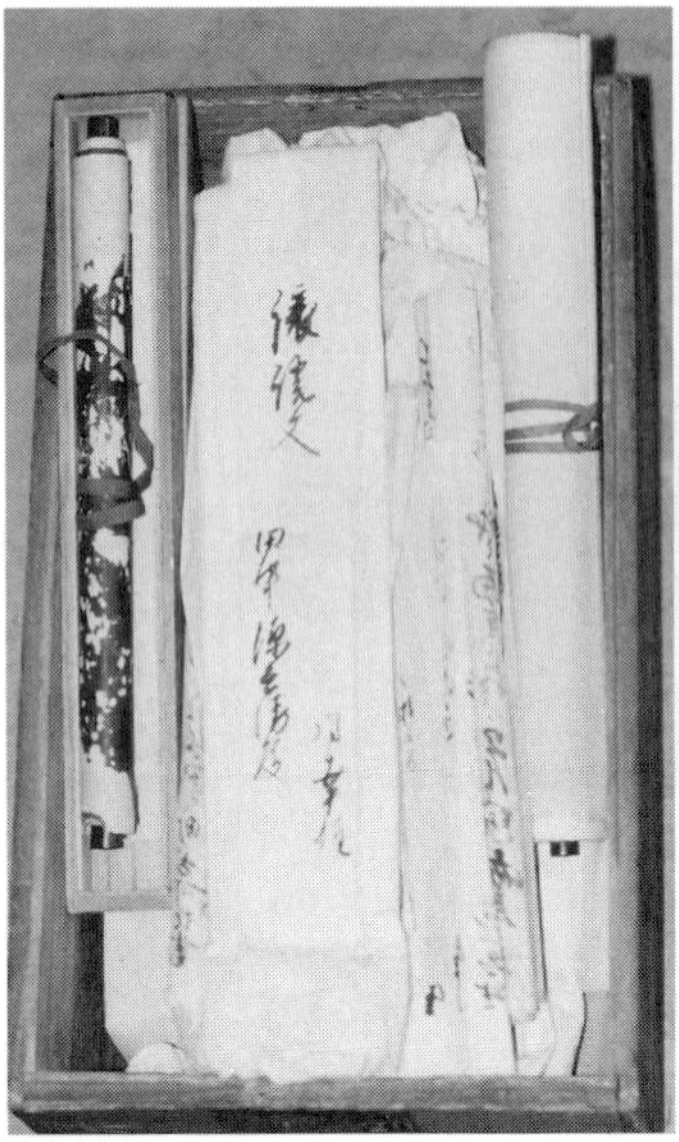

箱に入れられた古文書

往古従り蓮書物入れの箱

田中家に残された系図によると、田中家の遠祖は、承久《じょうきゅう》の乱（一二二一）のとき京都に攻め上り、瀬田川の先陣などの功績で近江守護職に任じられた、佐々木信綱《のぶつな》になっています。信綱の次の代は、長男重綱《しげつな》に坂田郡大原庄、次男の高信《たかのぶ》には高島郡田中庄が与えられました。しかし、三男の泰綱《やすつな》は、近江守護職と佐々木家惣領職をゆずられ、京都六角の館と愛知川から南の六郡の地頭職が与えられています。そして、四男の氏《うじ》信《のぶ》は、京都京極の館と愛知川から北の六郡の地頭職が与えられています。このような不平等な配分は、近江源氏佐々木家の将来に禍根《かこん》をのこしたのですが、これは別のはなしになります。

田中庄の高信は、朽木《くつき》氏などの始祖になるのですが、その孫にあたる氏綱《うじつな》が田中四郎左衛門を名乗り田中家の始祖となっています。氏綱の孫になる頼冬《よりふゆ》は、近江守護職六角満高《みつたか》の命により、永和《えいわ》二年（一三七六）に高島郡井口村から野洲郡田中村に移り住んでいます。そして、観音寺城の六角家の被官として重要な職責を与えられて約二百年間仕えています。

田中家には、「田中家由来」という茶色に変色した古文書があります。この古文書は、最初の数行がやっと判読できるもので、記された年代や詳しい内容などは不明です。判読できた一部の内容は、つぎのようなものでした。

先祖田中宗見は、川田、北村、中村、田中四カ村合わせて千四百四十石余を領地として田中村に移住した。ここには、三国伝来の田中蓮があり、氏神八幡神社や守り本尊である大日如来堂を建立している…

田中宗見《そうけん》とは、田中村に移り住んだ頼冬のことと思われます。そして、頼冬は応永二年（一三九五）に七四歳で死去しています。この頼冬の時代には、田中蓮といわれた妙蓮が大日池に生育し、守り神の八幡神社や大日堂が建てられていたことが推定されます。

田中家には、『江源日記《こうげんにっき》』という佐々木六角家の歴史を記録した冊子があります。現存する一六冊は、巻一はじめ三冊が欠損していますが、応長《おうちょう》元年（一三一一）から天文《てんぶん》二十三年（一五五四）までの二四四年間の記録です。この日記の筆者や、記録された年代などは不明です。

『江源日記巻二』の初ページ

『江源日記』は、鎌倉末期からの古い時代の六角家の歴史を、長期間にわたって記録したものとして、中世の近江の歴史を探る貴重な文献と考えられます。この『江源日記』巻六下には、応永《おうえい》十三年七月田中頼久《よりひさ》が、大日池で咲いた九《きゅう》顆《か》駢蔕蓮《へいたいれん》を観音寺城の六角満高に献上したと記されています。満高は、これが珍しい花であるとして、京都北山の足利義満《よしみつ》公に献上しています。この件の概略を、句読点を付けるなど読みやすくして記します。

七月、田中左衛門尉頼久九顆駢蔕蓮ヲ献ズ。満高珍華ナリトテ、北山殿へ献セラル。道義公珍華ナリト賞セラレ、古記ヲ考シメ玉フニ、舒明天皇七年大和国剣ノ池ニ一茎二華ノ蓮華生ス、又皇極天皇三年ニモ剣池ニ一茎二華ノ蓮華生ス、一条院長保元年一茎二華ノ蓮ヲ献ス、又後一条院万寿四年七月四茎蓮華ヲ献ストアリ。然レトモ是ハ皆変華ナリ、今献スル所ノ蓮ハ二顆ヨリ十二顆ニ至ル駢蔕ナラサルハナシ。本朝無双ノ珍華ナリ。所伝ノ記文ヲ証スヘシトナリ。故ニ満高記文ヲ献スヘシト命セラル。頼久命ヲ蒙リ田蓮ノ記ヲ書シテ献ル。(中略)満高其記文ヲ北山殿ニ

献セラル。道義公ノ曰、実ニ是海内ノ仙種ナル者ナリ、明年モ復献スヘシトナリ、是ヨリ年々上覧
ニ備ヘテ其名近国ニ聞フ。

田中頼久から六角満高に献上された九顆駢蔕蓮、すなわち一茎九花の妙蓮は、鹿苑寺《ろくおんじ》金閣の足利義満公に献上されています。このころ、義満は将軍を辞任して太政《だじょう》大臣となり、出家して道義《どうぎ》という法名を名乗っていました。そして、公家、武家双方に君臨する権力者であったのです。献上された九顆駢蔕蓮は義満公から、「本朝無双の珍華、海内の仙種なるもの」と、誉められています。このあと、毎年この珍華を献上するよう命じられ、この珍しい花を永代守るようにと、「法度」が下されています。『双頭蓮書付』という文書には、つぎのように記されています。

法度を記した高札（江戸時代に立てられたもの）

一　此蓮を私家に支配仕り候は、先祖佐々木一統田中何某此処に居住仕り候処、此蓮日本無双成る故、毎年禁裏様又は将軍家へ差上げ奉る、将軍殊の外愛し給候て、下し給う高札の表。

法度

一　此内へ入り、花の儀は申すに及ばす、落葉をも取り間敷

き者也

この法度《はっと》書きは、高札に書き記されて大日池のそばに立てられていた古い立札は、妙蓮資料館に展示されています。江戸時代に立てられていた古い立札は、妙蓮資料館に展示されています。この法度書きが守られて、大日池の妙蓮はその後六百年にわたって大切に保護されてきたのです。

妙蓮の花咲く大日池と田中家

『江源日記』巻七上の、応永三十三年の条には、「七月二十二日、満径駢蔕蓮を前将軍家へ進献す。大樹奇華を賞して禁裏へ献じ玉ふ」とあります。前将軍家とは、足利六代将軍であった義教《よしのり》のことです。このとき、後見していた七代将軍義量《よしかず》が、応永三十二年に急逝《きゅうせい》したため、再び自ら政務をみていたのです。義教に献上された妙蓮の花は、珍しい花であるとして称光《しょうこう》天皇に献上されたのです。皇室に妙蓮の花が献上されたのは、これが最初のことであったようです。そのため、『江源日記』に特別に記されたのだと思います。

この後、八代将軍義政《よしまさ》にも駢蔕蓮が献上されたというはなしもありますが、応仁《おうにん》の乱にはじまる戦国の世の中では、妙蓮の花の献上のことも跡絶えていたようです。また、六角家に仕えていた田中家は、天文《てんぶん》年代が終わるころ致仕して帰農しているようです。そのようなこともあって、妙蓮の花が再び皇室や将軍家に献上されるのは、天下泰平の続く江戸時代になってからです。妙蓮の花は、天下泰平を象徴する吉祥の花だったのです。

伝えられた妙蓮いわれ書き

京都北山の金閣寺にいた義満公に妙蓮が献上されたとき、義満公は古記を調べさせています。その結果、妙蓮は、これまで日本国内に存在しなかった珍しい蓮であることが分かりました。そこで、妙蓮にかかわる伝承を明らかにするように命じられて、田中頼久が記文を献上しています。その時、義満公に献上された記文の概要は、『江源日記』に記されていますが、その内容をより詳しく記した文書としては、明和元年（一七六四）十二月十四日付の「双頭蓮」と題する口上書があります。

この『双頭蓮口上書』は、明和元年のころ幕府が、田沼意次の進言によって、全国各地の名産・物産を調べさせたとき、駒井沢陣屋の役人駒井丹下が、大日池の妙蓮を無双の珍花として報告した文書です。これが、その後「蓮いわれ書」として、皇室や将軍家などに献上される妙蓮の花に添えられるようになったのです。明和《めいわ》元年の口上書を読み下し文で記すと、つぎのようなものになります。

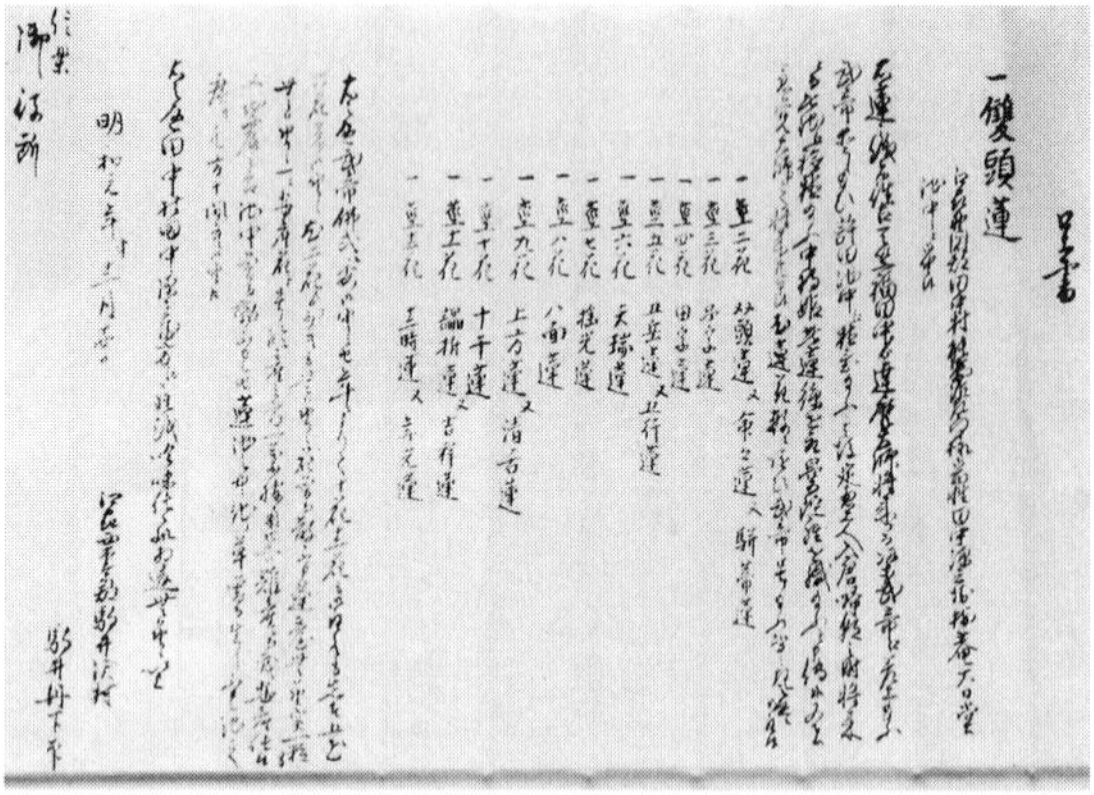

明和元年の口上書写し

口上書

一　双頭蓮

江州野洲郡田中村能勢治左衛門様御百姓田中源兵衛持庵大日堂池中に御座候。

右蓮の儀は、往古天竺福田中より達磨大師将来にて、梁武帝へ差上給ふ。武帝愛し給い許田中へ植置給ふ。其後定恵上人入唐帰朝の時将来にて此池へ植給ふ。中将姫此蓮糸を取り曼陀羅を織り給と申伝候。又は、慈覚大師の将来共申候。尤も、蓮花数に随ひ武帝号し給事左の通に御座候。

一茎二花　　双頭蓮又は命々蓮又は駢蔕蓮

一茎三花　　品字蓮

一茎四花　　田字蓮

一茎五花　　五岳蓮又は五行蓮

一茎六花　　天瑞蓮

一茎七花　　揺光蓮

一茎八花　　八面蓮
一茎九花　　上方蓮又は清舌蓮
一茎十花　　十千蓮
一茎十一花　謳拊蓮又は吉祥蓮
一茎十二花　十二時蓮又は年光蓮
右の通武帝仏式に御座候由、年によりて十花十二花も御座候へとも先は五花六花多く御座候。尤も二花より少きも御座無く候。花曾て散り申さず、蓮台御座無く候、実一粒も御座無く候。一に安産花と号し臨産の節一葉服用仕り候へば難産にても安産仕り候。又地震の節池中曾て動き申さず候由、蓮池の中他草曾て生じ申さず候。池の広さ凡方十間計り御座候。
右の通り田中村田中源兵衛方へ罷り越し、吟味仕り候処相違無く御座候。以上
明和元年申十二月十四日　　江州栗太郡駒井沢村
駒井丹下印
信楽　御役所

代官所の役人が、田中家を訪れて詳しく調べ上げ、幕府に報告した妙蓮のいわれ書の控えです。この口上書に記されたような故事来歴が、妙蓮とともに六百年間語りつがれてきたのです。そして、妙蓮が希有で貴重な蓮花として江戸幕府から公認されたのです。

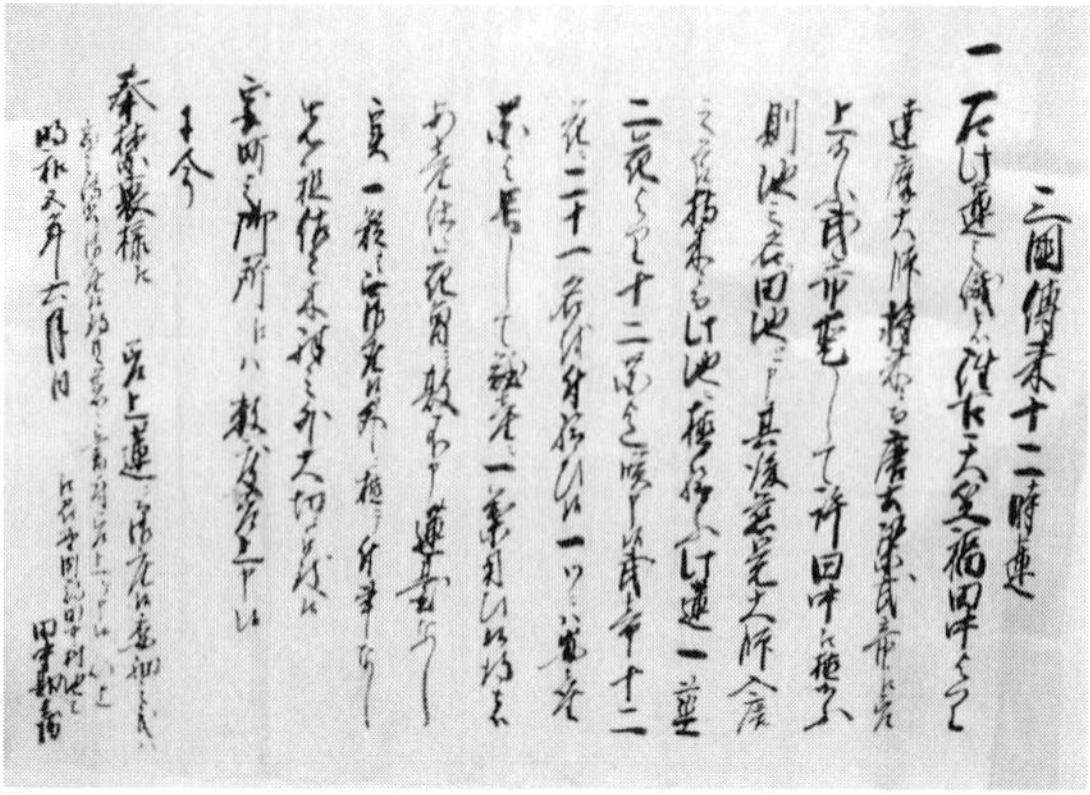

禁裏様へ差し上げた蓮伝え書

妙蓮は、インドから達磨大師《だるまだいし》によって中国に運ばれ、梁の武帝に差し上げられたとされています。この蓮は、定恵《じょうえ》上人《しょうにん》あるいは慈覚大師《じかくだいし》(円仁《えんにん》)によって日本に将来されたとしています。このことから、妙蓮は「三国伝来の蓮」として、ますます名声を高めたのです。また、梁武帝が名付けたとされる一茎二花から十二花までの呼び名は、妙蓮を吉祥の花として尊ばれるもとになっているのです。この呼名のうち、双頭蓮、駢蔕蓮、十二時蓮という呼びかたが、妙蓮を代表する名称として古文書などに記されています。妙蓮という呼び名は、明治以後に使われるようになり、大正時代に正式の名称となったものです。

妙蓮は、散らない花、はちすのない蓮、あるいは実が一粒もできない花として不思議がられていたのです。また、安産花といわれた妙蓮は、枯れ花でも大名家や商家から所望されていたことが多数の古文書に書き残されています。

妙蓮の生育している大日池は、地震にも揺れ動くことがなく、妙蓮の他には草も生えないという、神秘的な池であったようにも記されています。

さまざまな伝承とともに保護されてきた妙蓮は、六百年の間にさらに多くの歴史を育んでいったのです。一つの品種の植物で、このように奥深い由緒を持ち、六百年にわたる実証できる歴史を育んできた花は他に例がありません。このような、世界でも珍しい蓮の花が琵琶湖のほとりで咲き続けていたのです。それでは、義満公から「本朝無双の珍華、海内の仙種なるもの」と、誉められている妙蓮の奇特な事蹟をたどってみます。

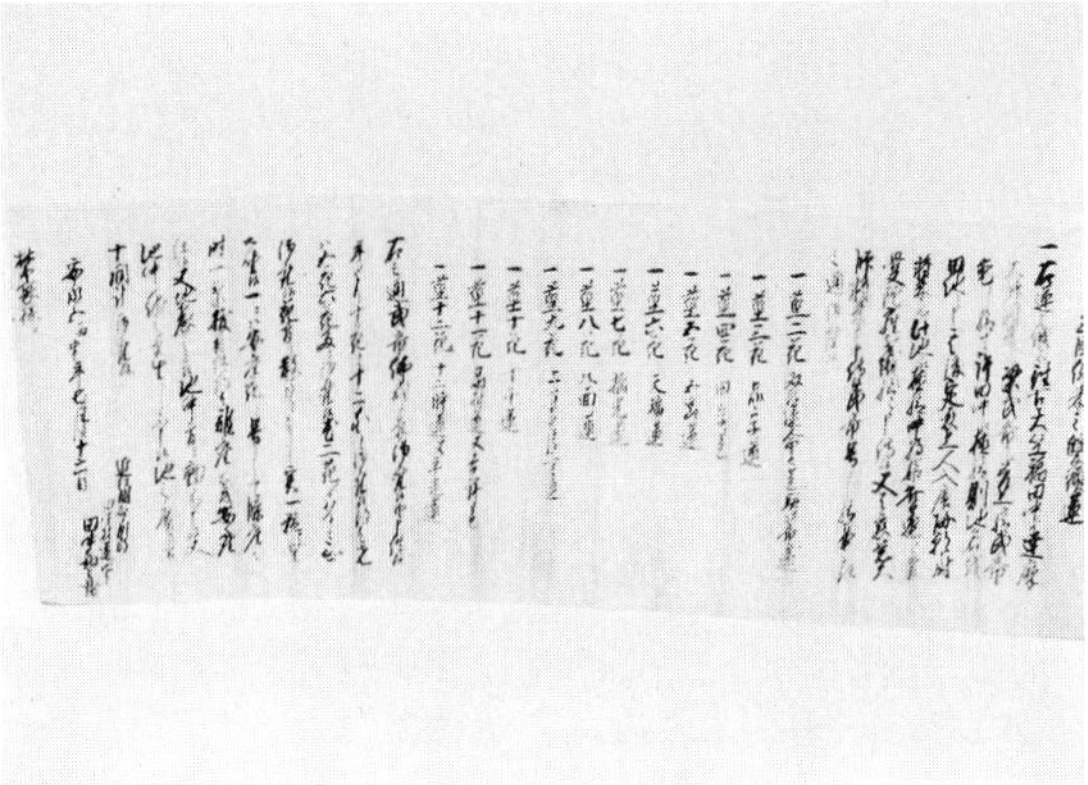

禁裏様へ差し上げられた三国伝来の双頭蓮下書き

三国伝来の伝承を誇る妙蓮

田中家に『梁武帝仏式下《りょうぶてい》』という、古い時代の写本があります。仏教にかかわることが記されているようですが、仏典にある文字が多くあり内容の詳細は理解できませんでした。この冊子に、「此云十二時蓮、此蓮自雙頭至十二頭、故以十二為名義」として、一茎二花から十二花までの呼び名を記しています。これが、前述の『蓮いわれ書』に記された妙蓮の呼び名の原典になります。そして、梁武帝によって、命名されていたことが記されています。また、「達磨尊者、遠自中天竺将来、為朕附属者即今奇蓮也」とあり、この奇蓮が達磨大師によってインドから将来され、武帝に贈呈されたことも記されています。

梁武帝は、中国南北朝時代（三～六世紀）の梁の国で、五十年近い在位期間を保った皇帝です。堕落

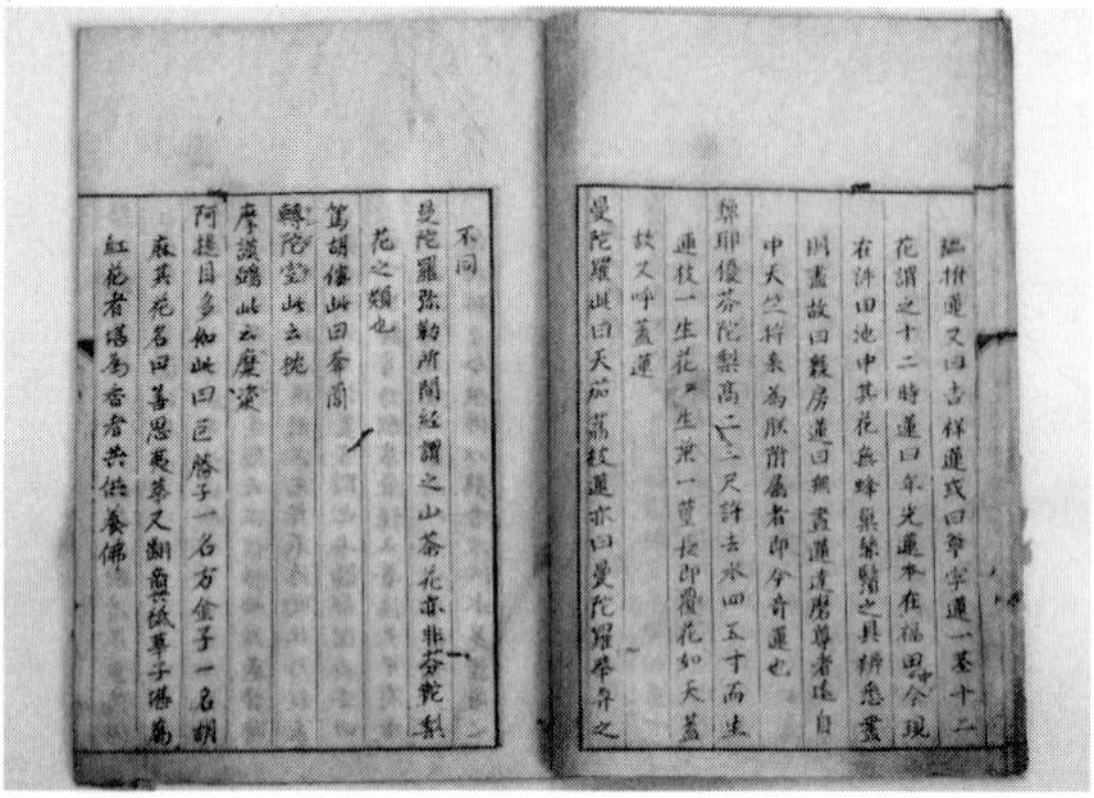

梁武帝仏式下の十二時蓮の記事

した貴族を排除して、新興の教養人たちを多く登用して平和で安定した王朝をつくり、南朝の黄金時代を築いたとされています。武帝は、熱心な仏教徒で、仏に仕えるため寺僧の奴隷になりたいとして同泰寺に捨身《しゃしん》したことがあります。群臣は驚いて、大金を出して武帝を寺から買い戻したという逸話が残されています。また、達磨大師に出会って、質疑応答したという話も伝わっています。

梁武帝は、健康（南京《なんきん》）を都にして、肥沃で広大な河南《かなん》十三州を支配していました。この長江《ちょうこう》下流域や杭州《こうしゅう》湾一帯は、古い時代から妙蓮と同じなかまの千弁蓮《せんべんれん》が生育していたことが、中国の学者によって確認されています。梁武帝は、この千弁蓮と考えられる奇蓮を宮殿の池に植えて愛好していたことが伝えられています。

妙蓮を中国から将来したのは、定恵《じょうえ》上人《しょうにん》または慈覚大《じかくだい》

妙蓮公園から比叡山を望む

師《し》ではないかとされています。定恵上人は、藤原鎌足《ふじわらのかまたり》の御子で、白雉《はくち》四年（六五三）入唐《にっとう》し天智天皇四年（六六五）に帰朝されています。妙蓮が足利義満公に献上されたとされる、室町時代からみるとあまりにも遠い昔のことで真相はさだかでありません。また、慈覚大師は、承和《じょうわ》五年（八三五）の最後の遣唐使に同行して入唐し、承和十四年に帰朝しています。「会昌《かいしょう》の法難」といわれる、唐の武宗皇帝による仏教弾圧下での苦難の帰国の船旅では、種子のできない妙蓮の蓮根をそのまま持ち帰る手立ては不可能だったとするのが妥当な考えです。

　大日池のあるあたりからは、霊峰比叡の姿がことさら秀麗に眺められます。また、室町時代のころ霊峰比叡を眺める湖南一帯は、延暦寺の寺領が多く天台宗の信仰が著しい土地でした。そのようなことで、入唐十年苦難の求法《ぐほう》巡礼の旅のすえ仏教の基礎を確立したとされる、慈覚大師円仁が妙蓮を将来したという説が伝承されてきたのは当然のことと思います。

　それでは、『江源日記』の記事をもとにして、妙蓮が日本に伝来した経緯を推測します。

足利義満像（鹿苑寺蔵）

足利義満が三代将軍になったのは、応安《おうあん》元年（一三六八）のことでした。中国では、この年一月に元帝国を滅ぼした朱元璋《しゅげんしょう》（太祖《たいそ》）が南京で帝位について、国号を明《みん》としています。そして、その十一月に使者を日本に派遣しています。この使者には、九州太宰府《だざいふ》の懐良親王《かねよししんのう》が対応しています。『江源日記』の応安三年の条には、南朝側の征西《せいせい》将軍懐良親王が明の使者を筑紫《つくし》にとどめて交流し、明の太祖は懐良親王を日本の国王と思っていると記されています。そして、応安四年八月には、義満の命を受けた九州探題の今川了俊《りょうしゅん》が太宰府を攻め、懐良親王を追放しています。

そののち、義満は、応安七年や至徳《しとく》三年（一三八六）に遣明使を派遣して、明との国交を求めました。しかし、明国の内紛にからんで、太祖から断交宣言を受けるなど交流は進みませんでした。一方、日本国内では、明徳二年（一三九二）に長らく抗争が続いた南北朝の和解がありました。そして、応永元年（一三九四）十二月、義満は将軍を辞任して太政大臣となり北山第《きたやまだい》で政務をみるようになりました。『江源日記』の応永八年の条には、「この年北山殿、書を大明皇帝に贈り、黄金一千両並びに珍器若干品を贈り玉ふ」とあります。このとき、明の皇帝は建文帝《けんぶんてい》（恵帝《けいてい》）になっていました。また、応永九年の条には、「二月大明建文帝、書を北山殿に贈る、その書に曰く日本国王道義云々」とあります。このとき、明の恵帝は義満を日本国王に冊封《さくほう》し、大統暦《たいとうれき》と賜物を贈っています。

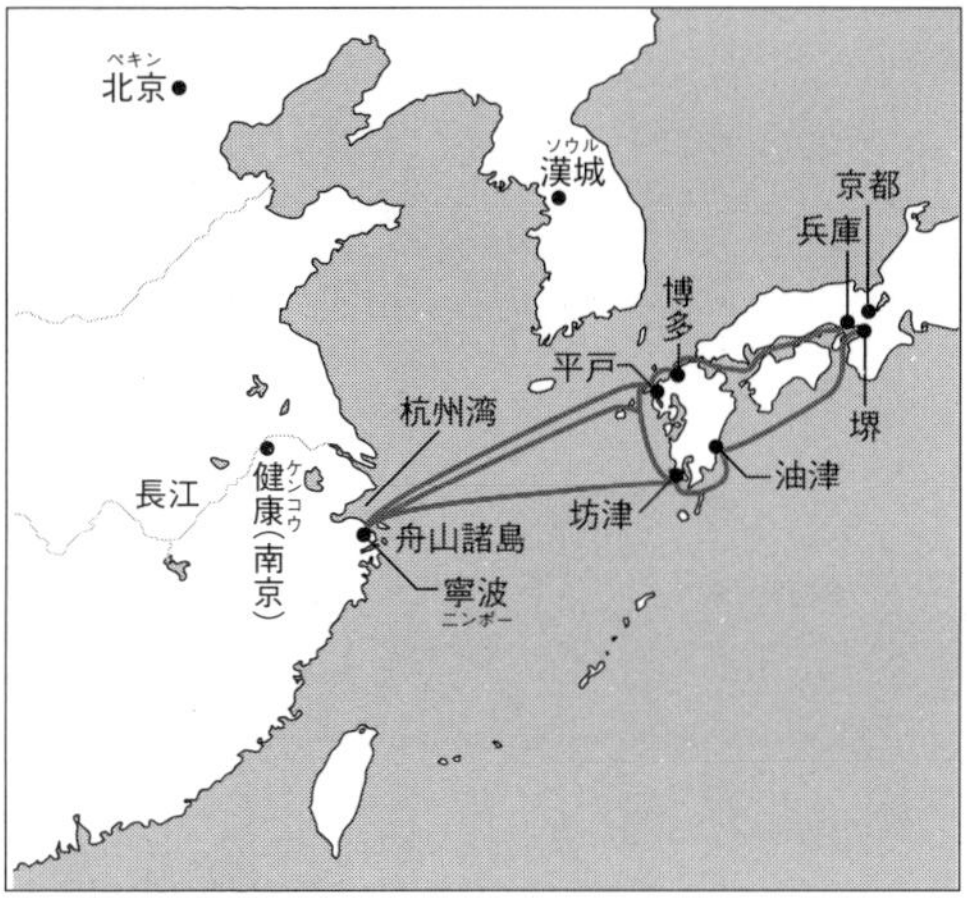

遣明使船の航路図

応永九年十一月、明使が帰国するのに同行して遣明使が派遣されています。ところが、明では、永《えい》楽帝《らくてい》（成祖《せいそ》）の軍が南京を攻め、恵帝は自殺するという内乱が起っています。そのため遣明使は、燕京《えんきょう》（北《ペ》京《キン》）にいる成祖に義満の御書を奉じています。このような事態を予測していた遣明使は、あらかじめ上書を二通用意していたのです。

『江源日記』の応永十一年の条には、「五月大明の使者来朝し、北山殿に於て道義公に対面し種々献物あり」と記されています。このとき、「日本国王之印」という方形の金印と冠服を贈られ、正式の通交船であることを証明するための永楽勘合《かんごう》百道が与えられています。このことで、明国との間で安定した国際関係が実現し、あらたな経済関係が成立したのです。これは、慈覚大師が入唐した承和五年で遣唐使が廃止されて以来、五六九年ぶりのことでした。これ以後、明との間で勘合貿易がはじまったのです。

遣明船や勘合船は、中国杭州湾の寧波《ニンポー》という港に出入りしていました。この地域一帯は、昔から千弁蓮の生育地でした。寧波から帰朝する遣明船などは、この珍しい蓮の蓮根を持ち帰ることが容易であったのです。そのため、明国から義満公に贈られた献物の中に、吉祥とされる妙蓮の蓮根が加えられたことが考えられます。あるいは、このとき遣明使が珍しい蓮であるため持ち帰って、献上したということも推測されます。

義満公は、この蓮根を蓮の名所である琵琶湖のほとりで育てるように、近江守護職の六角満高に命じたと考えられます。満高は、田中頼久にこの蓮の育成を命じました。頼久は、屋敷の西側にある氏神八幡様の庭に新しく丸池を掘って、この蓮根を植えました。妙蓮の蓮根は、移植して二、三年すると開花するのが通例です。このような妙蓮移植のはなしが、応永十一年五月ごろのこととすれば、応永十三年の夏に見事な花が咲いたことと辻褄があうのです。そして、日本ではじめて咲いた駢蔕蓮（妙蓮）の花が、この年七月、六

遣明使船（海事博物館の模型をもとに作図）

角満高から鹿苑寺金閣の義満公に献上されたのです。

東福門院から懇望された妙蓮

寛永《かんえい》年代（一六二四〜）初年のころの文書に、東福門院《とうふくもんいん》から芦浦観音寺《あしうらかんのんじ》を通じて、女院《にょいん》様のお池に妙蓮を植えたいので、蓮根を差し上げるようにという書状があります。

一筆申入候、然は従㆓女院様㆒竹生島へ為㆓御代参㆒松本主水、明早天ニ被㆑遣候。就㆑夫大津より竹生島迄船一艘御借可㆑有候。将又千重の蓮所持被㆑申候由承候。女院様御池ニ被㆑為㆑植候御用候間、種植候て能時分御上ケ可㆑在候。尚期後音の時候。恐惶謹言

大岡美濃守

忠（花押）

野々山丹後守

兼（花押）

芦浦

観音寺

尚々明日舟、北野喜左衛門前迄、朝五つ前ニ必々参候様ニ御申付可㆑給候。

書状にいうところは、「女院様の代参で竹生島《ちくぶしま》へ松本主水《もんど》が明早朝遣わされます。それに就て、大津より竹生島まで船一艘をお借しいただきたい。なおまた、千重の蓮（妙蓮）を所持されていることを聞いています。女院様の池に植えるために入用なので、種を植えるのに良いころに差し上げてください。追伸、明日舟は朝五つ（四時）前に、北野喜左衛門方の前まで必ず参るように言いつけてください」と、いうことです。

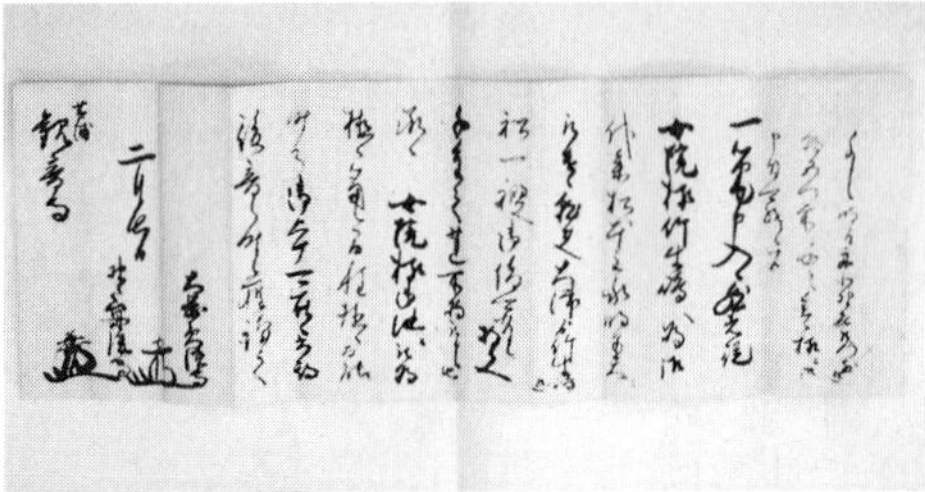
東福門院より蓮根の依頼状

さらに、観音寺の手代衆から、「さる御方より此如くに候間、蓮の根遣し候様に」という添状がつけられています。芦浦観音寺に届けられた書状が田中家に残されたのは、妙蓮の蓮根を所望しているのが、東福門院様であることを証明するためだったと思われます。室町将軍の法度書きの権威は、徳川時代にもそのまま続いていたのです。

芦浦観音寺は、平安後期に建てられ、応永十五年に中興されたと伝えられる天台宗の寺院です。室町時代から琵琶湖渡船の支配権をもち、湖上交通の統括をまかされていました。織田信長や豊臣秀吉から琵琶湖の舟奉行に任じられ、徳川時代になると湖水奉行に任じられ、あわせて野洲郡内などの天領の代官を務めていました。そのため、竹生島詣での船便の手配を依頼されたのです。

現在の草津市芦浦町にある観音寺は、堀をめぐらし高い石垣のある白

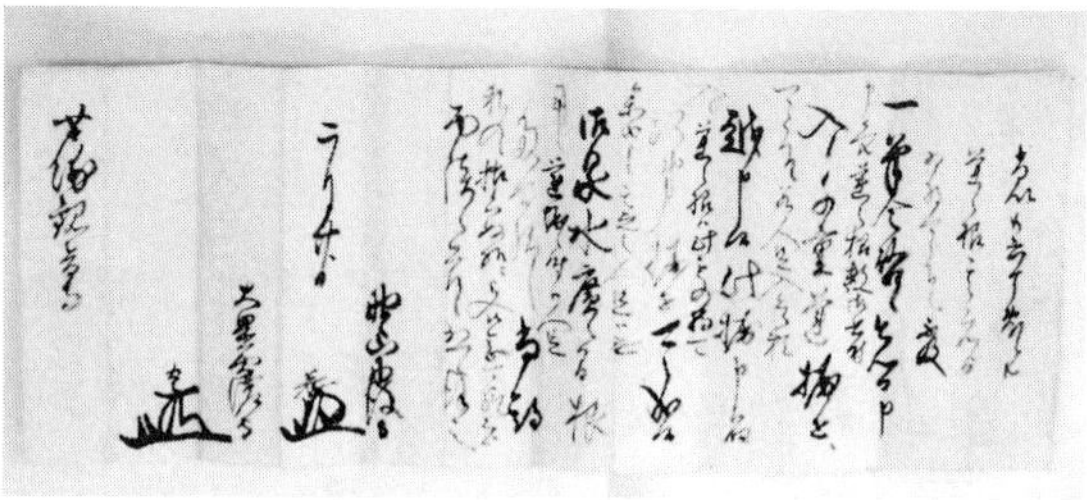
東福門院より２月20日付けの書状

壁の塀に囲まれ、その奥に頑丈な門がある城郭風の寺院として残されています。広い境内には、重要文化財の阿弥陀堂、書院と仮本堂、宝庫などがあり、古い時代の風格をただよわせています。
　慶安四年（一六五一）の「近江国知行高《ちぎょうたか》辻郷帳」によると、妙蓮の生育する野洲郡田中村は、周辺の笠原村、中村、新庄村などとともに天領になっています。この時代には、芦浦観音寺が田中村を支配する代官であったのです。そのため、女院御所からの千重の蓮（妙蓮）の移植依頼は、芦浦観音寺の差配のもとで進められたのでした。
　女院御所から観音寺宛の、二月二十日付け書状があります。それには、「先日申し入れた千重蓮を、掘らせにいきます。この掘りとる者の申す通りに掘らせてください。女院様の泉水は広いので、蓮根を多くいただけるよう願います」と、あります。本文よりも、行間に書きつづられた「追て書き」が多い書状です。追て書きの内容は、つぎのようなことです。「尚、難しくとも、蓮の根元よりとってください。蓮の根数の書付をいただくことは当然のことです。蓮の根は、当方の者が持ち帰りますので、そちらの人足は無用です。蓮を掘るときの人足はお頼みいたします。枯れないように、念入りな処置をお願いします」
　蓮根の掘りとり作業に、このような慎重な配慮を依頼していることは

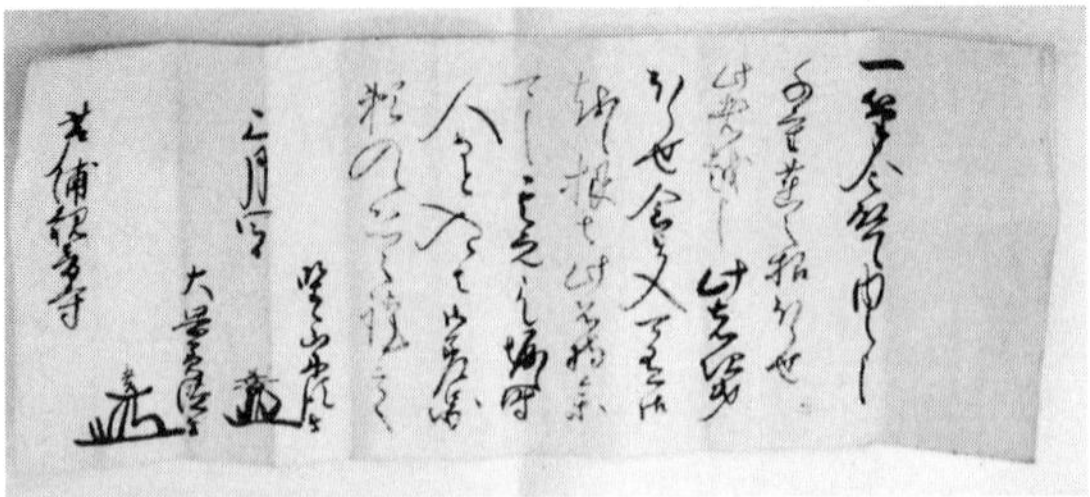

東福門院より３月４日付けの書状

驚きです。しかし、この掘りとりの結果がうまくいかなかったのか、このあと三月四日付けで、三度目の書状が届けられています。「内々で申しますが、千重蓮の根を掘るためこの者を行かせます。この者のいう通りに念を入れて掘らせてください。根はこの者が持参いたします。そのほうで掘り起こすとき、人足など必要なときはよろしく指図してください」と、あります。これも念入りな書状です。

東福門院とは、徳川二代将軍秀忠《ひでただ》の末娘和子《まさこ》のことです。元和《げんな》六年（一六二〇）六月に、後水尾《ごみずお》天皇の女御《にょうご》として一四歳で入内《じゅだい》しています。そして、寛永元年（一六二四）に皇后となり、中宮《ちゅうぐう》と称せられています。寛永三年には、父親である秀忠と三代将軍を継いだ家光が相次いで上洛《じょうらく》しています。そして、二条城に後水尾天皇をお迎えして五日間にわたる接待をしたことは有名なはなしです。

寛永六年（一六二九）十一月に後水尾天皇は、和子との間にもうけた七歳の興子《おきこ》内親王《ないしんのう》に譲位しています。このことで即位したのが、称徳《しょうとく》天皇以来八百六十年ぶりの女帝である明正《めいしょう》天皇です。明正天皇の即位で、徳川家は念願であった天皇の外戚となり、その権威が高められることになったのです。家康が天下を治めたあと、朝廷の外戚になることを計画し、朝廷支配を直接的なものにするという政治目的が成就したのです。

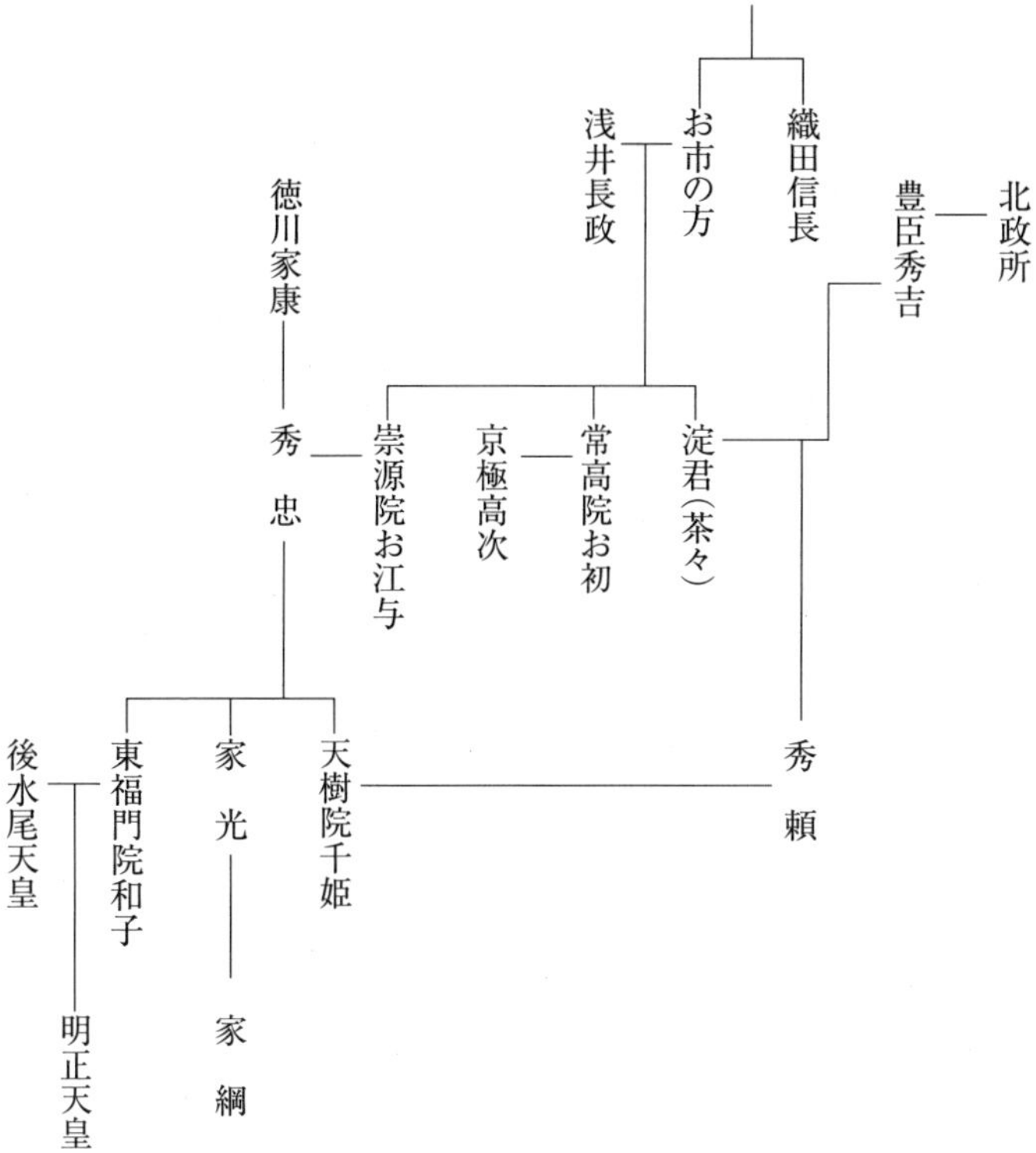

東福門院関係の系譜

中宮和子の母親である崇源院《すうげんいん》お江与《えよ》（江《ごう》、小督《おごう》とも）の方は、浅井《あざい》長政《ながまさ》とお市《いち》の方のあいだに生まれた三女です。長政の長女茶々《ちゃちゃ》は、天下人秀吉の側室淀君《よどぎみ》となり、秀頼《ひでより》を生んだことは承知のとおりです。そして、お江与の方が生んだ次男の家光《いえみつ》は、徳川三代将軍になっています。また、八女である和子は皇后になり、その娘興子は天皇になるという夢のような系譜ができています。戦国時代末期の湖北の領主であった浅井長政は、お市の方の兄織田信長に攻め滅ぼされるという悲劇の結末を向かえています。しかし、その系譜には、征夷大将軍や女帝が誕生するという血脈が残されていたようです。

元和四年には、和子入内に備えて早々と女御御所《にょうごごしょ》の造営が終わっていたということです。しかし、中宮和子が東福門院と号したのは、後水尾天皇が退位された寛永七年以降のことになります。そうすると、明正天皇の即位を寿《ことほ》ぎ安泰を祈って、瑞祥の花を咲かせる妙蓮を移植しようと考えたのかもしれません。しかし、徳川幕府の権威のもと、これだけ慎重な配慮を加えながら移植した妙蓮が、女院御所の御池で咲いたという記録は見当たりません。ただし、このころに後水尾天皇や台徳院殿《だいとくいんでん》秀忠公に、妙蓮の花が献上されていたという記録は残されています。

禁裏様に献上されていた妙蓮の花

田中家には、『禁中様蓮花上げ申す覚』という、田中家十七代当主綱義《つなよし》が書き残した、享保《きょうほう》十八年（一七三三）七月十八日付けの古文書があります。

蓮花御叡覧に備え奉、七月十七日暮方より夜通ニて上り、明ケ六つ時京着仕り候。

即与兵衛方迄参り、御窺い奉り候得は五つ時ニ差上ケ申す様ニ仰付け為され候。長橋御局様迄差上ケ長橋様御意下しなされ候。御意の趣ヲ御年寄御伝え下し為され、遠方処大義ニ上ケられ満足致し候。御上より鳥目壱貫文延紙弐束御菓子三品頂戴仕り候。十九日帰在申し候。

享保拾八　癸《みずのとのうし》　丑年七月十八日

同悴源兵衛綱義

田中勘兵衛綱光　代

この文書は、田中家当主綱光《つなみつ》の代理で綱義が禁裏《きんり》まで妙蓮の花を持参した経緯を書き記した覚え書きです。そして、田中家が守山の大日池から京都の御所まで妙蓮の花を直接持参して、中御門《なかみかど》天皇のご叡覧を賜わった最初の出来ごとだったのです。

この前年、享保十七年の夏には、大日池のそばにある連理の椿《つばき》の下に綸子《りんず》絹のような白玉が生じたのです。このことは、田中家に残された『白玉の儀一名連理の玉』という古文書に詳しく記されています。この白玉は、周囲が二尺五寸（約七五cm）もある大きなもので、今でいうオニフスベという茸類のなかまと思われます。この年は、天候不順に加えて蝗害《こうがい》が発生して、江戸時代三大飢饉の一つとされる大変な年でした。ことに西日本での被害が大きく、二六〇万人以上が飢えに苦しんだといわれています。しかし、琵琶湖のほとりは比較的被害が少なかったのか、白玉の見物人が一万五〇〇〇人余りあったと記録されています。大日池では、妙蓮の花が一本も咲かない年だったのですが、それでも人々が大勢見物にくる名所だったのです。

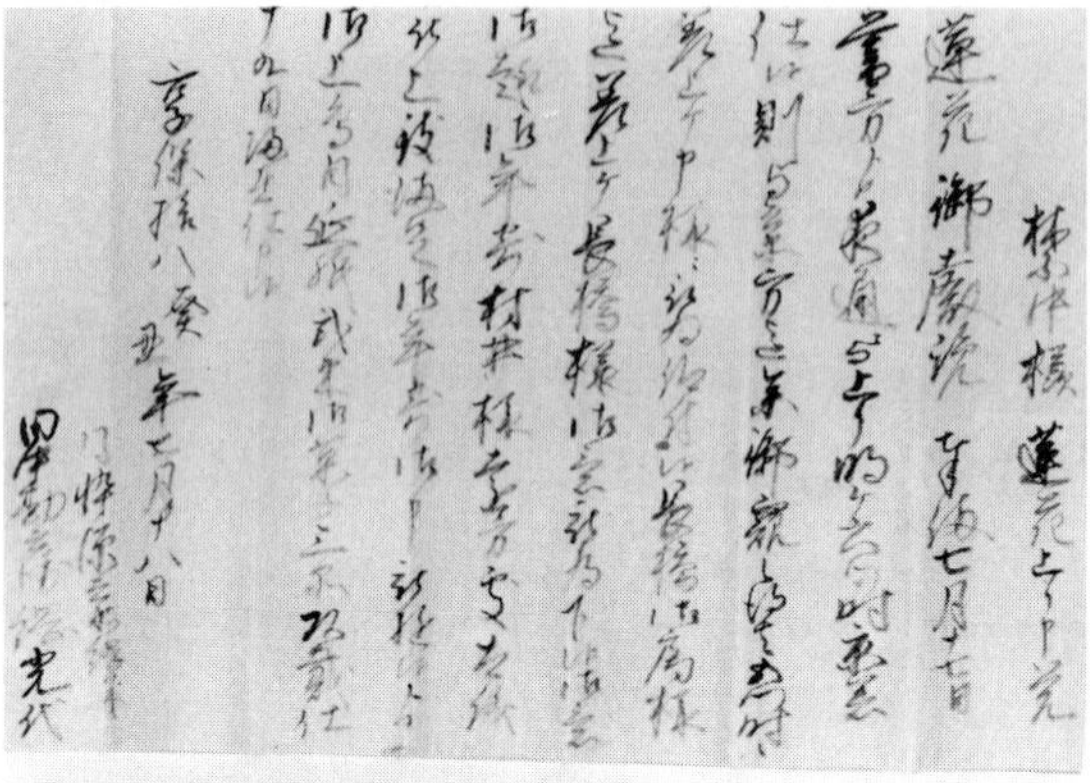

禁中様蓮花上げ申す覚え書き

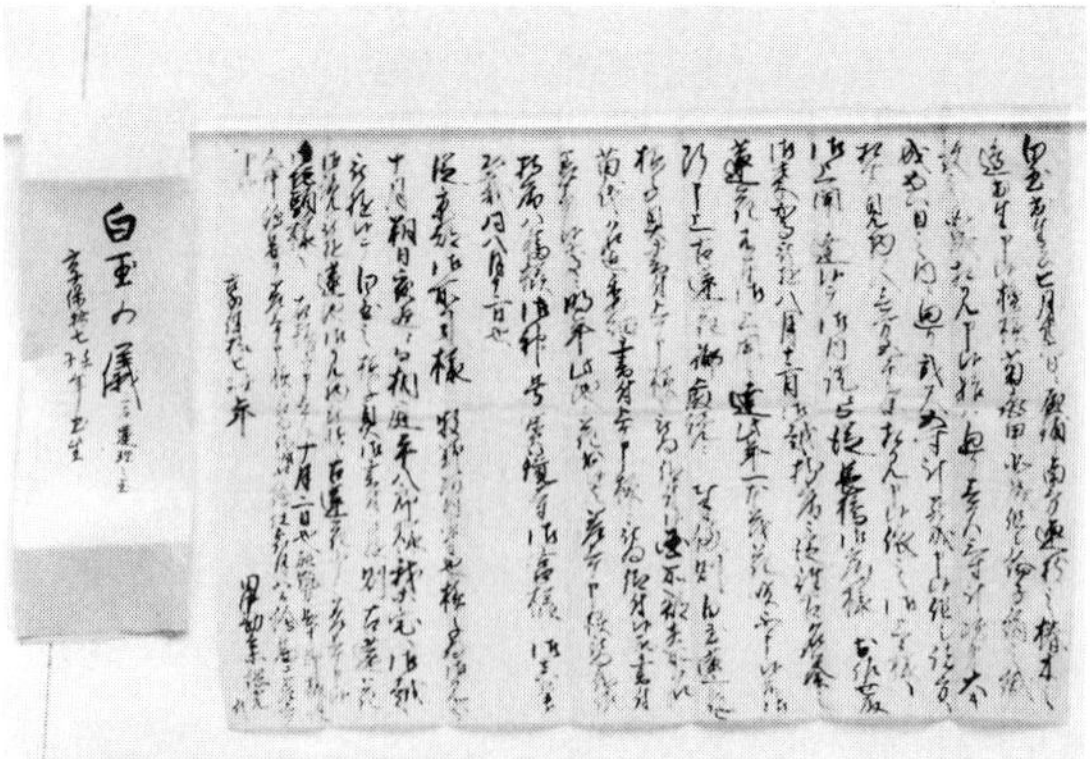

白玉の儀覚え書き

白玉の評判が上聞に達して、長橋局《ながはしのつぼね》のお佐世《さよ》様が八月十二日、ご来駕《らいが》されて白玉のようすをご覧になっています。このとき、有名な妙蓮の花を所望されましたが、この年は天候不順で一本も花が咲いていませんでした。それで、来年大日池で妙蓮の花が咲いたならば、ただちに持参するように申し渡されていたのです。そして、翌享保十八年には妙蓮の花が順調に二八本咲いたので京都御所へ持参したのです。

七月十七日の夕方、妙蓮の花を切り取って、二七歳になって源兵衛を名乗る綱義が供一人つれて夜通しかけて京都に向かいました。京都までは、瀬田唐橋を渡って大津宿をぬけ逢坂山《おうさかやま》越えでほぼ八里（約三二km）の道のりです。「京発ち守山泊まり」といわれる、一日行程の距離です。夜通し歩いて十八日の明け六つ（午前六時）、七条にある親戚与兵衛方に着いています。田中家十六代当主綱光は、京都で与兵衛を名乗る永綱の末弟でしたが、二三歳のとき、本家田中家の養子になっていたのです。

与兵衛方からすぐに、御所の奏請《そうせい》をつかさどる長橋局まで、妙蓮献上のことを申し出ています。そして、五つ時（八時）に持参するようにという仰せを受けたので、その刻限に長橋様まで差し上げています。長橋局の年寄《としより》村井様から、妙蓮献上のことが奏請され、遠路をご苦労だったとご満足なされているということを承り、御上より銭一貫文、延紙《のべがみ》（高級な鼻紙）二束とお菓子三品を頂戴しています。妙蓮献上が無事終了し、与兵衛方で一泊して覚え書きをしたため、翌十九日に田中村まで帰り着いています。

このとき頂戴した銭一貫文は、現在の金額にするとどれくらいのものか正確なことは分かりません。江戸時代の貨幣は、金、銀、銅の三貨幣制になっており、京大坂をはじめとする西国は銀本位の経済圏になっていました。享保十八年のころは、金一両は銀六〇匁で銅銭五貫文になるという相場になっていました。そうすると、銭一貫文は銀一二匁ということになります。この年の秋は豊年で、大坂での米一石の相場が銀三六～四六匁となっています。銭一貫文では、多めにみて米三斗(一二kg)ばかりの価格に相当します。しかし、米価は江戸時代と現代では評価が著しく異なるので、磯田通史《みちふみ》著『武士の家計簿』による賃金から換算した価格によると、銭一貫文は、ほぼ六万円程度になります。

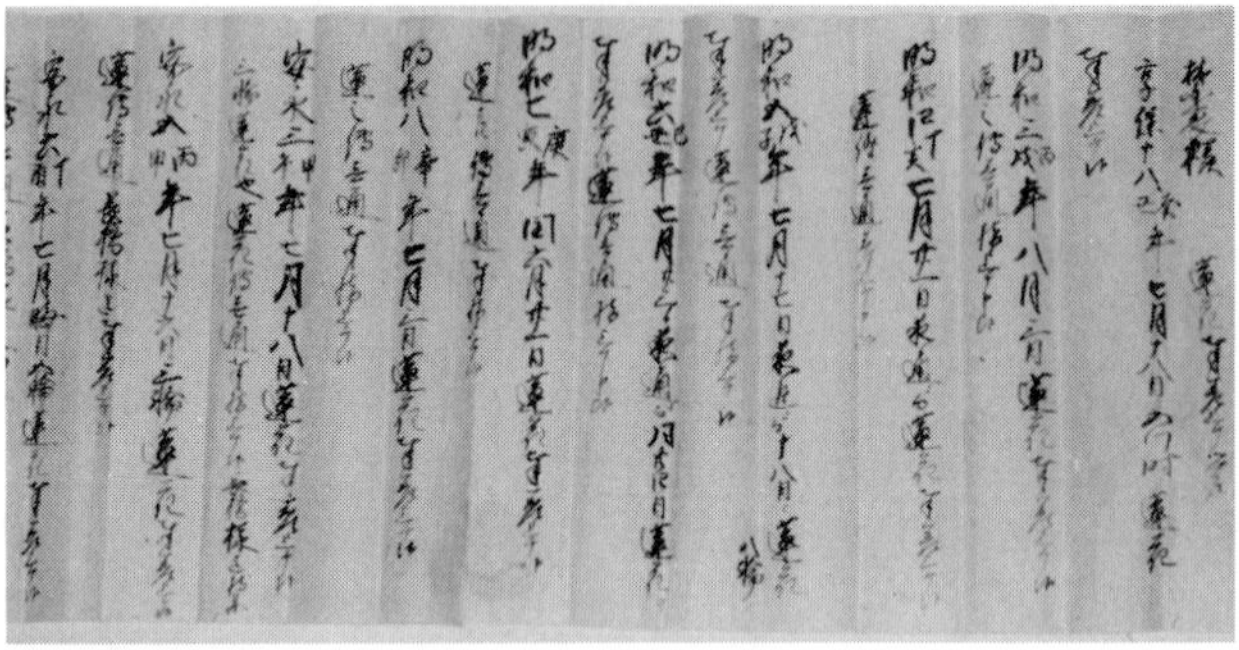
禁裏様へ蓮花差上げ奉る覚

享保十八年は、中御門《なかみかど》天皇の時代でした。そのあとの、元文、寛保年間(一七三六～四三)に桜町《さくらまち》天皇に献上された記録がありますす。宝暦の時代(一七五一～六)にも、禁裏様への献上が続けられているはずですが、詳細な記録が残されていません。明和三年(一七八三)から七年まで、後桜町《ごさくらまち》天皇に献上されていますが、「蓮の伝一通差し上げ申し候」と添え書きされています。このとき以後の献上には、先に信楽役所に呈出した「双頭蓮口上書」の内容を書き写した、「蓮覚え書き」を添えて差し上げるようになったのです。

　このような献上は、明和八年から安永六年（一七七七）まで後桃園《ごももぞの》天皇にもなされています。そして、安永九年と天明元年（一七八一）に、光格《こうかく》天皇に献上されたという記録で終わっています。天明二年から八年まで続く大飢饉の時代は、妙蓮も花を咲かせなかったようで、献上の記録はありません。

　天明九年正月、光格天皇は父閑院宮典仁親王《かんいんのみやすけひとしんのう》に「太上天皇《だいじょうてんのう》」の尊号を奉ることを幕府に了解を求めています。これは、老中《ろうじゅう》首席の松平定信《まつだいらさだのぶ》が、「私の恩愛は道理なし」と反対して、拒絶しています。この尊号事件の余波は、定信が老中を辞任させられたあと、寛政八年（一七九六）まで続きます。多くの公卿が閉門などの処罰を受け、勤王家《きんのうか》高山彦九郎が自刃《じじん》するなど幕朝の関係は冷えこんでいきます。このとき処罰された公卿のなかには、妙蓮の花の献上を受けたあと、それを讃美する歌を田中家に贈った公卿も含まれています。このような幕朝関係の影響を受けて、旗本を領主とする田中家では、妙蓮の花を朝廷や公卿方に献上することについて配慮せざるを得ないようになったと思われます。このあと明治維新まで、禁裏様はじめ宮家や公卿などに妙蓮が献上されたという記録は見当たりません。

貴人方から所望された妙蓮の花

近江国野洲郡田中村の大日池にある妙蓮の評判は、京の都をはじめとして各地に伝わりました。そして、妙蓮の花が咲くころになると大勢の人々が見物に訪れていました。評判を聞いた大名や貴人たちは、妙蓮の花を一目みたいとその花を懇望しています。珍しい花をみた貴人たちは、その花を讃える詩歌などを田中家に贈っています。

寛延《かんえん》から宝暦《ほうれき》のころの作と思われる古文書に、『田蓮記』という題で直海龍《ちょくかいりゅう》と署名のある巻物があります。漢文で記された内容は、『梁武帝仏式下』の妙蓮にかかわりのある部分を選び出して記し、田中家に残された言い伝えなどをまとめたものです。

この『田蓮記』の付録とされる記文に、つぎのような記述があります。

附録

常憲院殿聞㆔其為㆓奇花㆒遣㆓使於近江㆒移㆓植数株于庭中㆒、又有加陽候徴入㆓于金城㆒、共変為㆓常花㆒（後略）

常憲院《じょうけんいん》殿とは徳川五代将軍綱吉《つなよし》のことで、加陽侯は加賀百万石の五代藩主前田綱紀《つなのり》です。将軍綱吉が、妙蓮の珍しい花であることを聞いて近江に使いを遣わして、その数株を江戸城の庭池に移植しています。また、綱紀も妙蓮を金沢城の池に植えています。ところが、そのいずれも妙蓮の花は咲かないで常蓮になったことが記されているのです。妙蓮の花が、東福門院の御池で咲かなかったのと同じことが、江戸城や金沢城でもおこったのです。妙蓮の花は、大日池でしか咲かない不思議な蓮として妙蓮の評価はかえって高まりました。

なお、蓮根が移植献上されているのは、天皇家と将軍家のみでした。尾張や紀州の御三家をはじめ、大名家などに蓮根が献上された記録は一つもありません。前田綱紀は、将軍綱吉と特別に親しい間柄であったことから、近江から運ばせた蓮根が分根されたと思われます。室町将軍家からの法度書きは、江戸時代でも厳重に守られていたと考えられます。

直海龍とは、越中《えっちゅう》国砺波《となみ》郡北野村（富山県南砺《なんと》市）に生まれた直海衡斉《なおみひらなり》で、元周と号しています。初め医学を学び、ほどなく本草《ほんぞう》学を志し、自ら深山幽谷《しんざんゆうこく》を探り霊草神木を求めて跋渉《ばっしょう》したと『城端《じょうはな》町史』に記載されています。のちには、京都に出て塾を開き子弟を養成しています。また、桜町天皇の信任を得て侍医となり、たまたま第四皇女の大患を治して令名《れいめい》高かった人物です。宝暦九年（一七五四）貝原益軒《かいばらえきけん》著の『大和本草《やまとほんぞう》』の誤りを正し、『広《こう》大和本草』全一〇巻、別冊二巻を著わし、七一二種の薬草を公にした本草学者です。妙蓮に安産の薬効があり防火の鎮宅符として用いられることを説いています。『広大和本草』の別冊では、「これを他所に移すときは一茎一花にてつねのごとし」と「妙蓮移植常蓮説」を記しています。

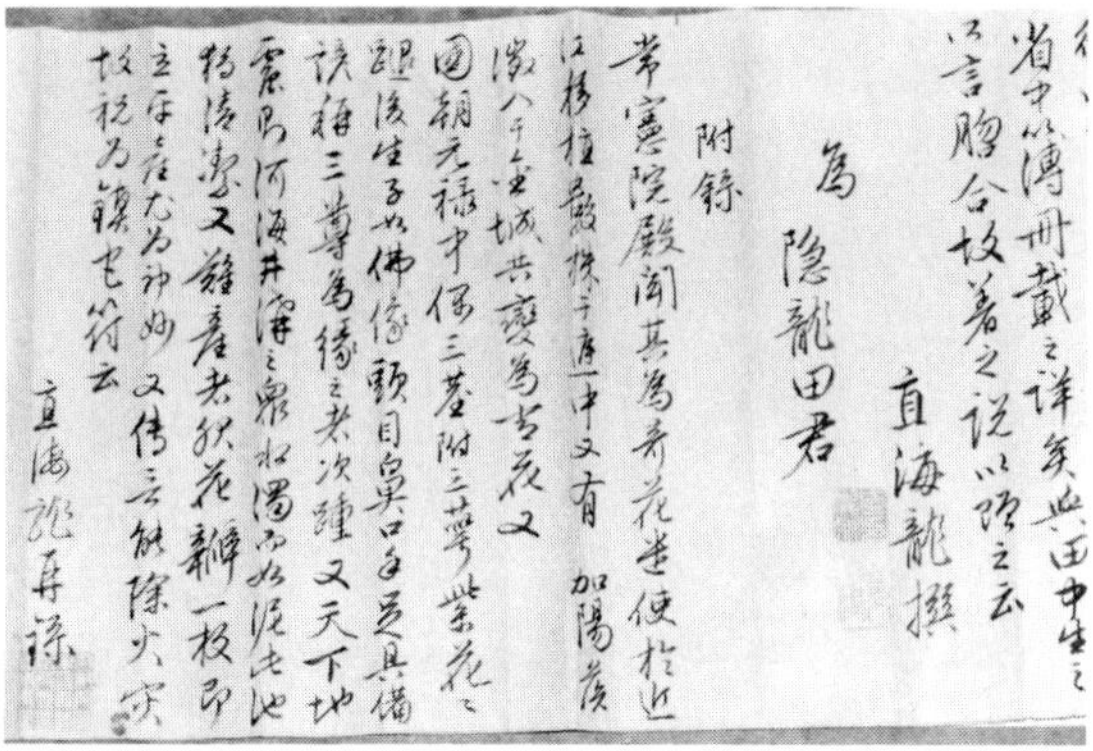
直海龍の田蓮記

明和八年（一七七一）七月朔日、夜通しで持参して、月番の菅内侍様より後桃園天皇に妙蓮の花を献上しています。後桃園天皇は、この年即位された新しい天皇で、お祝いの意味も込められていたと思われます。さらに、冷泉家《れいぜい》が妙蓮を所望されていることを、京都東山宗林寺《そうりんじ》内西行庵住持から田中家に伝えられていたので、禁裏様へ献上したあとで冷泉家にも差し上げています。この花をご覧になった、正二位権中納言《しょうにいごんちゅうなごん》冷泉為村《ためむら》卿や豊岡三位《さんみ》から頂戴した御詠歌が残されています。

近江国野洲郡田中村の蓮池の華は、一茎に花数々開く三国伝来の双頭蓮という、目縁あかく、此花をみてまことに福田功徳水の蓮池なり

止静隠人澄覚

一茎に　花数さきて　福田の　根さしもしるき　池の蓮葉

冷泉為村は、正二位権大納言となり、霊元《れいげん》法皇から［古今伝授《こきんでんじゅ》］を受けた歌人で、冷泉家中興の祖といわれた人です。和歌の門人が多く集まり、『冷泉為村卿和歌集』、『為村卿百吟《ひゃくぎん》』、『樵夫《しょうふ》問答』など多くの著作があります。

さらに、このとき田中家が頂戴した、豊岡三位尚資《なおすけ》の歌はつぎのとおりです。

さくはなも　法のえにしに　あふみじや
田中のむらの　池のはちす葉

尚資

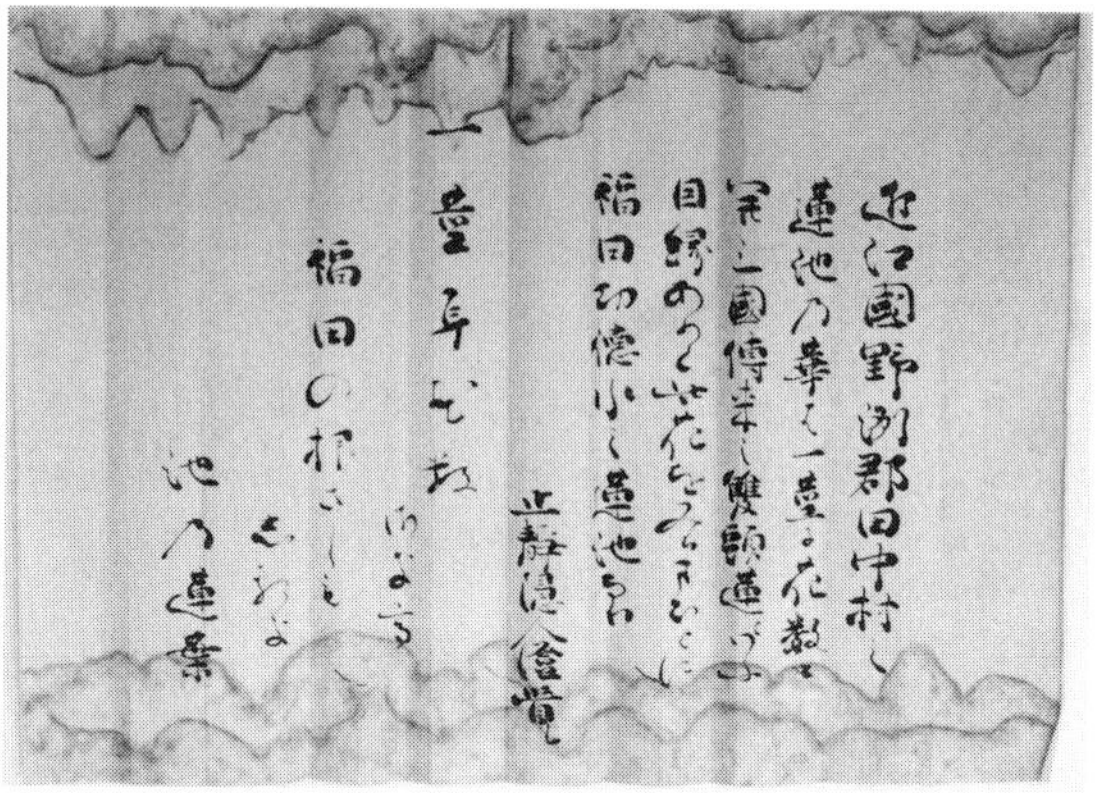

冷泉為村の御詠歌

豊岡三位よりの御詠歌

これに先立つ、宝暦十二年六月二十七日、綾小路《あやのこうじ》大納言に四輪の花を差し上げ、つぎのような御詠歌を頂戴しています。

めずらしき蓮花を見にける、よろこびのあまりに読みてをくりける
はちすはの　にごりなき世に　近江路や　花のあるじの　すめる池水
前大納言俊宗

柳原紀光《のりみつ》卿から頂戴した御詠歌が残されています。包紙に「柳原前大納言《さきのだいなごん》紀光御墨付書」とあり、寛政九年ごろのものと思われます。柳原紀光は、先に述べた尊号事件により、寛政八年の夏に処分を受けて権大納言を辞任しています。そして、落飾のあと寛政十二年に逝去しています。妙蓮の花を賞賛した「うてなのかさなるはす」という一〇文字を、各句の初めと終りとに一音ずつよみ込んだ沓《くつ》冠《かぶり》の和歌が記された文書はつぎのとおりです。

近江国野洲郡田中のいけに、めずらしきはちすのあるよし伝え聞きて所望せしに、其花を折てをくりぬ、げにききしには勝りてめづらかなる花なり、古きふみをかんかうるに、後光厳院のしろしめす文和四のとしみな月に、千葉の蓮花大和国に咲出たるをたてまつるよし見えたり、またもろこ

綾小路大納言よりの御詠歌

柳原前大納言よりの御詠歌

しの書には重台といひて、このことはなを古瑞となすとなむ、さればうてなのかさなるはすとい
へる十もじを尚冠におきて、つたなき言葉をつらね、寺僧にしやす

うきはなす
　てらの池には
なにおえる
　のりひらくはな
かほるゆかしさ

文人墨客のあこがれの地になった大日池

宝暦《ほうれき》、明和《めいわ》、安永《あんえい》と続く時代（一七五一～一七八〇）は、江戸時代でもっとも幅の広い豊かな社会であったといわれています。学問文化に理解のある大名、旗本や金持ちの商人が増え、彼らを庇護者《ひごしゃ》にして多くの文人や好事家《こうずか》が輩出し、あたかも「文人たちの時代」と呼ばれる活況を呈した時代であったとされています。そして、重商主義の政策がすすみ、士農工商の身分秩序がゆるやかになっていた時代でもあったのです。そして、その時代を反映するように、大日池にも文人墨客《ぼっかく》や本草学者などが大勢訪れています。訪れた人の多くが田中家に宿泊して、妙蓮の古い由緒や毎年咲く奇妙な花のようすな

どを語り明かしたようです。そして、田中家の当主の求めに応じて、珍しい蓮を讃える詩文などを書き贈っています。このころの大日池は、全国的にも評判の高い名勝地となっていたのです。

この時代に大日池を訪れて、龍隠田と号した田中家十七代綱義《つなよし》の求めに応じて書き残した詩文などは多数あったようです。これら、筆墨鮮やかな数々の詩文は、明治のころに三巻の巻物に表具されて現在まで保存されています。そして、この巻物に残された詩歌の年代は、宝暦八年から明和六年までがほとんどです。また、訪れている期日は、妙蓮の花が咲いている旧暦の秋七、八月が多くなっていますが、生花のない正月や二月、あるいは十一月などに訪れていたことを書き残しているのもあります。しかも、宝暦十年や明和二、三年のように、大日池に妙蓮が一本も咲かなかった年にも訪れている文人もみられます。安永年代は気温の低い年が続き、花がほとんど咲いていませんが、安永七年の秋八月に信州神龍山の僧千丈が訪れています。訪れた人たちの出身地は、京をはじめとする畿内が多く、遠くは松前や越中から芸陽まで全国各地に分かれています。

文人たちの時代といわれた宝暦・明和のころ、文人墨客が書き残した三十余篇の詩文のうちの幾つかを取り上げて、琵琶湖のほとりに咲いていた珍しい妙蓮の花への賛歌をたずねてみます。

宝暦八年九月二十一日、先に妙蓮の由来を『田蓮記』としてまとめている本草学者直海元周は、「右田蓮一絶を詠ず」として「詠田蓮」の詩文を贈っています。

此種号神仙　　　此種神仙と号す

遠従竺国伝
上方御堂後
假日識奇蓮

遠く竺国従《よ》り伝う
上方の御堂の後
仮日奇蓮と識る

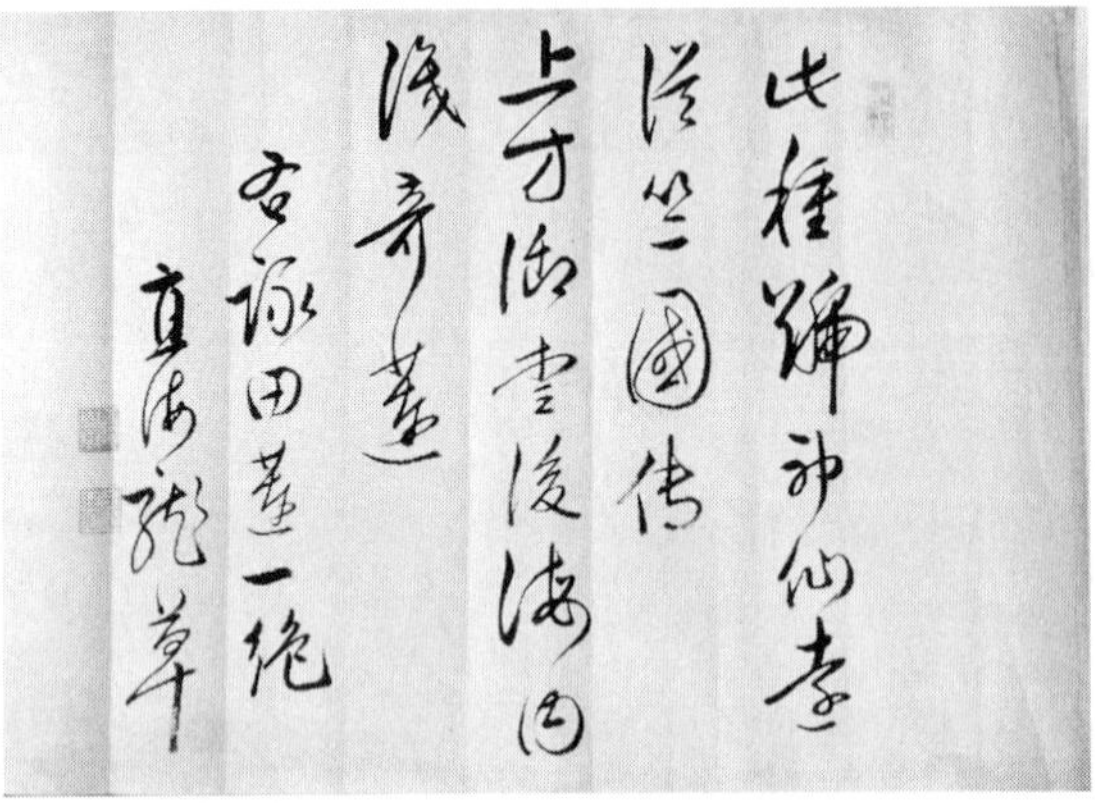

直海元周贈呈の詩文

また、同年十一月三日、京都御幸町《ごこうまち》二条上ル町に住み、当時の書家の第一人者とされた橋富之は、「維妙維蓮」と題する詩文を贈っています。これは、この珍しい蓮が「妙蓮」という名称で呼ばれるようになった、その呼び名の元になる詩であると考えられています。

維妙維蓮　在尓福田
萬里之外　也千載先
維妙維蓮　在尓許田
伝到此土　誰知其先
維妙維蓮　伝尓三田
琵琶湖仄　記知其先

維《これ》妙維《これ》蓮　福田に在り
萬里の外　また千載《せんざい》の先
維妙維蓮　許田に在り
伝えて此土に到る　誰か其の先を知らん
維妙維蓮　三田に伝う
琵琶湖のかたわら　記して其

の先を知る

宝暦九年（一七五九）秋八月に訪れた閔中王《びんちゅうおう》景兪による、琵琶湖のほとりにある十二時蓮を讃美した詩文があります。

十二展拊開　　十二展拊《ふ》開く
本西天佳色　　もと西天の佳色《かしょく》
傳来在中州　　伝え来たりて中州に在り
也転琶湖側　　また琵琶湖のかたわらに転ず

宝暦十二年、京都 油小路《あぶらのこうじ》東入ル町の、大江資衡《すけひら》が「詠十二時蓮」の詩文を贈っています。この人は、初め石田梅岩《ばいがん》に師事、後に龍草盧《りゅうそうろ》に詩と書法を、岡白駒《はっく》に古文を、長崎で劉図南に華音を学んだ人です。

水国池中開玉蓮　　水国の池中玉蓮《ぎょくれん》を開く
花花十二學楼仙　　花花十二楼仙《ろうせん》を学ぶ

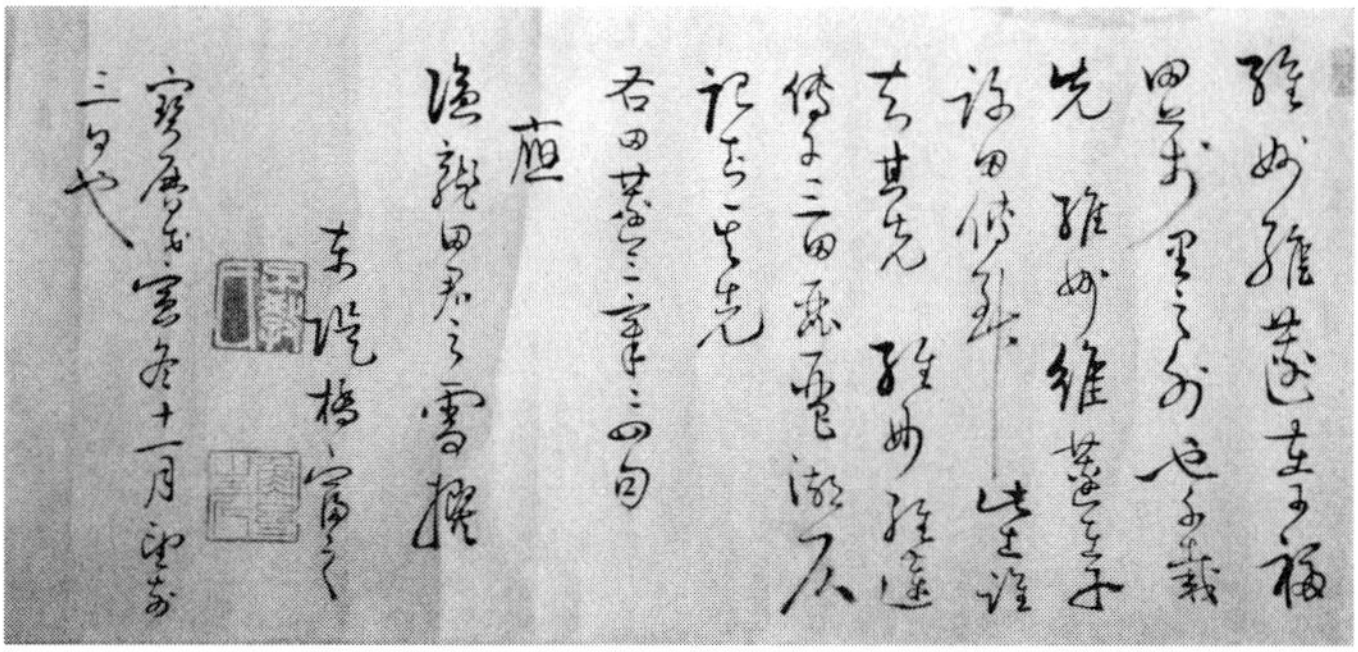
橋富之贈呈の詩文

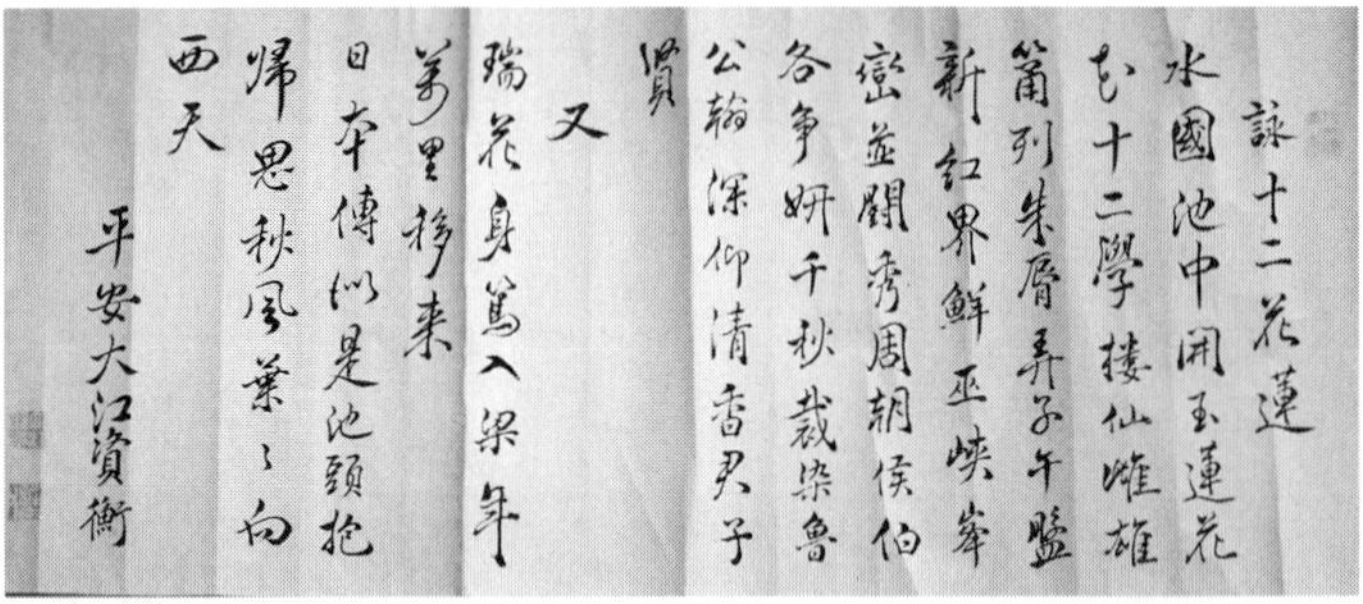
詠十二花蓮
水國池中開玉蓮花
七十二學樓仙雌雄
筒列朱唇弄子午盤
新紅界鮮巫峡峯
巒並闘秀周朝侯伯
各争妍千秋裁染魯
公翰深仰清香君子
賢
又
瑞花身篤入梁年
萬里移来
日本傳似是池頭抱
帰思秋風葉々向
西天
平安大江資衡

大江資衡贈呈の詩文

雌雄筒列朱唇弄
子午盤新紅界鮮
巫峡峯巒並闘秀
周朝侯伯各争妍
千秋裁染魯公翰
深仰清香君子賢
又
瑞花身篤入梁年
萬里移来日本傳
似是池頭抱帰思
秋風葉々向西天

雌雄筒列《とうれつ》朱唇《しゅしん》弄《ろう》す
子午盤新に紅界鮮やか
巫峡《ふきょう》峯巒《ほうらん》並び秀を闘ふ
周朝の侯伯　各《おのおの》妍《けん》を争ふ
千秋　裁染《たたずそむ》魯公の翰《かん》
深く清香君子の賢を仰ぐ
又
瑞花身篤《けんどく》梁に入る年
萬里移し来りて日本に傳ふ
是の池頭帰思を抱くに似たり
秋風葉々西天に向かふ

明和元年、尾張藩書室監松平秀雲は「詠詩」を書き贈っています。

大華玉井未須疑
初見芙蓉並蔕奇
十二層楼何處是

大華玉井未だ疑を須《もち》いず
初て見る芙蓉並蔕の奇
十二の層楼何處か是なる

應迎王母宴揺池　王母を迎へて揺池《ようち》に宴すべし

明和三年の夏、東都閑水山人と名乗る人が、「右詠奇蓮二草章四句」として、次の詩文を贈っています。

池上微風生　池上《ちじょう》微風生ず
開窓荷気清　窓を開《ひら》けば荷気清し
一枝来十二　一枝十二を来たす
驚出薫雲明　驚出《きょうしゅつ》す雲を薫《くん》じて明らかなり

水烟妖物　水烟妖物《すいえんようぶつ》
名謂蓮華　名は蓮華と謂ふ
恰似開手　恰《あたか》も手を開くに似たり
招欲停車　招いて車を停めんと欲す

明和四年四月、前鷲峰《ぜんじゅうぼう》修蘭亭と号する真宗の僧侶は、「詠十二時蓮」の詩文を贈っています。

隠士琶湖上　隠士琶湖のほとり

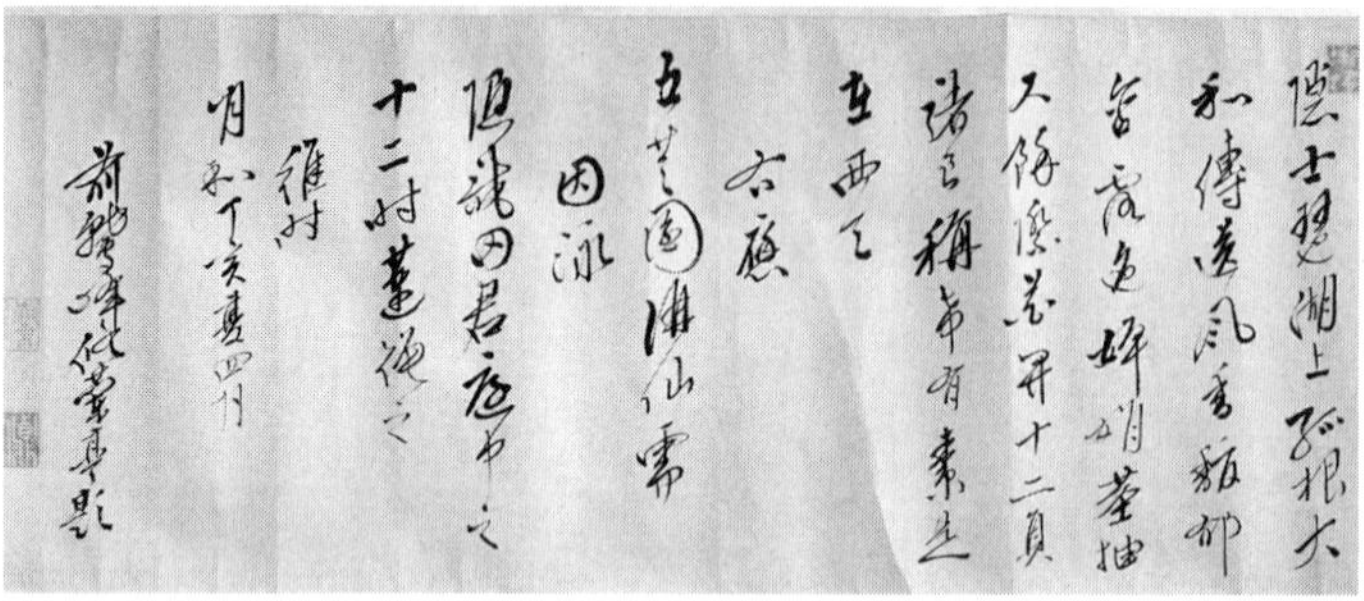

前鷲峰修蘭亭贈呈の詩文

孤根大和傳　孤根《ここん》大和より傳ふ
送風香馥郁　風を送って香馥郁《ふくいく》
含露色嬋娟　露を含んで色嬋娟《せんけん》
茎抽尺餘際　茎《けい》は抽《ぬきん》ず尺餘の際《あいだ》
花開十二員　花は開く十二員
諸君称奇有　諸君は奇有《けう》と称す
素是在西天　素《もと》是れ西天に在り

明和四年秋七月廿一日には、湖橋溜宝覺老と号する人が、「題田中蓮」と題する詩文を贈っています。

鼻祖曾分梁武前　鼻祖曾て分く梁武の前
傳来三国植三田　三国に伝来三田に植ゆ
色香彌満三千界　色香いよいよ三千界に満つ
年々琵琶湖上鮮　年々琵琶湖上鮮かなり

日付はありませんが、窮楽《きゅうらく》老人と号する人は、蓮の字を大書して、

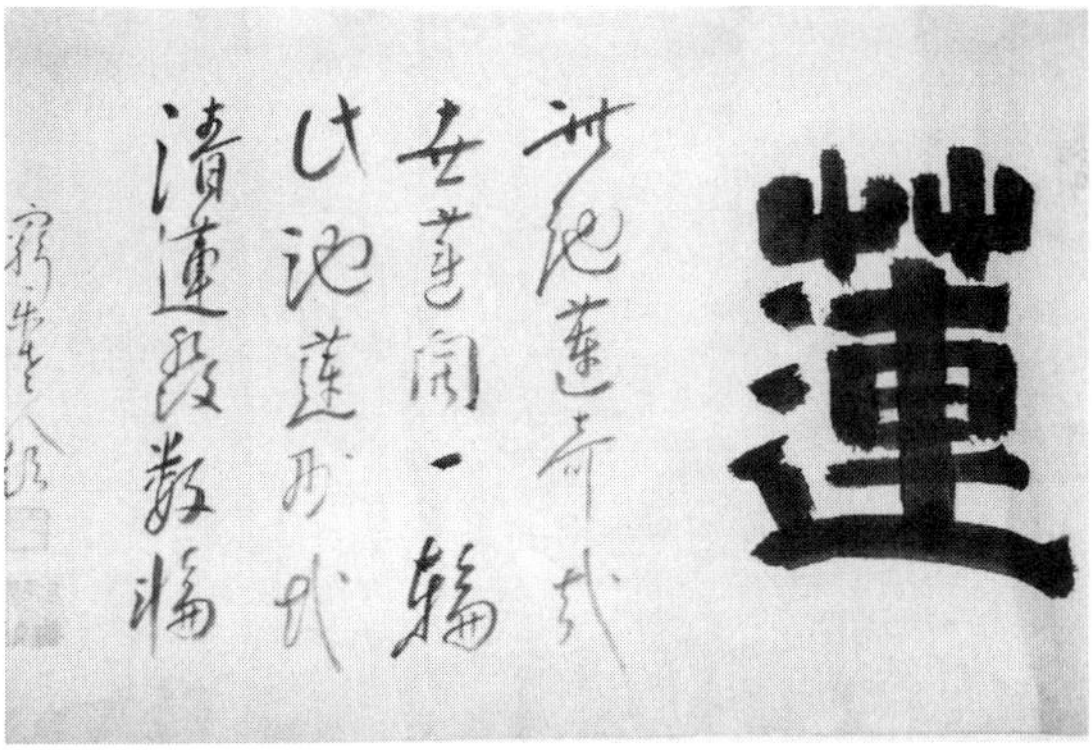

窮楽老人贈呈の詩文

「詠清蓮」の詩文を贈っています。

蓮

此池蓮奇哉
世蓮開一輪
此池蓮妙哉
清蓮發数輪

此の池の蓮は奇しき哉
世の蓮は一輪を開く
此の池の蓮は妙なる哉
清蓮は数輪を発す

大日池で妙蓮を観覧した大名

済海寺の門柱（東京港区三田）

江戸済海寺《さいかいじ》の役僧順達の署名入りで、田中源兵衛綱義宛に送られてきた書状が五通あります。年代は記されていませんが、宝暦十年（一七六〇）から後のものと思われます。

済海寺は、東京都港区三田四―一六―二三にある浄土宗のお寺です。寛永三年（一六二六）、越後長岡藩の初代藩主牧野駿河守《するがのかみ》忠成《ただなり》の援助で創建され、二代藩主牧野飛騨守《ひだのかみ》忠成以後の歴代藩主の菩提寺になっていました。また、伊予松山藩松平家の菩提所にもなっていました。幕末には、江戸五宿寺の一つに指定され、わが国最初のフランス公館となり、フランス公使が駐在していました。現在では、長岡藩主の墓石は長岡市に移転され、松山藩の歴代藩主などの古い墓石がビルの谷間に並んでいます。その本堂は、コンクリート造りに建て替えられています。石造りの門柱の内側には、史跡フランス公館跡の標柱が建てられています。

浄土宗の済海寺には、参詣する大名方が多勢いたようです。その大名方の間で、琵琶湖のほとりに咲く奇妙な蓮のことが話題になり、その珍しい花をぜひ見たいということで、妙蓮の花を所望してきたのが最初の書状です。門外不出の貴重なお花であるが、大名方がぜひ御覧になりたいという願いがあり、寺の什宝《じゅうほう》にするので特別に頂戴したいという懇切丁寧な内容のものです。宝暦十年のこととすると、春から初夏にかけて天候不順であり、妙蓮が一本も咲いていません。そのため、前年の枯れ花を三本江戸まで贈ったように思われます。

済海寺役僧順達よりの書状

この年の六月十九日付の二通目の書状では、田中家から送り届けられた妙蓮の枯れ花をご覧になった大名方が、ことのほか珍しい花であると大喜びして、妙蓮を讃える詩歌を詠んで贈る話が出ていることが記されています。そして、この書状の「追て書き」には、「尚以て、御大名方殊の外珍ら敷く思し召し、御吹聴遊ばされ候ふ御事に御座候」と、書き加えられています。妙蓮の枯れ花を見た大名方によって、琵琶湖のほとりに咲く珍しい蓮の評判が江戸でも広められていったようです。

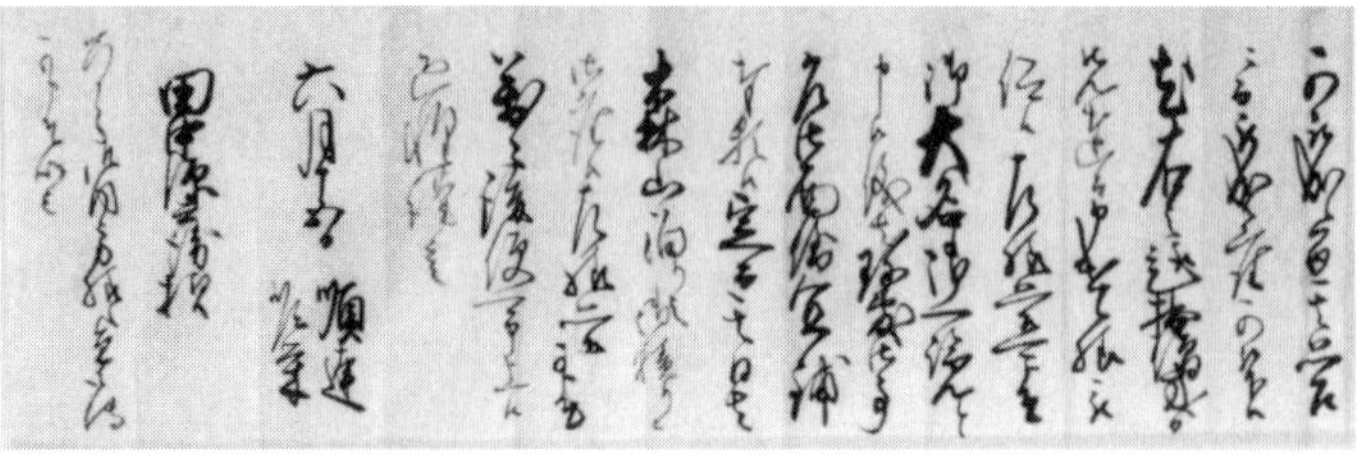

済海寺より６月15日付けの書状

十二月二十日付けの書状によると、年末に順達が上京して総本山知恩院にきたようです。その帰途に田中家に立寄って、江戸で妙蓮が評判になっていることを話しています。そして、頂戴した妙蓮の枯れ花を江戸まで持ち帰り、再び大名方のご覧にいれて大喜びされたことを記しています。さらに、早速お礼の書状を送るべきところが、ことの外用向きが多くあり、その上、この春は大火のため近隣が残らず焼け、済海寺も表門と裏門が焼け落ちて自分自身も怪我《けが》をして湯治《とうじ》をするなどしていたため、この書状を出すのが大変遅れたことをお許し願いたいと記されています。この時の大火は、済海寺で妙蓮をご覧になった大名方の屋敷も類焼するものが多かったようです。そのため、妙蓮を讃える詩歌が揃わなくなったことを詫びています。この江戸大火は、芝浦から出火して三田一帯を焼きつくし、浄土宗の江戸本山である芝の増上寺《ぞうじょうじ》が焼けた、宝暦十二年二月十六日の大火のようです。そうすると、この書状は宝暦十二年の年末に出されたことになります。

　宝暦十三年と思われる六月十五日付けの書状には、江戸では大名方の間に妙蓮の評判が高まっていることが記されています。そして、丹波《たんば》亀山城主松平紀伊守《きいのかみ》様が帰国の道中、お忍びで大日池の妙蓮を観覧したいと仰せられているので宜しくとの依頼があります。このことは、済海寺からあらかじめ連絡しておくようにとのことなので、そのようにお考えください。大名方が妙蓮を直接ご覧になるのは、きわめて珍しいことなのでよろしくお願いしますと記されています。そして、これまでと異なって順達と順栄の連署がなされています。

松平紀伊守とは、寛延元年（一七四八）丹波篠山城主から丹波亀山城に入封した、松平又七郎信岑《のぶみね》のことです。現在の京都府亀岡市に居城のあった五万石の領主です。享保二十年（一七三五）から宝暦六年まで奏者番や寺社奉行を勤めて、宝暦十三年十一月二十日亡くなっています。このときは、紀伊守最後の帰国になる途中で大日池の妙蓮を観覧したようです。丹波亀山という松平紀伊守の城下町は、伊勢の亀山と混同するというので、明治になって亀岡と改称している明智光秀ゆかりの城下町です。ちなみに、伊勢亀山城主であった板倉氏、松平氏、石川氏は、朝鮮通信使に対する守山宿での接待役に任じられており、守山との関係が深かった亀山藩でした。

武佐《むさ》宿（近江八幡市）の西村平右衛門からの七月五日付けの書状があります。これは、宝暦十三年のことになります。この書状から推測すると、田中家では、済海寺から松平紀伊守が七月八日から十二日までの内に大日池で妙蓮を観覧されるという知らせがあった後、正確な日程が不明なため困っていたようです。そのような折の七月四日のこと、武佐宿の西村平右衛門が所用で田中家を訪れてきたので、亀山藩主の日程について先触れなどの情報があれば知らせてほしいと依頼したことへの返事のようです。それについて、武佐宿の問屋に尋ねたところ、「松平紀伊守様は八日早朝に愛知川《えちがわ》宿を出立《しゅったつ》

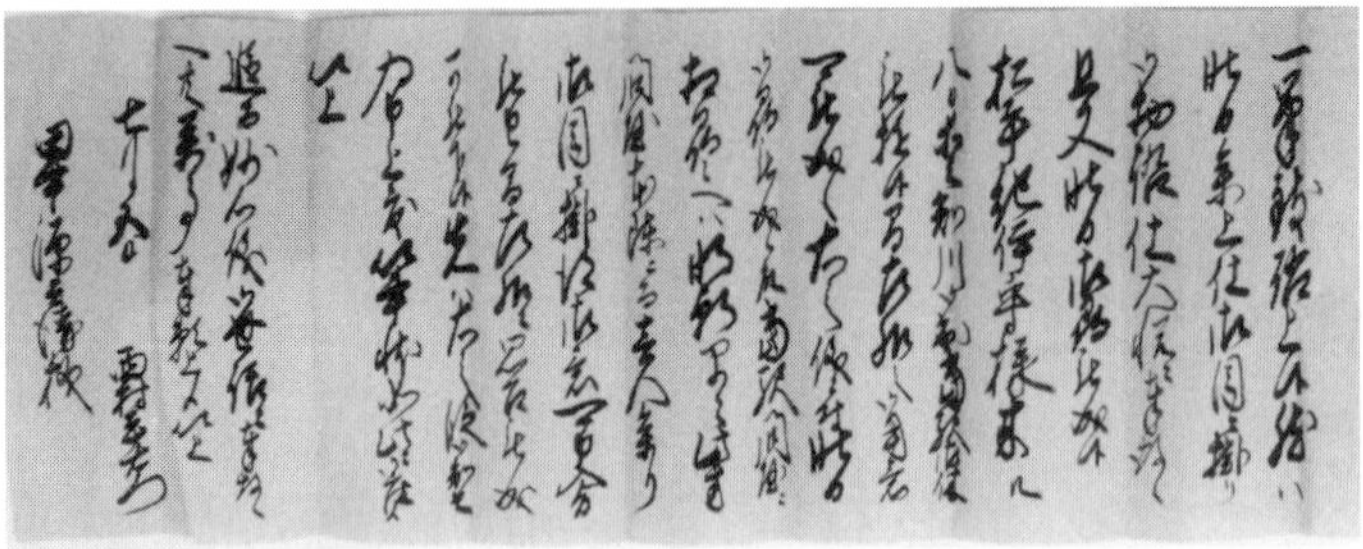

西村平左衛門の書状

して武佐宿で休息されるという先触れが届いているとのことです。そして、明六日早朝に武佐宿の役人が田中家を訪ねて、紀伊守様の妙蓮観覧のことについて打ち合わせをするようになっています」と、知らせています。

七月六日早朝、武佐宿本陣の役人、下川七左衛門が田中家を訪れています。そして、亀山藩主松平紀伊守が八日に大日池で妙蓮を観覧することを告げ、野洲村から田中村までの道順のことなどについて打ち合わせをしています。さらに、七日には、「いよいよ御地へ松平紀伊守様がお越しになられる筈です、野洲村までお出迎えしていることを申し上げてあるので、万事首尾よくお勤めなされるように」と、念入りな書状が届けられています。

六月下旬に江戸日本橋を出発した松平紀伊守の行列は、木曽路から美濃路を通って、七月七日には、中山道六十五番目の愛知川宿本陣に泊まっています。そして、七月八日の明け七ツ半(午前五時)には、愛知川宿を出発したと思われます。宝暦十三年の七月八日は、現在の新暦に直すと八月十六日になります。そうすると、日の出の時刻は五時ころになり、明け方の涼しさのうちに出発したようです。愛知川宿か

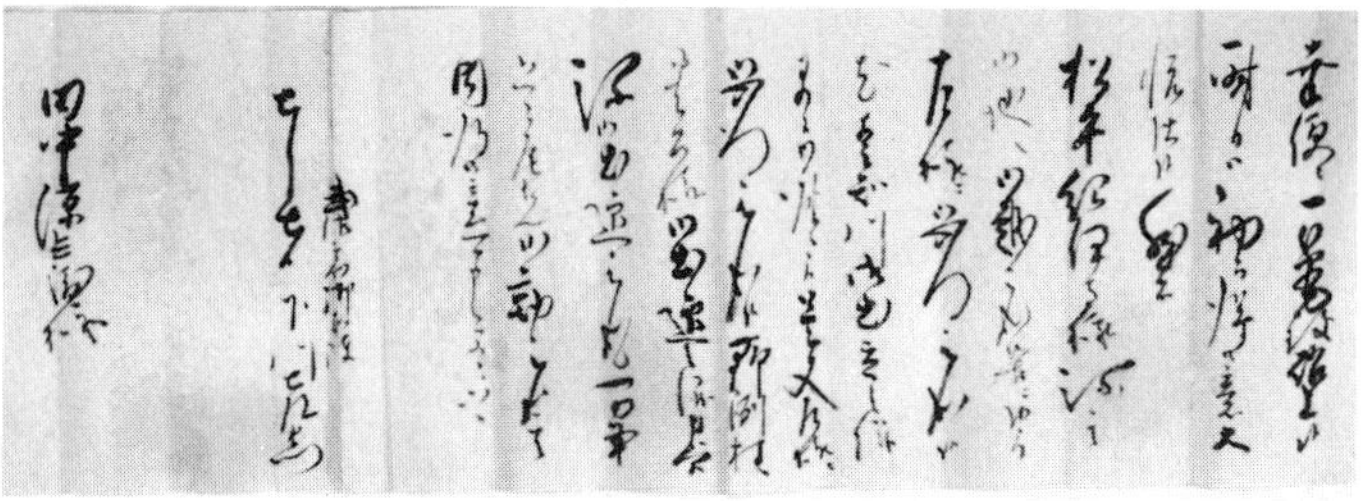

武佐宿本陣下川七左衛生門の書状

ら武佐宿までは、二里半（一〇km）の距離ですから、六ツ半（七時）ころに武佐宿に着いたと思われます。武佐宿本陣では、予定通り休息をとっています。そこから守山宿まては、ほぼ三里半（一四km）の行程ですが、三里ばかり歩くと野洲川の渡しに着きます。ここには、田中家の当主綱義が二人の守山宿役人と共に出迎えにきていました。紀伊守は、野洲川を渡ったところで行列と分かれて、守山宿役人の案内によって大日池に向かいます。野洲川の左岸堤防上にある狭い道を、野洲堤から小嶋堤を経て戸田堤を通り、大日池に着いたのは昼四ツ時（午前十時）でした。

この年は、『蓮之立花覚』によると八七本の妙蓮が咲いていました。紀伊守は、大日池に咲きほこる妙蓮の花をご機嫌うるわしくご覧になりました。珍しい花の咲くようすに感動した紀伊守は、亭主綱義をそば近くに呼び寄せて、その一本を所望したいと言っています。そこで、一茎二花の花を一本差し上げています。大変ご満悦の紀伊守からは、土産として金子《きんす》二歩《ぶ》を頂戴し、大日堂の堂守も金子一歩を頂戴して面目をほどこしています。

この後、紀伊守は守山宿に向かい、九ツ半（昼十二時）ころ本陣に到着して昼食をとっています。そのとき綱義は、守山宿の本陣に伺ってお礼

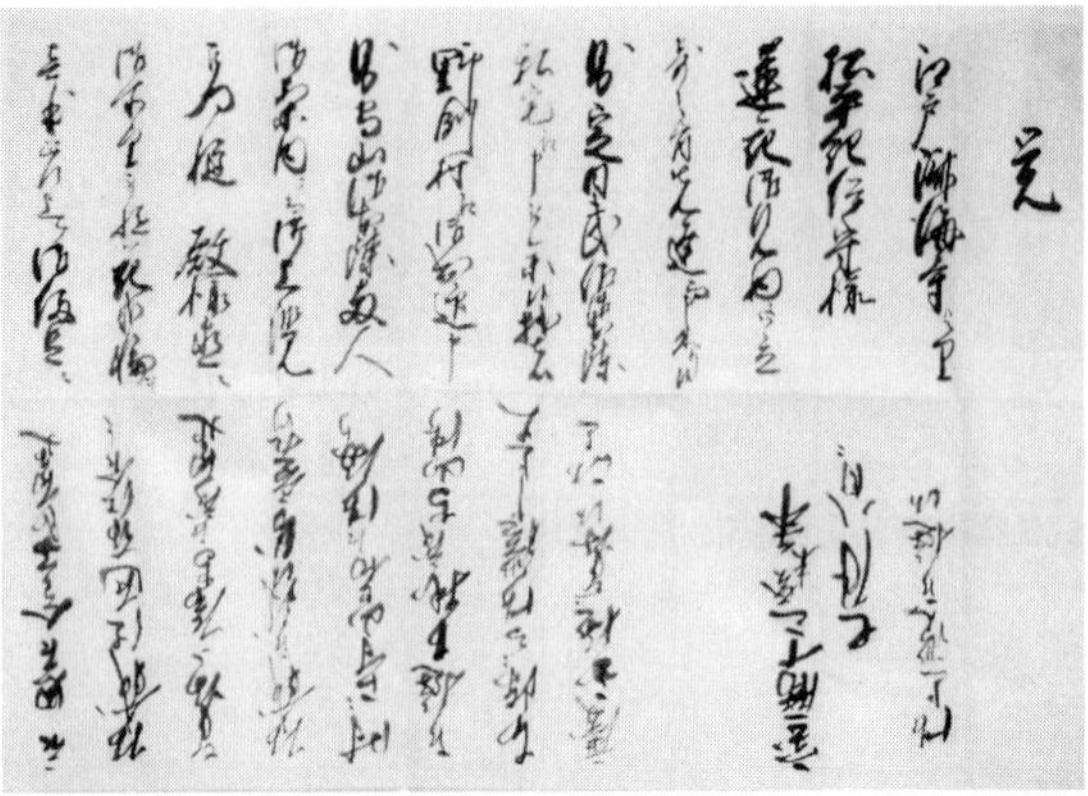
蓮花御上覧の覚書

を言上しています。そして、大名が自ら妙蓮を観覧するという特別の行事が無事終わったことを喜んでいます。

紀伊守は、その後行列を整えて草津宿を通過して大津宿まで進んでいます。済海寺からの連絡では、その日は守山泊まりであろうと知らせてきたのですが、そのまま五里八丁（二〇・四km）の道程を大津宿まで移動しています。愛知川宿から大津宿までは、一一里八丁（四四・一km）の道程になります。そして、亀山藩五万石の参勤交代の行列は、享保六年（一七二一）の幕府お触れ書きによると、総勢一六〇人前後であったようです。行列は、城下町や宿場ではその入り口で整然と整えられますが、道中では隊列をくずして早足で進むのが普通です。しかし、紀伊守の行列は、まだまだ残暑厳しい新暦の八月半ばに時速五kmに近い速さで行進したのではないかと考えられます。幕末のことになりますが、皇女和宮《かずのみや》の行列は、守山泊まりの翌日は愛知川宿まで進んでいます。これが平均的な旅程でした。新選組は武佐宿を出て次は、大津宿で泊まったという記録があります。それに比べると、昼間の時間が夜間よりも長い季節であったとしてもかなりの早足の行進になります。そして、その途中では、お

一茎二花の妙蓮の花

忍びで大日池に立寄っているのです。珍しい妙蓮の花を見たいという関心が、大名方の間でも異常なほど強かったことを示しています。

なお、このとき綱義が土産として頂戴した金子二歩は、一両小判の半額に相当します。土産という名目ですが、妙蓮の花を差し上げた謝礼に相当します。この金子が、現在の金額でどれくらいに相当するかは簡単に比較できません。しかし、宝暦十三年は豊年で、大坂の相場で米一石が銀四〇匁ほどであったとされています。金子二歩は、銀貨にすると三〇匁になります。また、磯田通史著『武士の家計簿』によると、当主と堂守の戴いた金子三歩は二三万円ばかりになります。評判の高い妙蓮の花が咲くようすを見て、その一花を持ち帰ることができた喜びは、通常の感覚を超えた金子となって表れているように思われます。

第五章　明治以降の近江妙蓮ものがたり

明治天皇の天覧に供された妙蓮の花

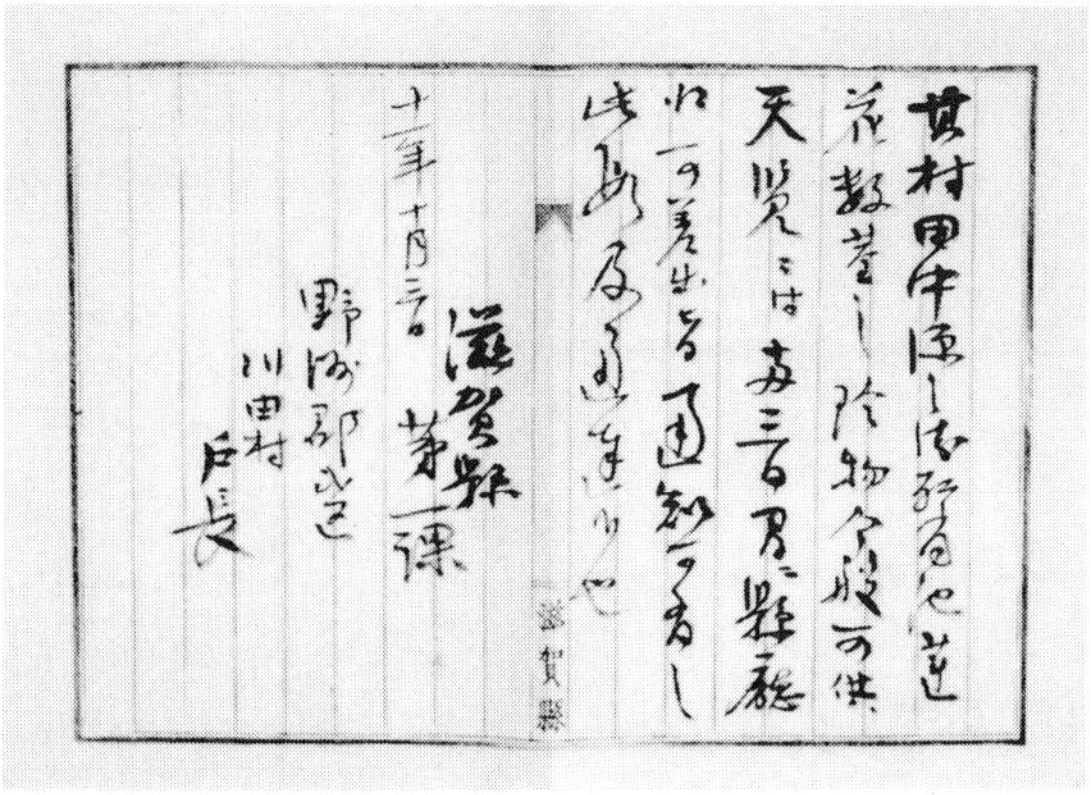

妙蓮を天覧に供す通知書

田中家に残された古文書に、明治十一年（一八七八）十月三日付の滋賀県第一課より野洲郡弐区川田村戸長宛の通知書があります。その書面は、次のようなものです。

其村田中源兵衛所有池蓮花数茎の珍物、今般可レ供二
天覧一ニ付　両三日間ニ県廳え可二差出一旨通知可レ有レ之
此段及通達候也

十一年十月三日

滋賀県第一課　印

野洲郡弐区

川田村戸長

この通達は、川田村戸長を通して、十一年十月五日午前十時に田中家に届けられたことが、田中家に残る別の書類

で明らかになっています。

滋賀県第一課よりの通達の内容は、田中源兵衛家の池にある蓮花は珍しい物であるから、このたび天皇の天覧に供するため県庁へ差し出すようにという知らせです。

そこで、田中家では、早速一茎四花の妙蓮の枯れ花を箱入りにして上納しています。その上納書は、次のような内容になっています。

蓮花上納書
一　壱茎四花の蓮花壱本　但シ箱入
右の品物今般可レ奉レ備一天覧二候間至急上納可致旨
蒙御達を即本日上納仕り候也
明治十一年十月八日
野洲郡弐区川田村
田中源兵衛代理
親類　北村清左衛門印
滋賀県令籠手田安定殿

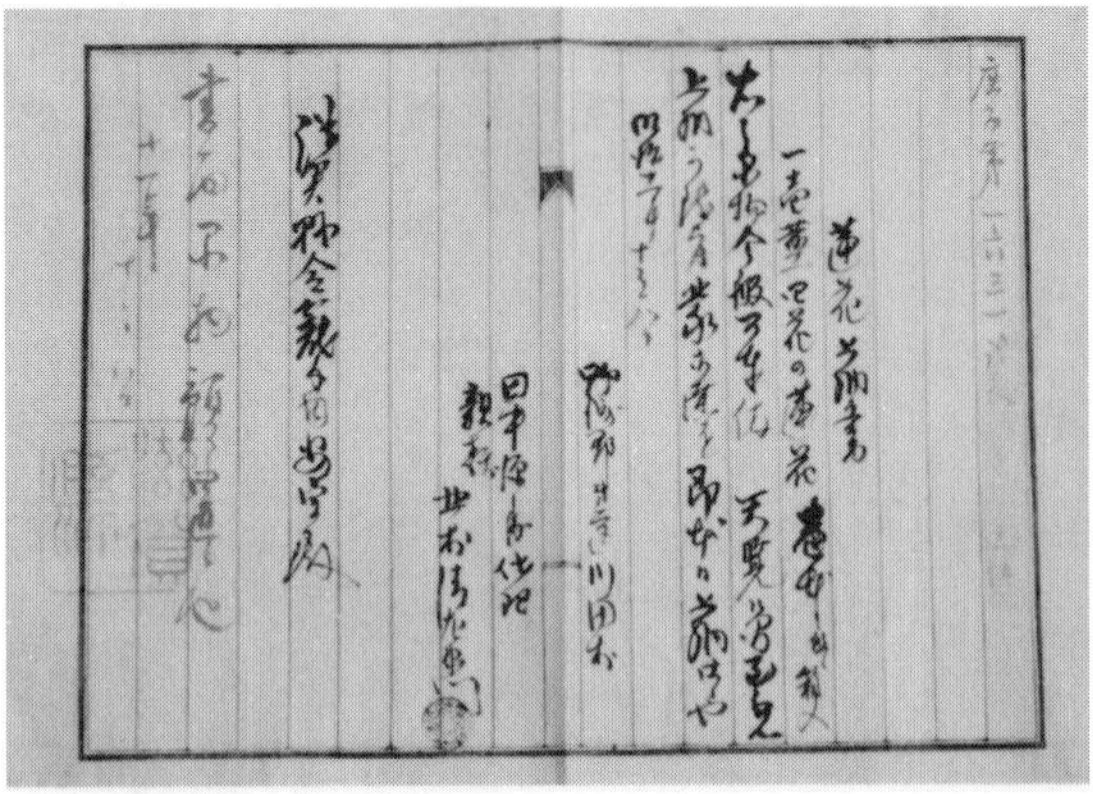
妙蓮の花上納書

妙蓮の枯れ花（明治時代初期のもの）

この時期の大日池は、妙蓮はすべて枯れており、「敗荷《はいか》」（蓮の葉が枯れた風景をいう季語）と呼ばれる風景になっていました。そのため、枯れ花の状態で残されていた一茎四花の一本を新調した桐箱に入れ、滋賀県令籠手《こて》田《だ》安定《やすさだ》宛で納入したのです。この上納書には、朱書きで「書面品物預置候也　十一年十月八日　滋賀県」と、書き加えられ滋賀県の朱印が押されています。妙蓮の枯れ花を天覧に供するために、滋賀県からの預かり証です。明治天皇は、この年北陸巡幸を終えて京都に向かわれる途次、大津の滋賀県庁に立ち寄られて、妙蓮の花を天覧になったのです。

明治天皇の北陸巡幸は、明治十一年八月三十日東京を出て、長野、新潟、富山、金沢、福井を経て、十月九日敦賀の三井銀行支店を行在所として宿泊されています。この当時は、越前国敦賀郡は滋賀県に所属していたので、籠手田滋賀県令は敦賀北東の木芽《きのめ》峠《とうげ》で一行を奉迎していることが記録されています。このあと、木之本、高宮、草津と宿泊をかさねられ、十月十三日大津に到着されておられます。この途次で、彦根城が解体されていることをみた天皇は、この城郭を保存するように仰せられたと伝えられています。大津では、この年四月に新築された師範学校が行在所になっています。翌十四日、滋賀県庁に臨幸され、県政の概要が上奏

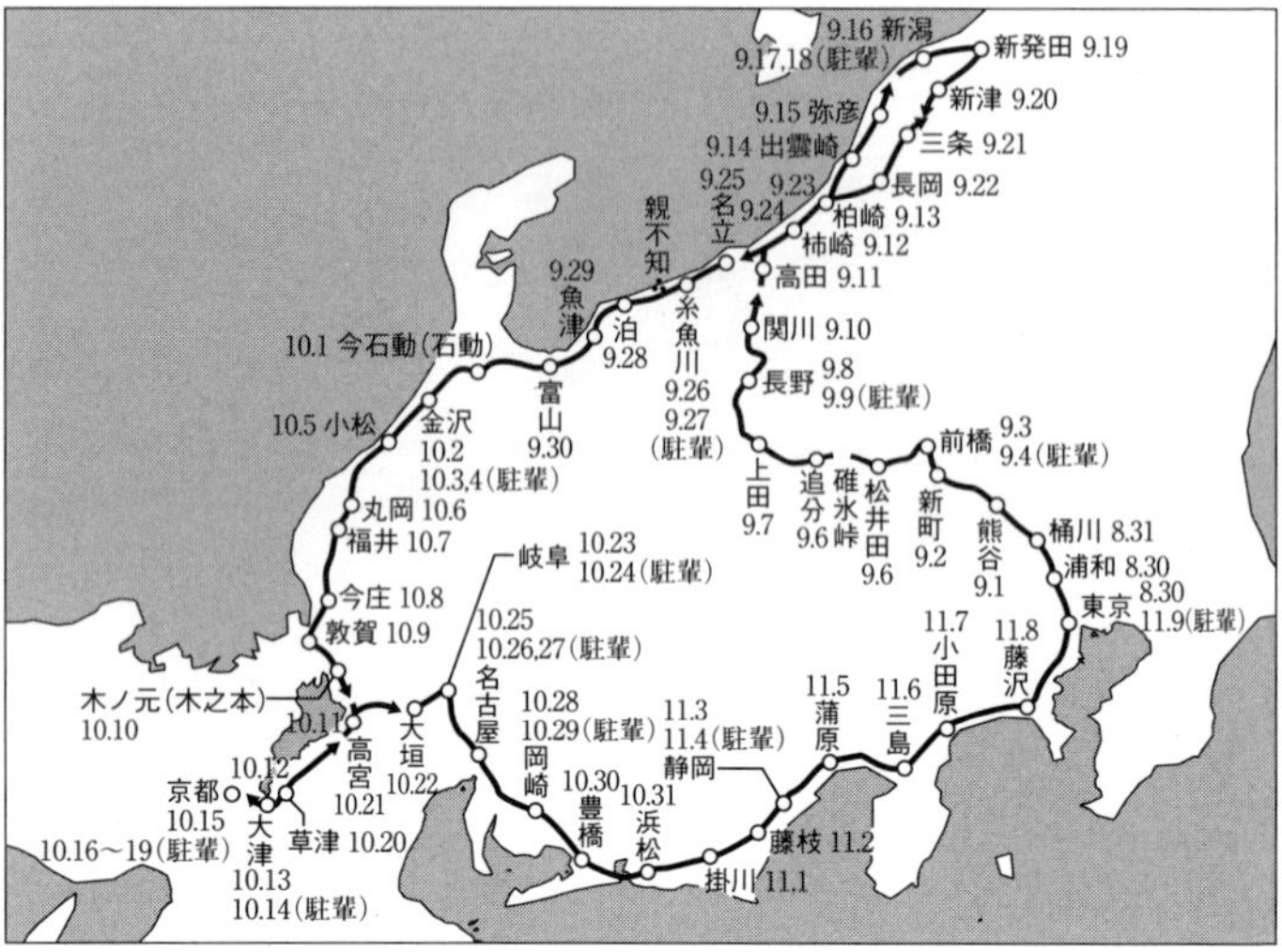

明治天皇北陸巡幸の径路図

されたあとで妙蓮の花を天覧になったと伝えられています。

妙蓮の天覧が無事終了したあと、県庁から次のような二通の書状が田中家に通達されています。

天覧相済候ニ付蓮花返却候条
受取人可㆓差出㆒候也
　滋賀県天覧物取扱所印
十一年十月二十二日
　　野洲郡二区
　　川田村　田中源兵衛殿

供　天覧蓮花運搬額取調
早々申し出可㆑有㆑之候也
　滋賀県天覧物取扱掛印
十一年十月二十三日
　　野洲郡二区

川田村　田中源兵衛殿

妙蓮の花の天覧が無事済んだことを知らせ、妙蓮の枯れ花を返却するため受取人を差し出すようにという通知です。さらに、天覧に供した妙蓮の花の運搬費用を調べて報告するようにという通達です。そこで、田中家からは、妙蓮の花を県庁まで運んだ運搬費用として、往復旅費三日分二五銭を上申しています。

江戸時代には、大日池に咲いた見事な妙蓮の花を夜通しかけて京都まで運び、時の天皇に献上したことは何度もありました。しかし、天明元年（一七八一）七月二日に光格天皇に二輪蓮花を献上したという記録を残した以後は、禁裏への献上は跡絶えていました。このことは、尊号事件にはじまる朝廷と幕府の厳しい対立関係や内憂外患の続く世相の影響があったと思われます。それが、明治維新で新しい時代を向かえたことから、一〇〇年ぶりに妙蓮の花が天覧に供されるという瑞祥の行事が復活されたのです。

東京に運ばれて皇居の池に植えられた妙蓮

明治天皇が滋賀県庁で妙蓮の花を天覧になったことは、珍しい花と奥深い由緒を持つ妙蓮の評判が改めて高められたようです。そして、滋賀県令籠手田安定に対し、妙蓮の蓮根を東京に運んで宮城の池に移植するように依頼があったように思われます。

明治十三年（一八八〇）五月五日付の、滋賀県令籠手田安定から諏訪《すわ》安明宛への書状が残されています。それには、高貴の御方よりの御所望により、田中村双頭蓮の種株（蓮根）を東京の皇居に移植することに付いての依頼です。

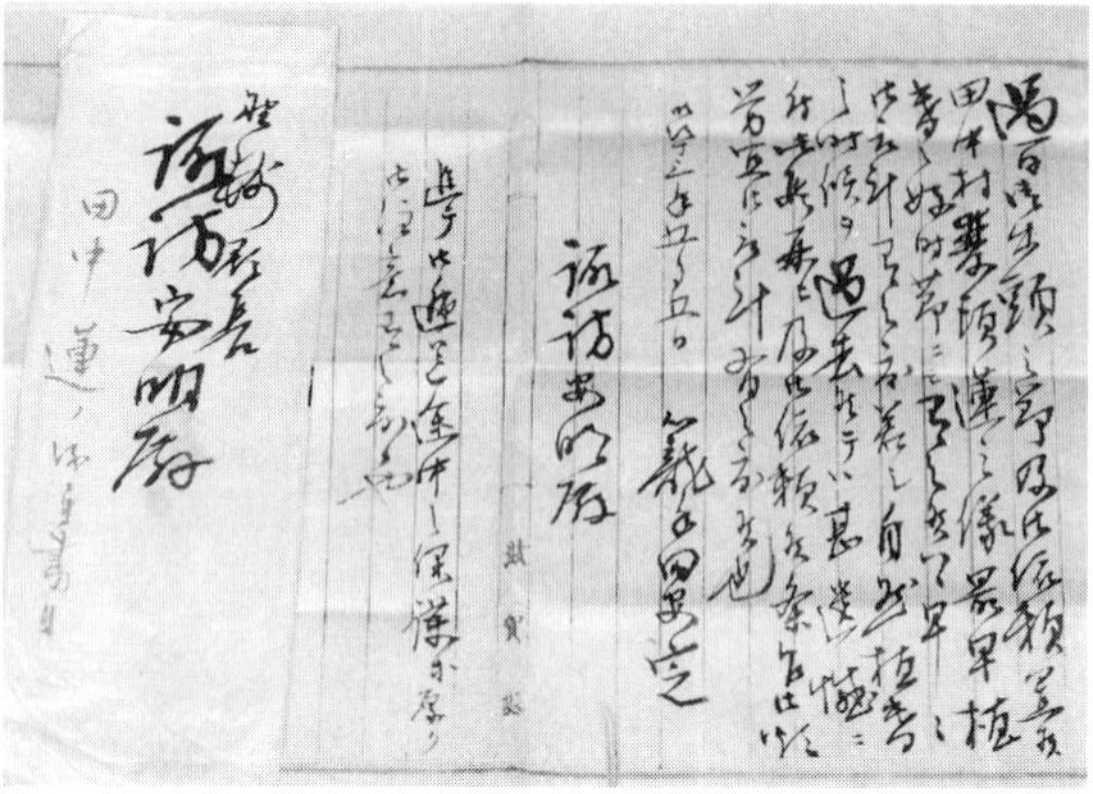
滋賀県令より妙蓮移植の依頼状

過日御出頭の節及二御依頼一置候　田中村双頭蓮の儀
最早植替の好時節期ニモ有レ之候ハハ早々御取計有レ之
度若シ自然植替の時候ヲ過去候テハ甚遺憾ニ付此段再
ヒ及二御依頼一候条　乍二御煩労一宜御取計有レ之度候
明治十三年五月五日　　籠手田安定
諏訪安明殿
追テ御逓送途中の保護等厚ク御注意有レ之度候也

このことについては、籠手田県令をはじめとして大日池のある川田村を所管する野洲郡第二区の諏訪安明郡長を通して田中家に伝えられていたようです。そして、明治十三年の五月五日付で滋賀県令から諏訪郡長宛に正式の依頼状が届けられたのです。

これより前に、妙蓮の蓮根を皇居に移植することに付いて内命があったので、田中家から諏訪郡長に「蓮株の儀ニ付御伺書」が提出されています。その概略は、「その昔、応永年度に室町将軍義満公が諸国の名花を取り寄せられた時、近江守護職佐々木家を経て右蓮株を呈上しましたが、土地が変わったためか生い立ちませんでした。その後、再三呈上《ていじょう》しましたが更に生い立たず、是れ海内の珍花なりとかえって深く御賞美を蒙って、この蓮の保護を命ずる法度を戴いています。また、芦浦観音寺当地御支配中に、女院様より命じられて蓮株を調進いたしましたが、その蓮株も植え付かなかったことを先祖より伝聞しています。よって、この度の御用も前同様生い立たなければ恐縮です。そのため、池中の泥を大桶に詰めてそれに植え込んで運送すれば必ず生い立つように思われます。もっとも、掘りとる時には当地に御出いただき確認するなど、万端御指揮賜るよう御願い申します」と、述べています。室町将軍家や東福門院《とうふくもんいん》に妙蓮の蓮根を献上した際に、いずれも土地が変わったために花が咲かなかったと伝えられていることを記して、今回は大日池の泥を詰めた桶に蓮根を植え込んで運送する方法を申し出ています。

大日池の蓮根の逓送《ていそう》を命じられた後、五月十七日付の諏訪郡長から籠手田県令に差し出された書状によると、五月十六日に大日池の蓮根を掘り起こして桶に入れ、赤野井《あかのい》港から船で県庁まで運ぶ手筈をしていたところが、その夜、桶に入れて一年間培養して花の咲くことを確かめてから差し出すよう

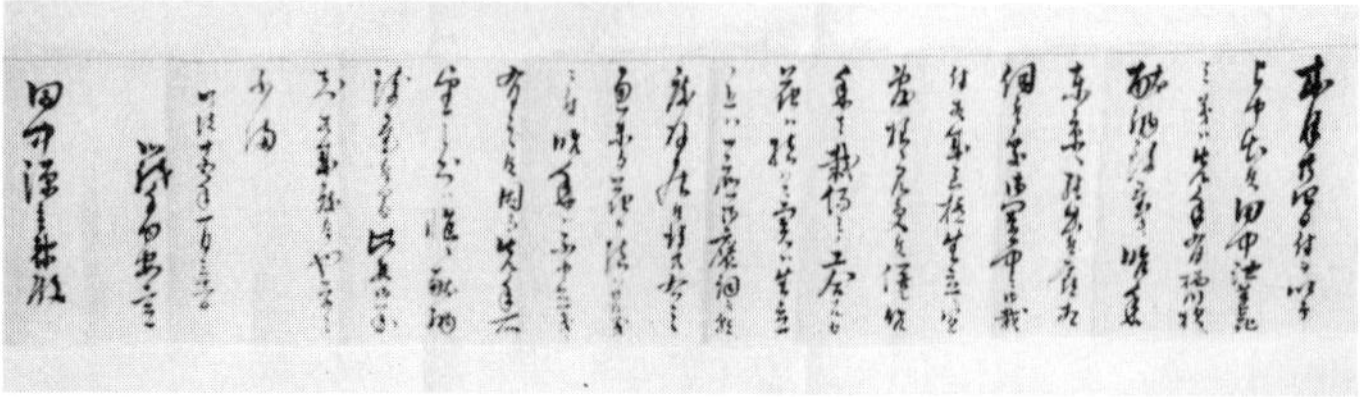

籠手田県令より田中家への書状

にという急な連絡がありました。五月十六日では、蓮根の移植の最適の時期を過ぎています。また、これまでに禁裏様や将軍家に移植された蓮根が妙蓮の花を咲かせたことがないということなどから、東京まで運んで蓮根を移植する時期や方法について再検討がなされたようです。そのような経過を経て、明治十四年の春には、東京まで運ばれた妙蓮の蓮根が皇居の池に植えられたようです。

明治十五年一月三十一日付の、籠手田安定県令から田中源兵衛宛の書状によると、「先年有栖《ありす》川宮《がわのみや》様まで献納した田中蓮は、花が咲いたならば一応御《ご》褒詞《ほうし》を戴くようお願いしてあるが、昨年は花が咲かなかったようです。先年御所望の蓮は、慥《たしか》に献納致したので御承知置きください」と、記されています。どうやら、滋賀県令をはじめとする慎重な手配を尽くした妙蓮の蓮根移植も成功しなかったようです。

さらに、明治三十一、二年のころに、宮内省から妙蓮の蓮根を皇居に移植するようにという懇望があったようです。そのことについては、明治三十二年七月二十四日付の、宮内省式部長三宮義胤《さんのみやよしたね》より滋賀県下野洲郡田中村田中源兵衛宛の書状が残されています。その概要は、「三国伝来の一茎双頭の蓮根を所望申し入れたところ、早速送付いただき深謝しています。右蓮根は

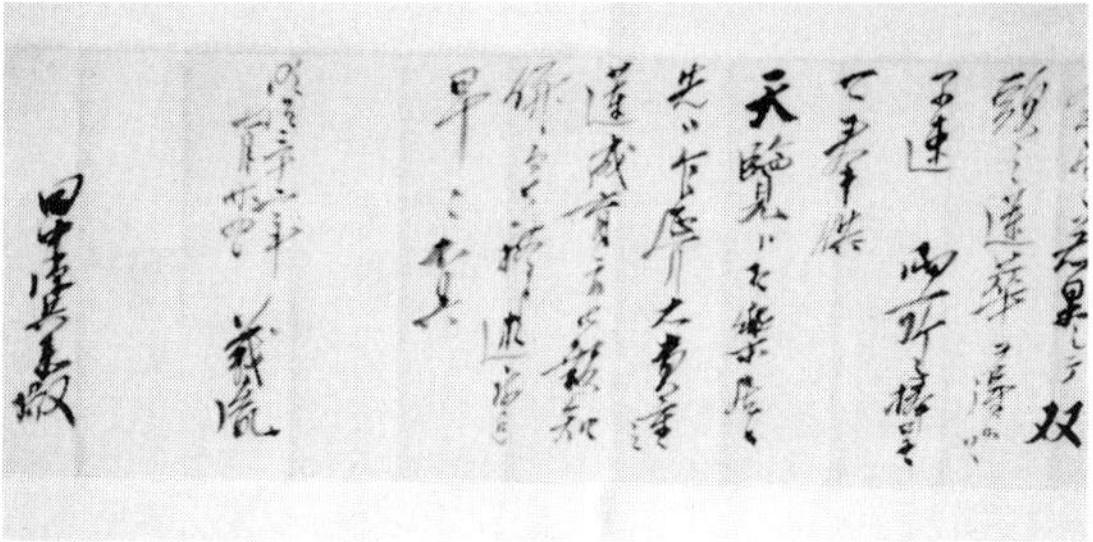

宮内省式部長より田中家への書状

今日まで大小二十余茎の葉を生じ、その成育方宜しく安堵しています。この上は、一茎なりとも華を得たいと祈念しています。もし、双頭の蓮華を得られたならば、早速御所に奉呈して天覧に供え奉りたいと楽しみにしております」と、記されています。

明治二十九年の琵琶湖岸大洪水の影響は、それ以後に大日池の妙蓮は花が咲かなくなったといわれていますが、池中には蓮根が残されていたようです。それが、妙蓮であったかは疑問です。しかし、大日池の蓮根として、東京の皇居まで搬送されたと考えられます。その蓮は、宮内省式部長からの書面では、蓮の葉が二十数枚出るまで生育しています。花が一本でも咲けば、ただちに天覧に供したいと記されているのですが、妙蓮の花が咲いたことが確認された記録は残されていません。

木ノ新保六番丁にあった持明院

加賀妙蓮から武蔵野妙蓮まで

妙蓮という珍しい蓮は、石川県金沢市神宮寺町三丁目にある真言宗高野山派持明院《じみょういん》の池にも咲いています。この妙蓮は、現在、石川県の天然記念物に指定されており、大賀《おおが》一郎博士により「加賀妙蓮」と呼ばれていた蓮です。加賀妙蓮は、もとは金沢駅前の木ノ新保《きのしんぼ》六番丁五十四番地にあった持明院の池に生育していました。大正十二年（一九二三）三月七日、三好学《みよしまなぶ》博士の推薦によって国の天然記念物に指定されたのです。しかし、昭和四十七年（一九七二）、持明院は金沢駅前の拡張整備工事のため、木ノ新保六番丁から神宮寺町三丁目に移転しています。その境内に新しい池を設置、木ノ新保六番丁の池から移した妙蓮を植えています。古い持明院の池は、埋め立てられ、昭和四十七年七月十一日に国の天然記念物指定は解除されました。

神宮寺町三丁目の持明院

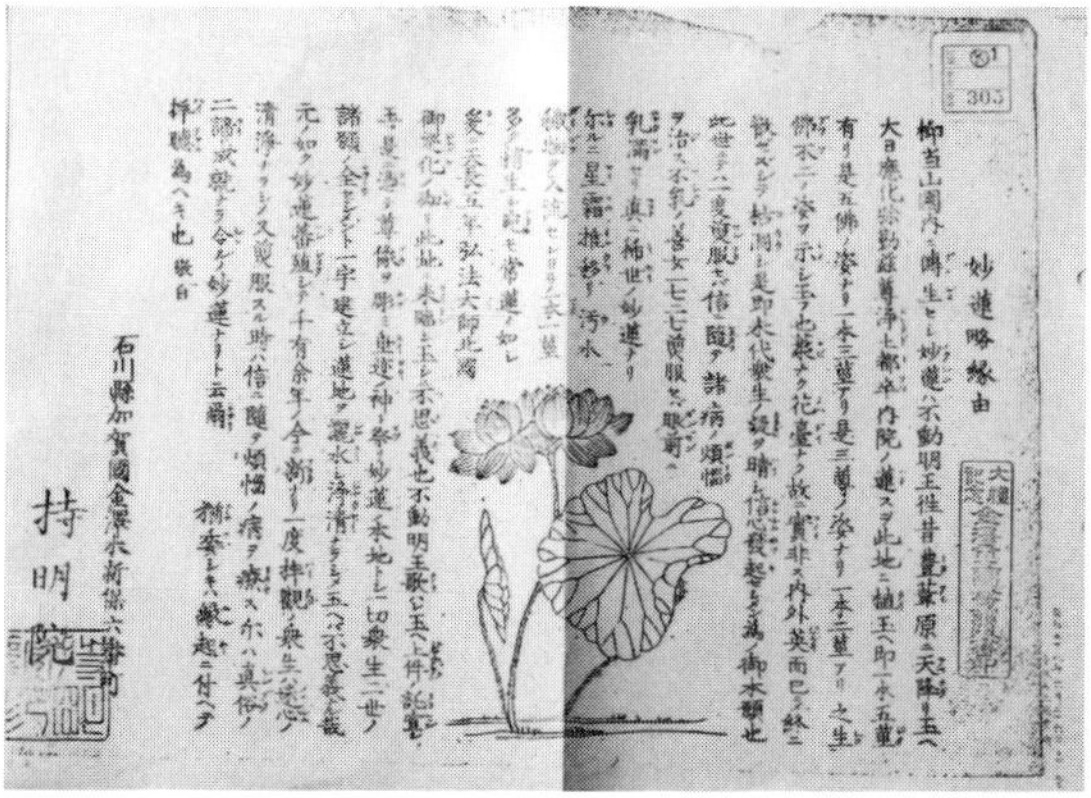
妙蓮略縁由

石川縣加賀國金澤木新保六番町

持明院

加賀妙蓮の妙蓮略縁由

加賀妙蓮は、いつのころから持明院の池で花を咲かせていたのでしょうか、この由来は最近まで謎でした。『妙蓮略縁由』と題する、持明院が発行した由来書が金沢市立図書館に保存されています。これには、「抑当山園内ニ伝世セシ妙蓮ハ…」と書き出して加賀妙蓮の由来を記しています。その概略は、「その昔、不動明王によって植えられた妙蓮が汚水の流入したため常蓮に変わった。天長二年（八二五）に弘法大師《こうぼうだいし》が北陸巡遊のみぎり、この池に来て妙蓮を元のごとく繁殖させてから千有余年の今に新なり…」と記されています。これによると、加賀妙蓮は弘法大師空海ゆかりの古い蓮ということになります。このような伝承が生まれるのは、持明院が真言宗高野山派の寺院であることから当然のことになります。近江妙蓮が、天台宗の慈覚大師《じかくだいし》円仁《えんにん》による将来とされるのと同じことです。

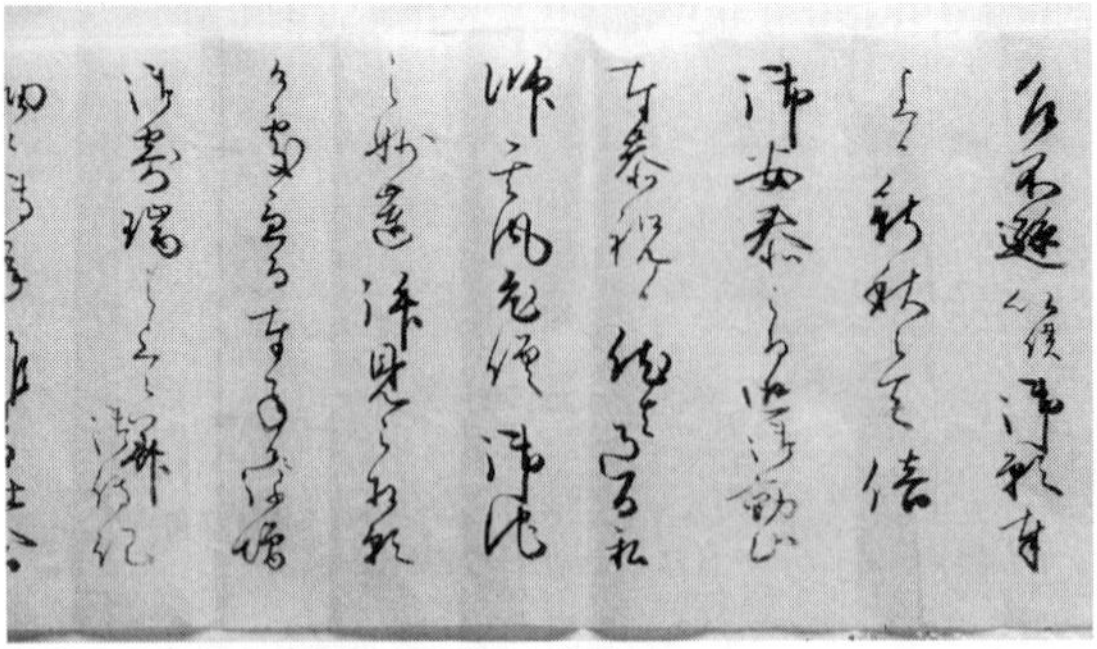
妙蓮の名称初出の藤崎文書（田中家蔵）

持明院には、明治時代以降の資料は多少残されていますが、江戸時代やそれ以前の古い史料は皆無です。そして、加賀妙蓮が古い時代から存在した証拠をしめす資料が何も残されていません。さらに、「妙蓮」という名称が使われていることは、この縁起書が明治以降に作成されたことを示しています。江戸時代末期までの文献や史料では、「妙蓮」という名称を使ったものは一つもみつかっていないのです。田中家に残る古文書では、駢蔕蓮、双頭蓮、十二時蓮、田蓮、田中蓮、あるいは千葉蓮、万葉蓮、千重の蓮などが使われています。「妙蓮」という名称が使われているのは、田中家に残された明治初年のものと思われる日野村藤崎惣兵衛の書状が初出です。そして、「妙蓮」が正式な名称になったのは、大正十二年三月七日に加賀妙蓮が国の天然記念物に指定されて以降のことです。

江戸時代の文献で、田中村の大日池にある妙蓮のことを記した文書は多数残されています。しかし、加賀の国に妙蓮が生育していたという記録は、現在のところみつかっていません。越中城端《じょうはな》の本草《ほんぞう》学者直海《なおみ》元周が『田蓮記』の付録に、元禄のころ加賀藩五代藩主綱紀《つなのり》が金沢城に大日池の妙蓮を徴入したと記しているのが、唯一の妙蓮にかかわる記録です。しかし、この蓮は常蓮となって妙蓮の花は咲かなかったと記されています。また、江戸時代中期のころ、直海元周や杉坂尚庸など越中城端の本草学者や文人が、田中家を訪れて妙蓮を讃える詩歌を残しています。そのころ、加賀藩内に妙蓮があったとすれば、これらの人たちによって記録が残されているはずです。

弘化《こうか》四年（一八四七）八月に没した、柴野美啓著『亀の尾の記』に、「白髭《しらひげ》大明神、別当持明院、当社来歴詳かならず、旧記紛失すと云ふ。一茎に二台の蓮華あり」とあります。これが、幕末に持明院に妙蓮があったとする唯一の文献とされていますが、一茎二花でなく一茎二台となっていることは常蓮の双頭蓮と考えられます。また、妙蓮であれば毎年同じ花が咲くことで、持明院にこのような奇花が咲いたという記録が他にも発見されるはずです。一度限りの記録では、妙蓮と断定することには無理があります。江戸時代に妙蓮が生育していたのは、近江国の大日池のみだったのです。

大賀一郎博士は、田中家に残されていた明治初期とされる妙蓮の枯れ花を調べて、近江妙蓮と加賀妙蓮は同一種であることを、昭和三十三年（一九五八）ごろに発表しています。そして、近江妙蓮が持明院に移されたことについては、「幕末の化政《かせい》・天保《てんぽう》頃から明治初年頃までの間に、大日池から掘り上げられた妙蓮が、偶然に加賀金沢の持明院に移植されたものと見ねばならない」と、記していま す。しかし、江戸時代には、室町将軍から下された「法度《はっと》」による門外不出が守られており、禁裏《きんり》様か将軍家でなければ妙蓮の蓮根の移植は不可能だったのです。加賀百万石の前田綱紀は、将軍綱吉《つなよし》との親密な関係から特別に妙蓮の蓮根を入手することができたと考えられます。江戸時代が終わるまでは、禁裏様か将軍家以外に蓮根が呈上されることはなかったのです。そのようなことで、持明院に妙蓮が移植されたのは、明治維新によって幕藩体制が消滅した以後のことであったと断定できます。

加越能《かえつのう》史談会の和田文次郎著『郷史談叢 拾遺《しゅうい》第二』によると、明治十一年（一八七八）に持明院では、高岡市二上射水《ふたがみいみず》神社、旧養老寺の別当真言宗談義所金光院《こんこういん》の木造不動明王立像《ふどうみょうおうりゅうぞう》二体のうち一体を譲り受けています。これが、新しい本尊仏として祀られたのでした。またこの後、持明院の境内、地籍木ノ新保五十五番地の墓地を整理して、小さな新池を造ったことが白鬚《しらひげ》神社の古図面写しから判明しています。これは妙蓮移植への準備のように推測されます。

明治天皇は北陸巡幸の節、明治十一年十月二日に金沢に到着され、南町の薬種商《やくしゅしょう》中屋彦十郎の居宅を行在所《あんざいしょ》にして三泊しておられます。この間の金沢での御臨幸先などは、和田文次郎著『明治天皇御巡幸誌』に、詳しく記載されています。この時、金沢勧業博物館で県内の天産人造品を御通覧されたことと、その品目などが列挙されています。ところが、妙蓮のことは何も記されていません。この後、滋賀県庁では妙蓮の枯れ花が天覧に供され、その翌々年には妙蓮の蓮根が皇居に移植されるということまで行なわれています。もし、明治十一年までに持明院に妙蓮が植えられていたとすれば、明治天皇の天覧に必ず供されていたはずです。

富山県福野町の安居寺

　この他、明治初期の種々の史料から判断すると持明院の池に妙蓮が移植されたのは、明治十二年の春から初夏のころと推定することができました。そして、この妙蓮移植には真言宗総本山金剛峰寺《こんごうぶじ》との関わりがあったのではと思われます。大日池から他の池に妙蓮を移植した場合、常蓮の花が咲くと言い伝えられていましたが、持明院の池では妙蓮の花が咲いたのです。この奇遇が、後年の近江妙蓮の復活につながることになったのです。

　加賀妙蓮は、明治三十四年（一九〇一）に富山県東礪波《ひがしとなみ》郡福野町（現、南砺市）安居《やすい》の真言宗安居寺《あんごじ》の池に移植されています。そして、昭和二年（一九二七）には、富山県の天

東京都府中市の中央公園の蓮池

然記念物に指定されたことがあります。しかし、越中妙蓮と呼ばれたこの蓮は、昭和三十年（一九五五）ごろに絶滅して、今では蓮が生えていたとされる池の跡が草地になって残っています。

昭和三十三年（一九五八）四月、金沢駅前の拡張整備計画のため、持明院の池が改修されて移転することになりました。この時、大賀博士の指導のもとで妙蓮の移植が行なわれました。そして、関係者の同意のもとでこの池の蓮根五本が、大賀博士の地元の東京都府中《ふちゅう》市中央公園ひょうたん池に移されました。これが、翌三十五年に花を咲かせて、武蔵野《むさしの》妙蓮と呼ばれるようになりました。しかし、この池の武蔵野妙蓮は、平成二年（一九九〇）に観察したところ、花が咲いているのが見られませんでした。妙蓮の栽培管理は、容易なことではないのです。

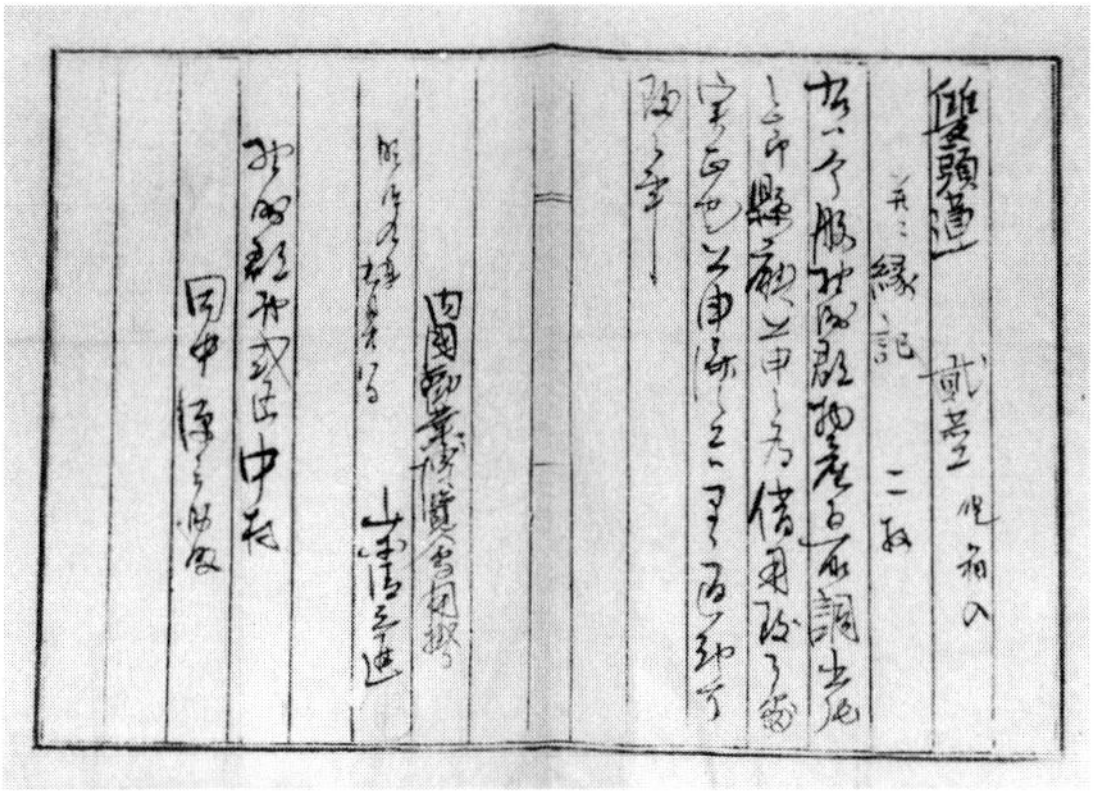

内国勧業博へ妙蓮出品依頼（明治９年）

大日池で妙蓮の花が咲かなくなった

室町時代から大日池で咲き誇っていた妙蓮は、明治時代の中ごろから咲かなくなりました。大賀博士の聞き書きによると、明治二十八年（一八九五）京都岡崎で開催された内国勧業博覧会に大日池の妙蓮を出品したのが最後で、それ以後大日池に妙蓮の花が見られなくなったとされています。先に述べたように、明治三十一年か二年に、宮内省の懇望によって大日池の蓮根を皇居に移植していますが、妙蓮の花が咲いたことは確認されていません。この時まで、五百年近く咲き続けていた大日池の妙蓮が咲かなくなった原因については、次のようなことが考えられます。

田中家にある『蓮立花覚日記』の寛政十三年（一八〇一）の記文には、「享和元年六月ミノリ花立、此六七年以前より蓮ミノリ相立、当年よりミノリ花ミナミナ引取る也」とあります。ミノリ花というのは花托のある常蓮のことで、幕末に近づくころには、妙蓮にまじって常蓮が咲いていたようです。そのため、常蓮を取り除くという作業を行なっていたのです。

突然変異で生じた妙蓮は、常蓮より生命力が弱いため、大日池に常蓮が増えることは妙蓮の絶滅につながります。そして、明治維新後の急激な世情の変化は、大日池の管理や保護が十分に行なわれなくなったことが考えられます。また、大日池を取り囲む藪地の樹木の繁茂が著しく、妙蓮の生育に必要な日差しが少なくなったことも考えられます。このようなことに追い打ちをかけたのが、明治二十九年の異常気象と野洲川の大洪水だったと思われます。この年は、集中豪雨が続いて琵琶湖の水位が観測史上最大の三・七六mに達し、湖岸の村々は一カ月近くの間水没する被害を受けています。さらに、野洲川の堤は各所で決壊しており、大日池も大きな影響があったと思われます。このような異変は、幕末以来衰えを見せていた大日池の妙蓮を完全に衰亡させたのです。

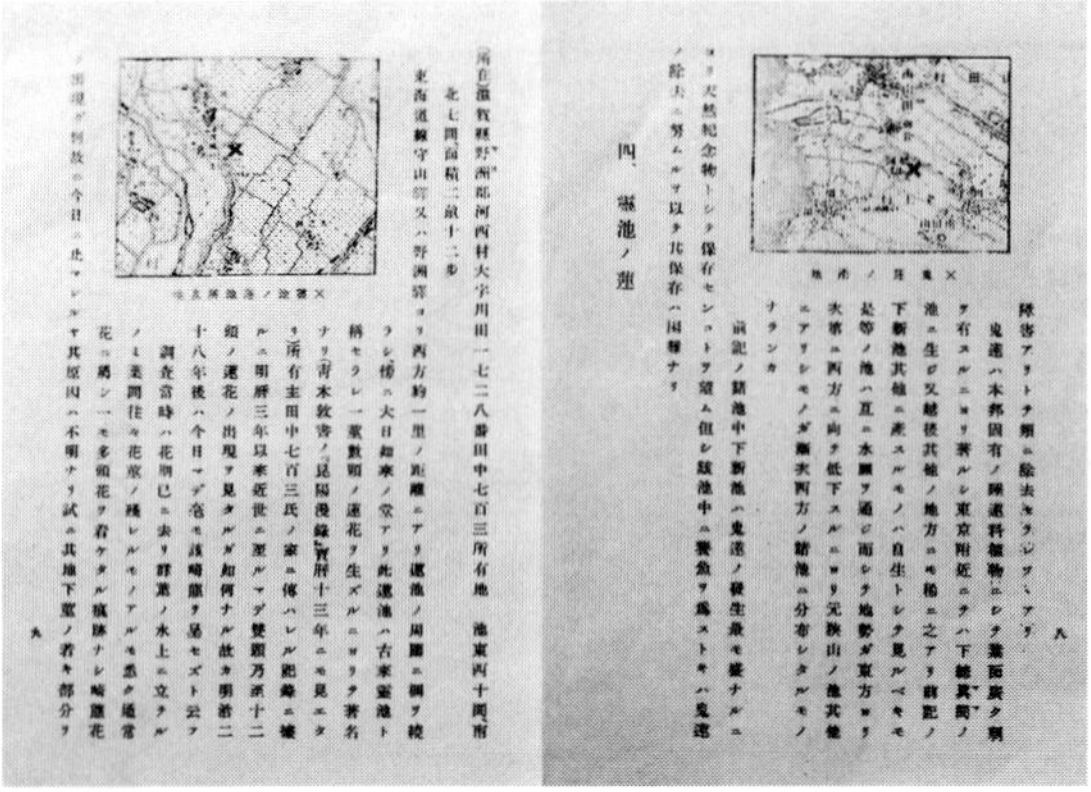
八

障害アリトナ類ニ除去セラレヅヽアリ

鬼蓮ハ本邦固有ノ睡蓮科植物ニシテ葉面廣ク刺ヲ有スルニヨリ著ルシ東京附近ニテハ下總其他ノ池ニ生ジ又越後其他ノ地方ニモ稀ニ之アリ前記ノ下新池其他ニ産スルモノハ自生トシテ見ルベキモ是等ノ池ハ互ニ水脈ヲ通ジ而シテ地勢ダ東方ヨリ大體ニ西方ニ向テ低下スルニヨリ元狭山ノ池其他ニアリシモノダ漸次西方ノ諸池ニ分布シタルモノナランカ

×鬼蓮ノ産地

前記ノ諸池中下新池ハ鬼蓮ノ發生最モ盛ナルニヨリ天然紀念物トシテ保存センコトヲ望ム但シ該池中ニ養魚ヲ爲ストキハ鬼蓮ノ除去ニ努ムルヲ以テ其保存ハ困難ナリ

四、靈池ノ蓮

所在 滋賀縣野洲郡河西村大字川田一七二八番田中七百三所有地 池東西十間南北七間面積二畝十二歩

東海道線守山驛又ハ野洲驛ヨリ西方約一里ノ距離ニアリ蓮池ノ周圍ニ樹ヲ繞ラシ傍ニ大日如來ノ堂アリ此蓮池ハ古來靈池ト稱セラレ一莖數瓣ノ蓮花ヲ生ズルニヨリテ著名ナリ青木敦書ノ「昆陽漫録」寶暦十三年ニモ見エタリ所有主田中七百三氏ノ家ニ傳ハレル記録ニ據ルニ明暦三年以來近世ニ至ルマデ雙頭乃至十二頭ノ蓮花ノ出現ヲ見タルガ如何ナル故カ明治二十八年後ハ今日マデ

×靈池ノ蓮所在地

調査當時ハ花期已ニ去リ群葉ノ水上ニ立テルノミ葉間往々花莖ノ殘レルモノアルモ悉ク通常花ニ屬シ一モ多瓣花ヲ着ケタル痕跡ナシ

九

霊池の蓮の記文（天然記念物調査報告書）

妙蓮の花は咲かなくなりましたが、希有《けう》の歴史をもつ大日池は保存されていました。大正十三年（一九二二）の『内務省史蹟名勝天然記念物調査報告書三十二号』には、三好学博士が「霊池の蓮」と題して、咲かなくなった近江妙蓮を多頭蓮という奇態花として報告しています。それには、「…要するに、霊池の多頭蓮は現に潜伏期に在るものと見るべきを以て他日の考証のため、天然記念物として保存するを要す…」と記されています。三好博士のいう、潜伏期にある多頭蓮という考えは正しくありませんが、妙蓮という珍しい蓮のことに注目して、天然記念物に指定する価値のあることをはじめて明らかにしたことは意義深いことです。

大正十五年三月には、「大日堂並蓮池保勝会趣意書」が、田中家当主七百三《なおぞう》さんと大日堂住職大友隆道さんの連名で作成されています。そして、妙蓮の再生を計るために河西村村長を会長とし、それぞれの区長を幹事とする保勝会が多数の村人たちの賛同を得て発足しています。近江妙蓮の復活を期待する人々の思いは強かったのです。

昭和二十九年(一九五四)八月、大日池の清掃整備が保勝会の関係者によって行われています。この時、参加者の間から妙蓮の一日も早い復活を望む声が出ました。そして、翌三十年十二月、保勝会の田中常尚《つねなお》さんが『農耕と園芸』誌上で「瑞蓮」という記事を読み、金沢の持明院の池に妙蓮があることを知りました。さらに、昭和三十一年一月二十二日の朝日新聞に、大賀一郎博士の蓮研究の記事が掲載されているのを見つけました。早速、田中家の当主米三さんや、その母親の小杖《こづえ》さんなどと妙蓮復活への計画を相談しています。そして、大賀さんの力添えによる妙蓮復活を期待して、明治初年ごろの妙蓮の枯れ花の写真をそえて調査研究を依頼しました。これに対して、大賀さんからは二月八日に応諾の手紙が届き、四月二十日に田中家をはじめて訪れています。

田中家を訪れたときのようすを、大賀さんは次のように書き残しています。「田中家三十七代当主米三君とその母君なる小杖さんとは、古い近江妙蓮の枯れ花二個と先祖伝来の古い二個の箱入りの古文書を前に置き、両手をついて私にいわれた。この家の遠祖以来伝わっていたこの蓮が、私共の時代になって絶えたことは、私達の罪障浅からぬためと思い、日夜心を痛めています。どうぞ助けてくださいと。…そして私は、再びこの近江田中部落の大日池に妙蓮の花を咲かせて、一千年の伝統を誇る近江佐々木家の末裔なる田中家を復興されたいと、深く心に期する所があった」。

近江妙蓮の里帰りものがたり

近江妙蓮が里帰りする経過は、大賀さんから田中常尚さん宛に送られた書状二三通と、常尚さんが書き残したメモ帳などを元にしてその概略を記します。

昭和三十三年(一九五八)三月二十八日、大賀さんは、富山県福野の安居寺から送られてきた越中妙蓮とされる蓮根五本を携えて田中家を訪ねています。そして、大日池に隣接する水田の一部に植えています。この蓮根からは、やがて葉が伸びだして七月になると花が咲きましたが、すべて常蓮の花でした。安居寺から送られてきた蓮根は、どうやら常蓮の蓮根だったようです。この年四月十五日から、

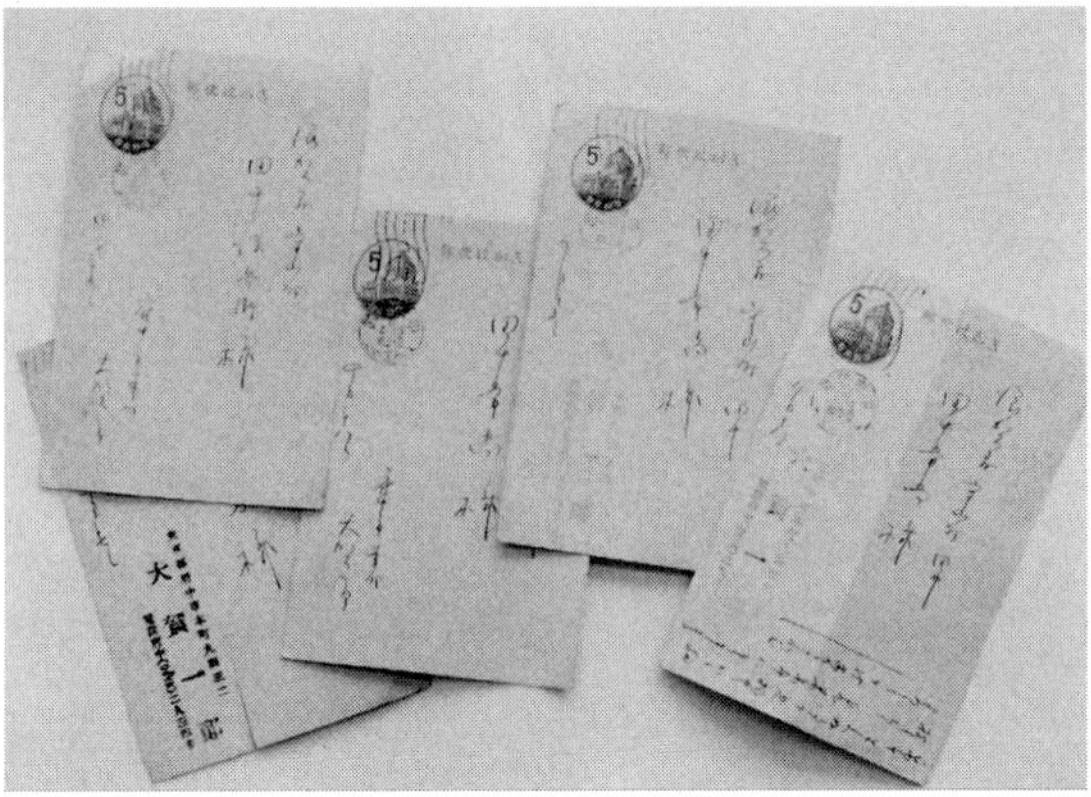

大賀博士よりのハガキ

金沢駅前の整備拡張工事のため持明院では加賀妙蓮の移植が行なわれています。この時、大賀さんは研究のために蓮根五本を府中市のひょうたん池に移植しています。これが、翌年の夏になると蓮の葉が池一面に広がり花が咲きました。百個余り咲いたのは、すべて妙蓮の花でした。このことで、それまであった妙蓮移植常蓮説が完全に否定されたのです。

　昭和三十四年八月十八日付けの大賀さんからのハガキには、「武蔵野妙蓮は立派に咲きました。来年か来々年にはお送り出来ましょう。近江田中村もこれから世に出ましょう。御同慶に堪えません。池をキレイに掃除して今日迄のものを全部掘り上げて下さい。それでないと無駄です。来年生えぬ事を見極めてから移植したく、自然来来年になりましょう。よろしく御計画下され度」と、記されています。

　これまで言われていた、妙蓮の移植は常蓮化するという説を否定して、加賀妙蓮の移植に成功したことの喜びと、大日池に妙蓮の復活する日の近いことを知らせています。そして、大日池を完全に浚渫《しゅんせつ》して移植の準備をするようにと記しています。翌年の夏に、大日池に常蓮が完全に生えなくなったことを確かめてから移植したいと伝えています。

昭和三十五年の四月はじめに大日池を訪れた大賀さんは、三十六年夏に実施できると考えていた妙蓮移植の計画を早めています。大日池の浚渫《しゅんせつ》整備の状態などから判断して、すぐにでも移植することが可能と考えたようです。その後で届いたハガキには、次のようなことが記されています。「拝啓、昨日松板二間×二間で深さ八二尺位と申上げましたが、二尺では仕事が大変なら一尺位でもよろしい。昨日妙蓮四本掘り上げました。私も四本を、これだけにいたしましたから、も少し掘ってさし上げようと思っていましたが、掘りにくくてこれでお許しお願いいいたします」

妙蓮の移植がうまく行くように、大日池の中に蓮根の苗床になる箱を埋めることを考えたのです。約三・六m四方の枠に、深さ六〇cmの底板を張った箱を作り、それを池の中に埋め込む作業を行なうことを望んでいます。この箱の残がいは、現在でも大日池の泥の中に残っています。一方では、府中市ひょうたん池から武蔵野妙蓮の蓮根を掘り起こしています。急なことだったので、池の水を完全に引くことができないままで蓮根を掘ることになったようです。水の深い池の中で蓮根を掘る作業は、大変な苦労があり四本だけ掘り上げられたようです。そして、この蓮根を持って、大賀さんと弟子の長島時子さんが大日池を訪れています。

昭和三十五年四月二十日、府中市のひょうたん池から運ばれてきた蓮根は、大日池に埋め込まれた大きな箱の中と、他に用意した信楽焼の大鉢の中に植えられました。明治二十八年を最後に咲かなくなった大日池に、妙蓮の蓮根が里帰りしたのです。そして、これを契機にして保勝会を「妙蓮保存会」と改称して、移植した妙蓮を守り育てることになりました。この日、大賀さんが撮影した、作業に集まった人たちの記念写真が残されています。大日池の整備から妙蓮の移植まで、さまざまな作業に奉仕してきた人々の喜びの姿が写されています。長年の念願であった、近江妙蓮の里帰りを祝福する貴重な記念写真です。

この年の夏は、蓮の葉が出たのですが、花は一つも咲きませんでした。十月十一日付けの大賀さんのハガキは、「秋になりました、遂に妙蓮の花が上がらず残念でした、来年のことです。…」と、書き出しています。近江妙蓮の移植については、成功することを確信しているようです。そして、近江妙蓮に関する論文を一五〇枚書き上げたが、これを印刷する費用などについて心配している文面が続いています。

昭和三十六年七月十四日付けのハガキは、「まだ、花ハ出ませぬか、待て待ています。二十五日頃に東京を出て、北陸をまわり、二十八日の明けあたり田中に参り度予定しています。」とあります。そして、二十一日付けハガキでは、「花が上がらぬよし、シビレが切れます。当方のは沢山上がっていますが、まだ開花しません。…」と、記されています。ひょうたん池の妙蓮はつぼみがたくさん出ているが、大日池でつぼみがまだ出ないことを心配しています。そして、この年も大日池の妙蓮は花が咲かなかったのです。

昭三十七年七月十二日付けハガキは、「中部日本紙ありがたく拝見、だんだんに、田中村も世に現れて来ます。御同慶です。然し、かんじんな妙蓮の花が咲かぬとお話になりません。…ツボミが二、三、四と早く上がるように日々待たれます」と、あります。新聞報道などで、妙蓮復活のことが記事になっていることを喜んでいますが、肝心の花が咲かないことを心配しています。妙蓮の移植では、花が咲くのは二、三年後になるのが普通です。しかも、広い池にわずかに四本の蓮根を植えたのではなかなか花が咲かないのです。この年も、ついに待望する妙蓮の花は咲きませんでした。

昭和三十八年七月三日付けのハガキは、「こちらの妙蓮はツボミが上がりましたが、ソチラはまだですか、今年の夏はドウしても咲かせ度くあります。妙蓮のみならず、外のハスは日本の各地で咲いた咲いたといって来ます。近江からの飛報が待たれます。これから急がしくなります。今年ハスはわるくありません、飛報を待ちます。」と記されています。

このハガキが田中常尚さんのもとに届けられた数日後、大日池ではようやく幾つかのつぼみが上がりはじめました。そして、やがて咲いたのは妙蓮の花だったのです。大日池には、六八年ぶりで近江妙蓮の花が咲いたのです。田中家や妙蓮保存会の人たちの喜びは、言葉ではあらわせないものであったと思います。早速、守山町長など関係者を招き、近江妙蓮の復活を祝福して観蓮会を開催しています。

昭和四十年（一九六五）三月二十五日、大賀さんがまとめた論文が、「近江妙蓮から近江妙蓮へ」と題して、妙蓮保存会から発行されています。これは、近江妙蓮に関する最初の文献として歴史的に貴重な価値があります。しかし、刊行にさいして校正が不十分で誤字脱字などが多く、内容的にも不備な部分が多く見られることが惜しまれることです。このころ、大賀さんは体調がすぐれず東大病院に入院されていたのです。そして、六月十五日に老衰のため永眠されています。このあと、大賀一郎博士の近江妙蓮復活への功績を讃えて大日池の傍に追悼碑が建てられています。また、毎年の夏には、

大賀博士追悼碑のある大日池

近江妙蓮公園の資料館と茶室

守山市長をはじめとする関係者を招いて、大日堂で追悼会を催し観蓮会が開かれています。

昭和四十年八月には、「大日堂の妙蓮およびその池」が滋賀県の天然記念物に指定されました。そして、五十年（一九七五）八月には、「守山市の花」に制定され、守山市民が誇りとする花になっています。

平成九年（一九九七）三月、守山市は「近江妙蓮公園」を大日池の隣に設置しました。そして、妙蓮資料館、茶室妙蓮庵、集会室、事務室などを建設するとともに、新しい池を作り近江妙蓮を永遠に保護育成するようにしました。新池には、田中家の庭に設置されている妙蓮保存用の水槽にある蓮根を八〇本移植しました。移植した蓮根の数が多かったことと、その他の環境条件も良好であったため、その年の八月半ばから花が咲きはじめました。大日池の妙蓮は、八月末には花が咲き終わりましたが、新池の妙蓮は九月半ばまで花を咲かせました。この年は、長月の十五夜の名月に照らし出された妙蓮の花を、新設の妙蓮庵から観賞するという珍しい光景がみられたのです。

大日堂と蓮池の移り変わり

永和《えいわ》二年（一三七六）、近江守護職六角満高《ろっかくみつたか》の命により高島郡井口村から田中村に移り住んだ田中家の第三代当主頼冬《よりふゆ》が、屋敷の西側に一族の氏神として八幡宮を建立しています。その後、応永年代（一三九四～）のはじめころに、明国から渡来した駢蔕蓮《へいたいれん》を育てるために八幡宮の庭に丸池を新しく掘

600年の歴史を秘める大日池

り上げています。そして、この池に植えた三国伝来の蓮を守るための大日如来堂を建立したのです。これら八幡宮、大日堂や蓮池などの配置は、元禄十六年（一七〇三）十月二十三日の日付のある「御公儀様へ差し上げ申す大日堂図」という古絵図に描かれています。そして、これらすべての配置は、田中村と細い道路を境にした中村の領域に所属しています。このことは、六角満高の命で高島郡から移住した田中頼冬が領有したのが川田、北村、中村、田中の四カ村であったことによります。江戸時代には、それぞれ異なる領主の支配下になった田中村と中村は、室町時代には同じ領域であったのです。この大日堂と蓮池は、応永年代のはじめころに設置されてから現在まで六百年の間、妙蓮と呼ばれる不思議な蓮を守り続けてきたのです。しかし、室町時代から江戸時代初期までの大日堂や蓮池の変遷は、記録が残されていないので詳細なことは不明です。

江戸時代がはじまると、天下は泰平の世が続いて蓮池などに関する記録は多くなります。明暦《めいれき》二年（一六五五）の春には、大日池の「泥上げ」という改修工事を行なっているようです。このことは、『蓮之立花覚』の安永九年（一七八〇）の条に、「蓮池の泥上ケ七日掛り、自身ニ精進致三月四日成就致ス、七十五才自身致大慶奉存候、百二十年此方事」とあります。安永九年から一二〇年前とは、万治《まんじ》三年（一六六〇）になります。明暦三年の出来事から書きはじめられた『蓮花立覚留日記』には、泥上げなど蓮池の改修工事を行なったという記録はまったく記されていません。しかし、『永々蓮立覚帳』の明暦二年の条に「此年蓮出申さず候」と記されています。この年、江戸では八月に三十年来という大暴風があったのですが、西日本に異常気象のあった記録はありません。それにもかかわらず、妙蓮の花が咲かなかったことから、明暦二年の春に大日池の大改修が行なわれていたことが推測されます。さらに、翌年には妙蓮の奇形の花が咲いた記録のあることで、明暦二年の泥上げの事実が証明されるようです。

『蓮花立覚留日記』の万治三年「此年本尊弥陀如来十月二十五日出来」と記され、翌万治四年には、「此年自庵大日堂立直八月出来仕候」とあります。大日池の改修整備の後大日堂を立て直し、大日如来の他に阿弥陀《あみだ》如来が新しく安置されました。足利義満公から「海内の仙種ナル者ナリ」と賞賛された蓮池の保護と整備を行なっています。

田中家には、「天和《てんな》二年（一六八二）建之八幡宮」と書かれた棟札《むなふだ》が残されています。十五代当主田中綱重《つなしげ》の時代に、八幡宮の社殿を建て替えているようです。この当時は、八幡宮の社殿も大日堂も屋根は茅葺《かやぶ》きであったのです。

『蓮花立覚留日記』の貞享《じょうきょう》四年（一六八七）の条には、「此年地下八幡宮様堤下へ御勧請《かんじょう》仕候」と記されています。再建間もない八幡宮が、田中村在所の野洲川堤下に移し代えられ、その跡地に一間四方の小さな弁天宮が建てられています。慶安《けいあん》四年（一六五一）の「知行高辻郷帳」によると、田中村と中村は共に芦浦観音寺が代官として支配する天領でした。貞享二年（一六八五）に芦浦観音寺が代官を

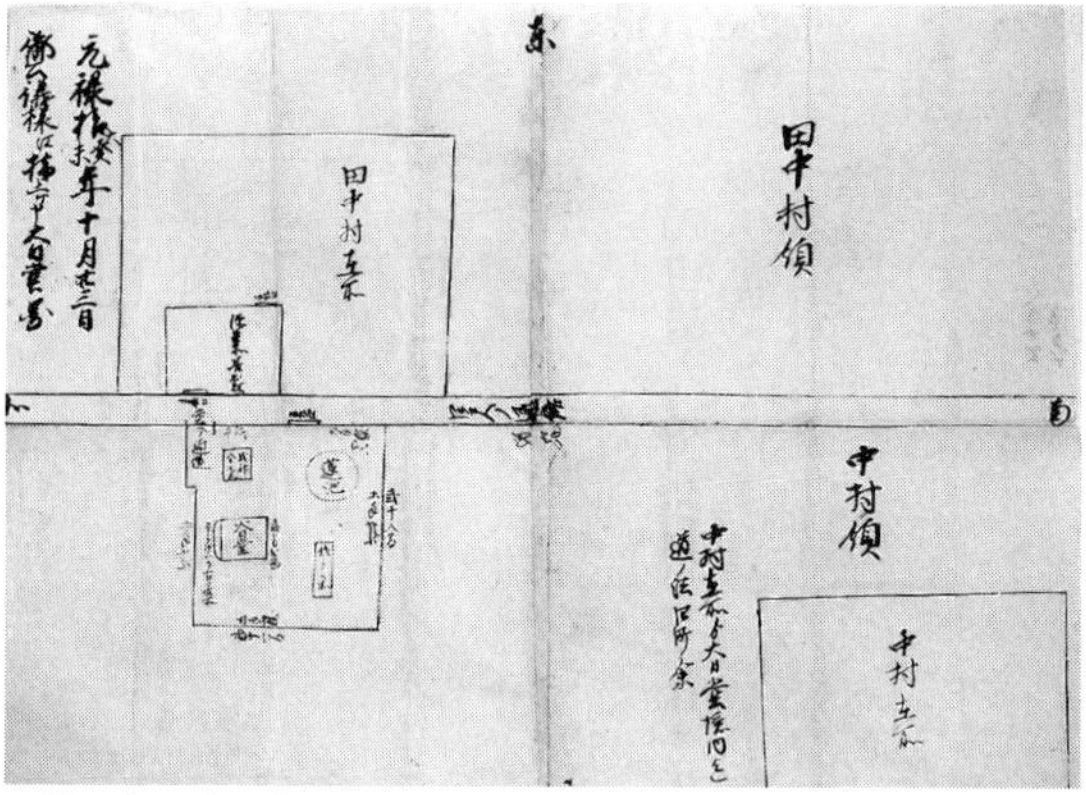

元禄16年の大日堂図

罷免《ひめん》され、その後中村は旗本三枝家の知行所となり、田中村は分部《わけべ》・能勢《のせ》・朽木《くつき》三家による相給《あいきゅう》地になっています。このように領主が異なる村になったことが、田中の氏神八幡宮が中村領から田中村領である野洲川堤へ移転した理由と考えられます。

元禄《げんろく》十六年（一七〇三）、中村との間で大日堂と蓮池の所属について相論《そうろん》がありました。元禄十六年十月二十三日付で、京都町奉行水谷信濃守《しなののかみ》に差し出された『乍恐口上《おそれながらこうじょう》書《がき》』によると、次のように大日堂や蓮池は田中家が先祖代々支配してきた土地であることを訴えています。

一、大日堂は私先祖より支配していました。四十六年前私祖父勘兵衛《かんべえ》が川田村杢右衛門《もくえもん》と申す大工を雇い普請致しました。この大工杢右衛門は只今に至り所在していま

す。
一、屋根はわらぶきでしたが、当七月に乙久保《おちくぼ》村の者共五六人雇いふき直しました。その者共只今に至り所在しています。
一、境内に私家氏神八幡宮往古より所在し、この修復は右同様に致し来ました。殊に去年七条堤の勘右衛門と申すもの雇い屋根は修復しました。この勘右衛門只今も所在しています。
一、蓮池花盛りの節は、惣回りに垣根を私方で作って来ています。
一、境内の竹木は、一切他村より切り取ることは曾《かつ》てありませんでした。

この『口上書』に添えて、「御公儀様へ差し上げ申す大日堂図」と題する略図が提出されています。この相論の結末は、大日堂と蓮池は従前通り田中家の支配する除地であることが承認されています。『永々蓮立花覚帳』の享保《きょうほう》十三年（一七二八）の条には、「七月八日大風有、江戸大洪水ニ橋七ツ落」と記されています。この台風で、大日堂が大きな被害を受けたように思われます。そして、この年には、大日堂の修復工事が行なわれていたことが、明治十六年（一八八三）に滋賀県栗太野洲郡長山崎友《とも》親《ちか》に提出された、『大日堂届書』に記載されています。

『蓮之立花覚』の安永八年（一七八九）の条は、「此年蓮一本も立不申、葉池半分程立、八月十六日屋舗ニ池掘」と、記されています。二年続きで妙蓮の花が咲かなかったため、蓮池の改修工事を計画して新しい池を屋敷内に掘り上げています。妙蓮の蓮根を新池に移し、大日池の泥を入れ替える計画のようです。そして、翌九年の二月二十八日から三月四日まで掛けて大日池の泥上げ改修工事を行なっています。この年は、植え替えの時期が早かったこともあって、五〇本出た花芽のうち二〇本が花を咲かせたと記しています。しかし、その翌年の天明《てんめい》元年には、「壱本三輪成、壱方蓮台有弐方本花也」と、記されるモザイクの奇花を咲かせています。

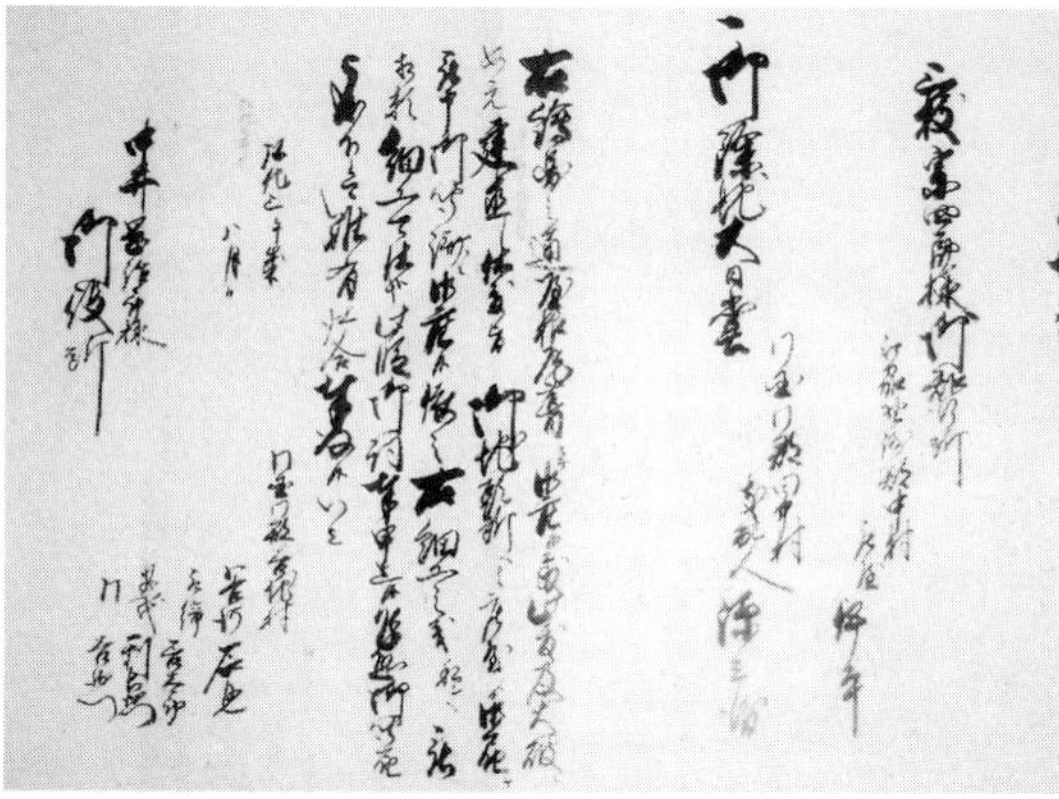
弘化３年の大日堂再建願い書

『蓮立花覚日記』、文化《ぶんか》四年（一八〇七）の条は、「八月三日より大日堂地上げ普請始まる、同晦日まであらぶしん仕り候」、そして、「ふしん事大日堂おぼえ、西東しころ北つきくづし前ひざし。銀高凡五百匁うへ入申し候、作者同家、大工源蔵也」と、続きます。享和《きょうわ》三年（一八〇三）の大雨で大日堂に水が入ったこともあり、大日堂の地上げ普請を行なっています。大日堂の屋根は、一段下がった片流れの庇《ひさし》を付けています。この普請代金として、銀五〇〇匁余り入用であったと記されています。現在の金額で推定すると、二五〇〇万円余りの経費が使われたことになります。

弘化《こうか》三年（一八四六）、『乍恐《おそれながら》御願《おねがい》奉《たてまつり》申上候《もうしあげそうろう》』と、題する願書が信楽役所に提出されています。この内容は、中村の庄屋伊平と大日堂支配人源兵衛の連署で大日堂が大

弘化３年に再建された大日堂

明治６年の大日堂境内略図

現在の大日堂と古い石塔

破しているため再建することの許可を願い出ています。そして、残された『蓮池大日堂再建寄進帳』によると、弘化四年に近隣よりの寄進を受けて大日堂が再建されています。この時再建された堂舎は、二つの六畳間が本堂と台所になっている平屋でした。この堂舎は、平成九年（一九九七）まで敷地内に物置き小屋として残されていました。

明治元年（一八六八）、二百六十年余り続いた江戸時代が終わりました。そして、明治六年三月、『蓮池大日堂嘆願書』が籠手田安定滋賀県令に提出されました。この大意は、「蓮池大日堂は往古より田中家の持庵で、格別の由緒を持つ蓮池と小堂であるため、従前通り除地として認めて戴きたい」と、なっています。そして、大日堂と大日池は江戸時代と同様の免税地として承認されています。

昭和二年（一九二六）には、無住職となり荒廃した大日堂を、篤志者の助力を得て再建しています。この堂宇が、平成九年（一九九七）に大改修工事が行なわれた現存の大日堂です。

大日堂の境内には、田中家四代当主頼久が父頼冬と祖先の霊を祭るため建てたとされる石塔があ

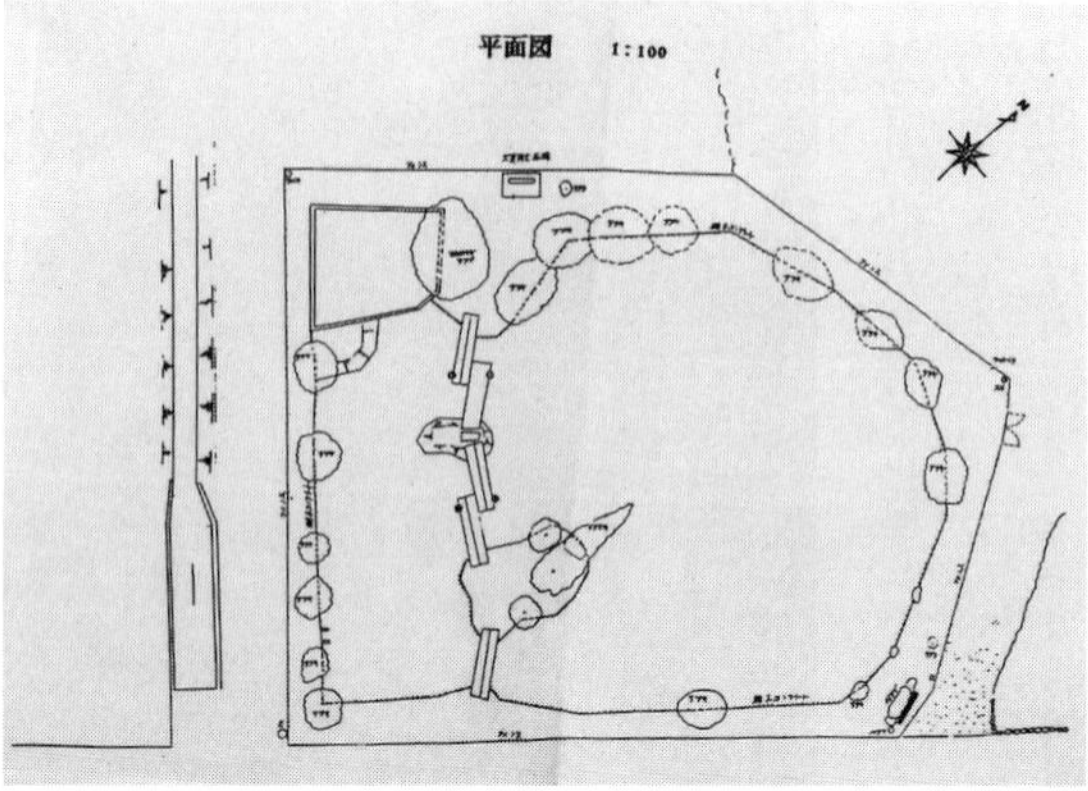

大日池の平成６年測図

ります。この石塔には、頼冬以後十二代の当主の霊を祭り、十四代綱衡より以後は別に代々の石碑を建立したと伝えられています。頼久によって建てられた石塔の構造は、大正三年刊行の『河西村郷土誌』によると「七重の笠と二重の擬宝珠とよりなり高さ九尺、其下笠直径二尺一寸縁厚四寸あり」となって、現状の石塔と同じ構造になっています。ところが、明治二十八年二月の「境内地反別並建物仏器什物《じゅうもつ》不動産御届書」によると、九重石塔となつて、九段重ねの笠塔の図が記されています。古くは、九重の石塔であったものが七重の笠と二重の擬宝珠《ぎぼし》とよりなる石塔に、上部のみが代えられる事故でもあったのでしょうか。しかし、大日堂とともに六百年の間、大日池に生育する妙蓮を見守り続けてきた石塔であったことに間違いはありません。

『江源日記』と妙蓮のものがたり

『江源《こうげん》日記』という、近江守護職佐々木家の歴史を記録した冊子が田中家に保存されています。この『江源日記』の応永十三年（一四〇六）の条に、九顆駢蔕蓮《きゅうかへいたいれん》（妙蓮）が足利義満公に献上されたことが記されています。これが、わが国における妙蓮という蓮の花に関する初出《しょしゅつ》になっています。

田中家に残されている『江源日記』は、現存一六冊の佐々木六角家に関する記録です。最初になる巻二は、応長《おうちょう》元年（一三一一）からはじまり、最終の巻十二が天文《てんぶん》二十三年（一五五四）で終わっています。巻一、巻七下、巻十上の三冊が欠落していますが、中世の二四三年間にわたる近江源氏の歴史書になります。各巻は、佐々木六角家の当主ごとにその治国した期間の事蹟がまとめられています。巻一があれば、それは六角家初代当主泰綱《やすつな》の時代になるはずです。そして、巻十二は二十五代当主義秀《よしひで》の治国七年目の、天文二十三年十二月で

『江源日記』16冊

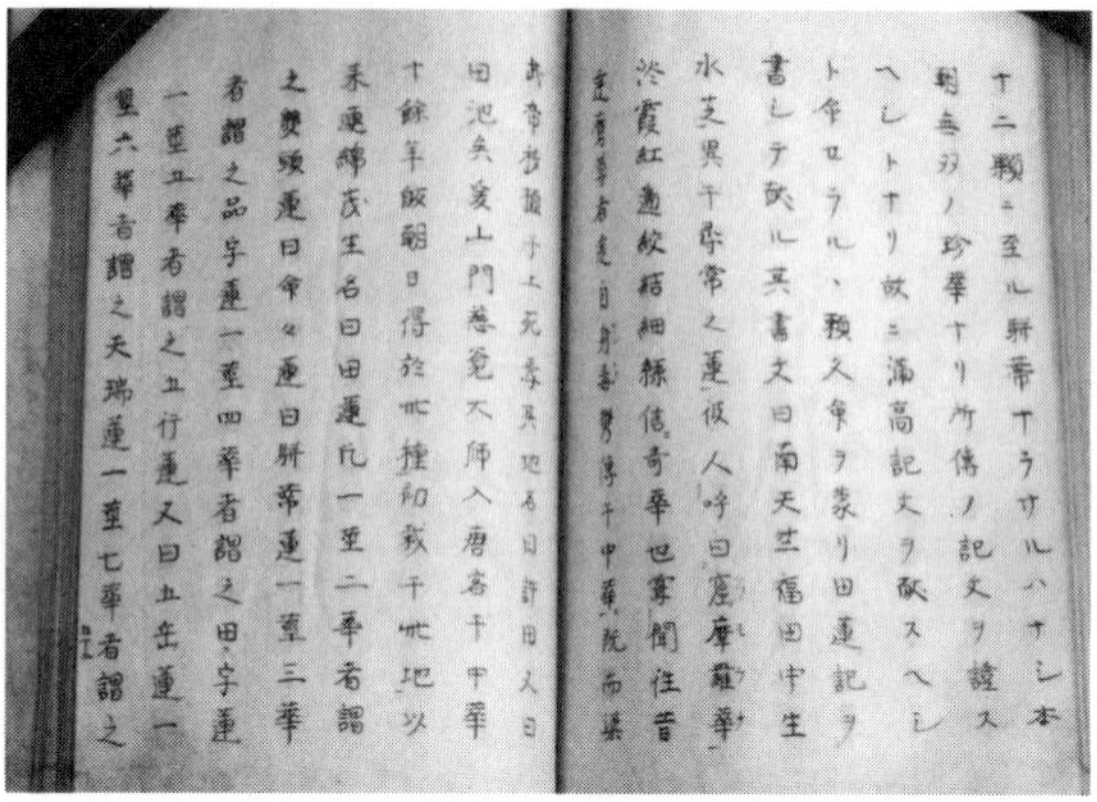

『江源日記』巻十六下の駢蔕蓮の記事

終わっています。当主の代は、佐々木家の始祖とされる敦《あつ》実親王《みしんのう》から数えた世代です。

『江源日記』については、筆者や著作の年代などが不明です。江戸時代初期に、著作されたと思われる元本を書き写したものではないかと推測しています。そして、佐々木満高の時代以降の記事には、田中家の先祖が六角家の評定衆や旗本として近侍したことが各所に記されていることや、田中家が六角家を致仕して帰農したと思われる天文二十三年で終わり、以降の記録が残されていないことから、田中家の縁者によって筆写されたものではないかと思われます。

『江源日記』の類書とされるものには、『江源武鑑《ぶかん》』があります。元禄元年（一六八八）に七〇歳で病没した沢田源内《げんない》が、佐々木六角家の記録として二〇巻一八冊を刊行したものです。ただし、これは天文六年から元和七年（一六二一）までの八六年間の記録であり、『江源日記』より後の年代のことが記録されています。そして、『江源武鑑』では、佐々木六角家の末期の当主について、「高頼―氏綱―義実《よしさね》―義秀」が事実上の当主であったと記されています。一般には、「高頼―定頼―義賢《よしかた》―義治《よしはる》」（日本史辞典）が正統とされているのが、この定頼、義賢、義治がそれぞれ義実、義秀の後見であったということになっています。

『江源武鑑』については、大正十一年（一九二二）発行の『近江蒲生《がもう》郡志』では、沢田源内の偽作《ぎさく》であるとして特別な附記が一〇ページにわたってあります。源内の出自を「近江国にて種姓も知さる凡下の土民也」として、幼少時から性格の悪さなどがあったとして、個人的な恨みでもあるかのような筆《ひっ》誅《ちゅう》を加えています。この『近江蒲生郡志』の記事に関しては、近江を中心とした歴史小説家であった徳永真一郎さんが、『近江源氏の系譜』（一九八〇）の中で「六角氏系譜のナゾ」として、その疑問点を取り上げて解説していますが、どちらの系譜がより正しいかに付いての判断は避けています。

「高頼―氏綱―義実―義秀」を正統とする説は、昭和四十四年から文化庁の指示により実施された観音寺城跡発掘調査の責任者の一人であった、田中政三さんが詳しい実地調査を基にした論拠を発表しています。そして、義実、義秀などが観音寺城主として実存したとする証拠を多数発見しています。このことは、田中氏の著書『近江源氏』（一九七九）三巻で確認された傍証をもとに詳しくまとめて発表していますが、無名の郷土史家の説として無視する学者が多いようです。しか

『近江源氏』全３巻

し、『野洲郡史』（一九二七）では、義実、義秀の実在を肯定した記載がなされており、『五個荘町史』（一九八九）では、五ページにわたって大きく取り上げ、現在のところ義実以下の系統の人物が実在した可能性を否定することはできないと結論づけています。

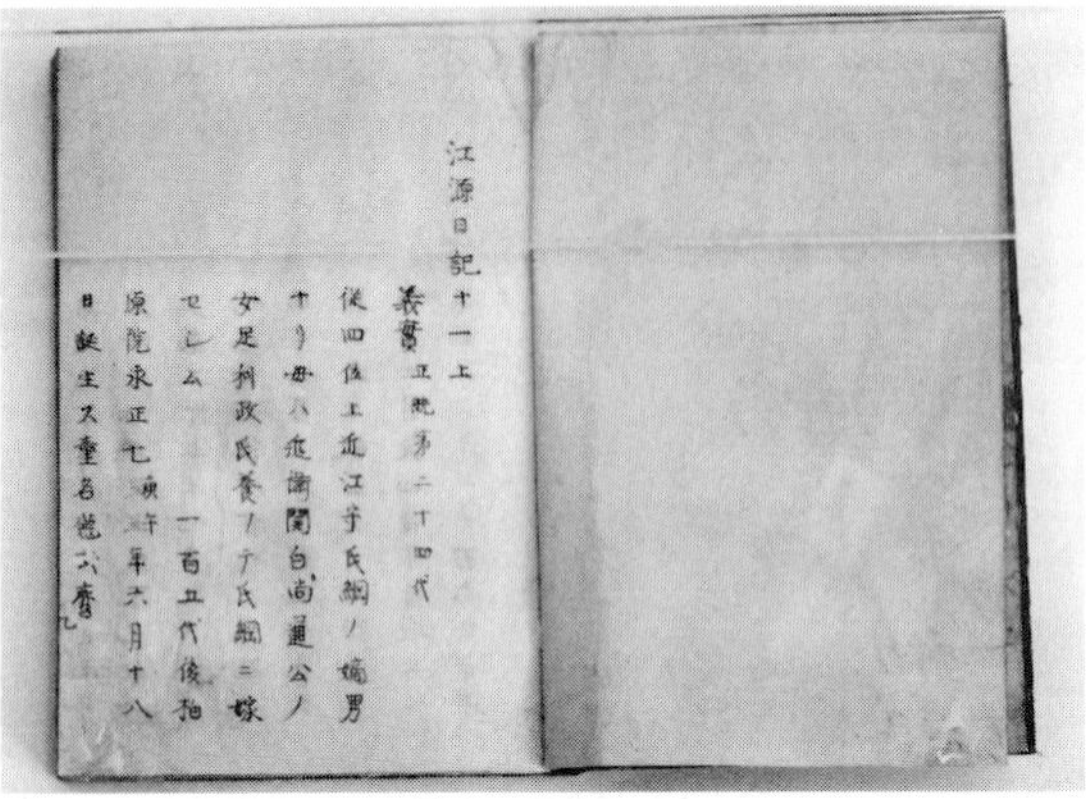

『江源日記』巻十一上の義実の記文

『江源日記』巻十一上の筆頭には、次のような記載がなされています。

義実　正統第二十四代　従四位上近江守氏綱ノ嫡男ナリ　永正七年六月十八日誕生ス同十三年正月二十二日元服シ玉フ七歳従五位下ニ叙ス永正十五年七月九日父氏綱逝去ス依テ秩禄ヲ承継　同年九月十六日従五位上大膳大夫ニ叙任ス　大永二年四月従四位下近江守ニ叙任ス　天文十五年九月十四日逝去ス三十七　東禅寺殿道法崇三大居士ト号ス日岳権現ト崇ム

治国二十八年」

「永正十六己《つちのと》卯年　定頼　後見　従四位上大膳大夫高頼ノ次男氏綱ノ同母弟ナリ　延徳二年ニ生ル　永正二年七月五日京師相国寺中慈昭院ニ於テ出家ス亀侍者ト号

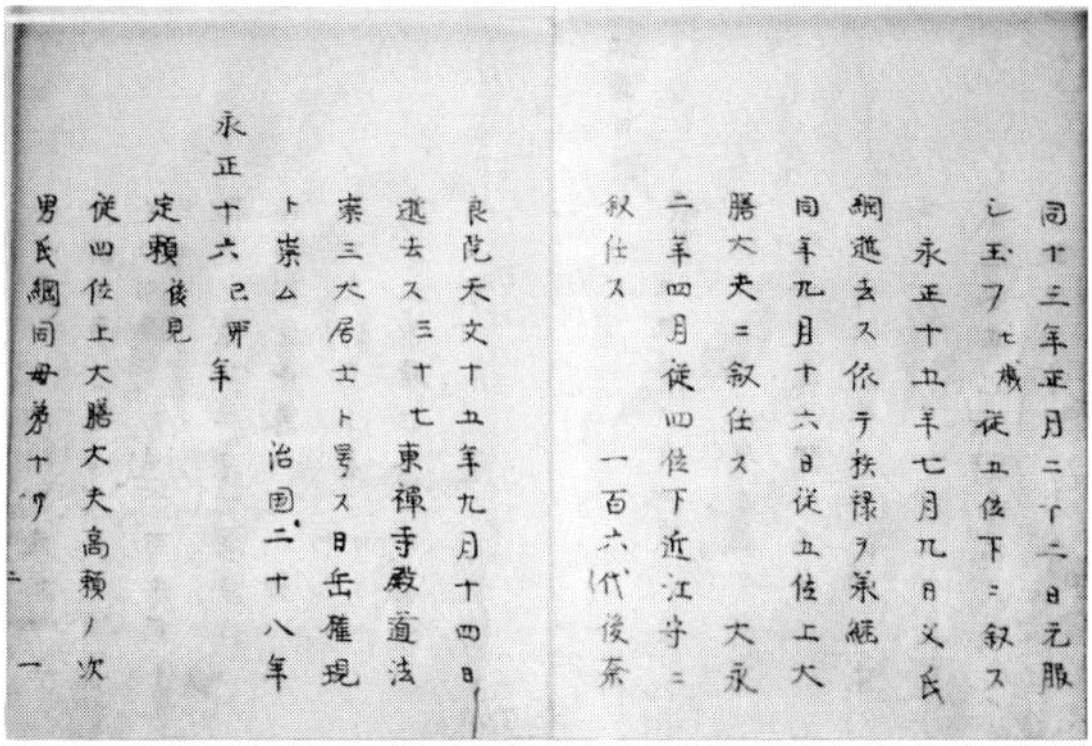
同十三年正月二十二日元服
シ玉フ七歳従五位下ニ叙ス
永正十五年七月九日父氏
綱逝去ス依テ秩禄ヲ承継
同年九月十六日従五位上大
膳大夫ニ叙任ス　大永
二年四月従四位下近江守ニ
叙任ス　一百六代後奈
良院天文十五年九月十四日
逝去ス三十七東禅寺殿道法
崇三大居士ト号ス日岳権現
ト崇ム　治国二十八年
永正十六己卯年
定頼後見
従四位上大膳大夫高頼ノ次
男氏綱同母弟十

『江源日記』

ス　同十五年屋形逝去ノ後大屋形ノ命ニ依テ還俗シ定頼ト改メ屋形ノ後見ト成玉フ　同年九月十六日従五位下弾正少弼ニ叙任ス　天文二十一年正月二日逝去ス　江雲寺殿光室承亀大居士ト号ス　定頼生質聡明叡智ニシテ内外ノ道ニ洞達セル故ニ自然ニ権威箕作ニ帰ス故ニ正統有シテ無ガ如シ」

この記文によると、佐々木六角家二十三代当主氏綱が逝去した際、その嫡男《ちゃくなん》義実が七歳と幼少であったため、先代当主高頼によって出家していた氏綱の弟定頼を還俗《げんぞく》させて、義実の後見を命じています。

そして、義実は観音寺城主となり定頼は箕作《みつくり》城主として箕作氏を称しています。しかし、若年の義実では戦国の世は治国は難しく、後見人の定頼が聡明叡智で人望が高かったことから正統の当主のように思われたようです。さらに、『江源日記』巻十二では、天文十五年九月に義実が他界したときその嫡男義秀は一〇歳であったため、定頼の嫡男義賢が公命により後見人を命じられたことが記されています。このような記述からは、義実、義秀の正統説がまったく否定されるようには思われません。

さらに、江北《ごうほく》六郡を支配した佐々木京極《きょうごく》家については、北家として代々の正統の当主名を記しています。京極家の系譜は、明治維新まで続いた丸亀藩京極家の系図をはじめ幾つかの説があります。ことに、応仁の乱で西軍に加わり京極家の全盛時代を築いた持清《もちきよ》以後は、内紛があったため高吉の代まで幾つかの説があります。『江源日記』では、「持清―政光（勝秀）―高清―高峰―高秀―高吉―高次」となっています。これは、米原市清滝にある京極家の菩提所清滝寺《せいりゅうじ》に現存する、京極家代々の墓石を調査した系譜と同じものです。『山東《さんとう》町史』（一九九一）に掲載されて、最も正統性のある系図と考えられています。

近江守護職佐々木家歴代の事蹟を記した『江源日記』については、その信憑性が問題になります。室町時代の歴史書については、江戸時代に著作されたものが多く、その系譜などをはじめとして、その真偽が問題とされるものが多いとされています。しかし、『江源日記』に記された六角家や京極家の系譜については、それなりに信頼性があるように思っています。このような『江源日記』の応永十三年（一四〇六）の条で、五ページに及ぶ紙数を用いて記されている九顆駢蔕蓮献上に関する内容は、すべてが架空の事項として無視することはできません。さらに、応永三十三年の条にも、足利義教《よしのり》に駢蔕蓮を献上したとの記録があることなどから、十五世紀の初めころから駢蔕蓮と呼ばれる蓮が田中家の池に存在し、足利義満と何らかの関連があったとする歴史を認定することが許されると考えています。

近江妙蓮六百年祭の開催

平成十五年の春、京都新聞の記者から近江妙蓮のことで取材を受けたとき、今から六百年前に京都北山の金閣寺の足利義満公に妙蓮の花が献上されたことを話題にしました。そして、平成十八年（二〇〇四）には、近江妙蓮の六百年祭を開催したいという思いを述べました。このことが、五月二十二日付け京都新聞地域総合ニュース欄に掲載され、「近江妙蓮六百年祭」開催への思いが芽吹いたのです。

中川原　正美さん
県天然記念物の「近江妙蓮」の研究を続ける
最初は金沢で出合い、40年後に守山で再会
いまきらり
600年記念祭開きたい
地域総合ニュース

京都新聞「いまきらり」の記事

妙蓮祭を開催するためには、近江妙蓮保存会や田中自治会の総意による地元の盛り上がりが必要でした。このことは、保存会長の田中米三さんや町内会長の小原敬治さんらによる呼びかけが、新しい町づくりを目指す地元の総意としてまとまりました。そして、平成十七年夏の観蓮会の日、「近江妙蓮六百年祭」開催の意向が公表されたのです。

鹿苑寺義満座像に供えられた妙蓮の花

「六百年祭」開催への本格的な準備は、平成十八年の新春からでした。守山市や守山市観光協会などの協力を得て実行委員会を発足させ、会期を七月二十二日から八月六日までと決定して、各分野での取り組みが進められたのでした。まず、滋賀県と守山市の援助を受けて、来場者の安全に配慮した大日池周辺の整備補修工事が行われました。また、JRの主要各駅では、六百年祭開催のポスター掲示や案内パンフの配布による、観光客の誘致を呼びかけました。そのようなとき、七月十一日付け毎日新聞の「湖国の人たちオピニオン06」欄で半ページをさいて、近江妙蓮研究家としての筆者と近江妙蓮六百年祭のことが大きく報道されました。この記事は、六百年祭開催へ向けての効果的な前宣伝となり、近江妙蓮祭への期待と関心を高めることに役立ちました。
「近江妙蓮六百年祭」のプロローグは、「近江妙蓮平成の献上」として、京都北山の金閣寺の義満座像に近江妙蓮の生け花が供えられたことです。七月二十日、有馬金閣寺住職の見守る中で、義満座像の前に山田亘宏《のぶひろ》守山市長と田中米三近江妙蓮保存会長が大日池から持参した妙蓮の生花を供えました。また、金閣寺の前庭には、鉢植えされた妙蓮

金閣の前庭に展示された妙蓮の花

600年祭会場の大日池

の花が八月六日まで展示され、珍しい蓮の花が多くの人々の目を引きました。このことは、テレビや新聞で大きく報道されて、「六百年祭」の幕開けを祝う行事となりました。

春先からの寒さのため、開花が遅れていた妙蓮の花が開きはじめた七月二十二日、「近江妙蓮六百年祭」は、近江妙蓮公園を主会場として盛大に開催されました。近江妙蓮公園の正面入口には、守山華道協会が設定したモニュメント「六百年のうねり」が、梨の小枝など植物を材料にして見事に製作されて入園者を迎えました。

「六百年祭」のメーン・イベントは、七月三十日の大日池での観蓮会とホテルラフォーレ琵琶湖を会場にした記念式典でした。四三回目となる近江妙蓮観蓮会は、大日堂での妙蓮を護りつづけてきた故人への法要のあと見事に咲き出した妙蓮の花を観賞しました。そして、茶室妙蓮庵では、六百年間咲き続けてきた妙蓮の花を眺めながら、守山茶道協会の会員による御手前を楽しむことができました。

琵琶湖畔にあるホテルラフォーレ琵琶湖での記念式典は、守山市長と小原実行委員会長の挨拶や地元選出の国会議員などの祝辞ではじまり、筆者による「近江妙蓮六百年の歴史」と題する記念講演で終了しました。県内外からの二〇〇名近い出席者は、近江妙蓮という蓮のもつ不思議な特性と比類のない歴史を改めて認識することとなり、初めて開催された妙蓮祭りの持つ意義の確認にもなったのでした。

その日の夕暮れからは、JR守山駅前や守山宿場町などを会場にして、近江妙蓮六百年祭協賛「もりやま夏まつり」が開催されました。周辺の商店街や企業と立命館守山高校などが参加して数々のイ

記念式典で挨拶する守山市長

記念講演の筆者

近江妙蓮公園正面入口の風景

ベントを繰り広げ、手作りの市民まつりとして多くの人々が参加してにぎわいをみせました。ことに、姉妹都市韓国広州市から訪れた市長を団長とする使節団による、民族衣装で韓国伝統楽器を用いた演奏や演劇公演は会場に異彩をはなち、市民から大きな拍手が贈られて「まつり」を最高に盛り上げていました。

「六百年祭」のエピローグは、八月五日午後八時から行なわれた花火大会でした。野洲川歴史公園サッカー場近くの河川敷で打ち上げられた花火は、花と妙蓮をテーマとした打ち上げ花火で、夕涼みをかねた七万市民のまぶたに「近江妙蓮六百年祭」の成功を印象づけたようでした。そして、その翌六日をもって猛暑の中で開催された六百年祭は、一応の幕が引かれて諸行事を終えたのです。しかし、妙蓮の花は八月末まで咲き続けて、全国各地から来場する人々の波は絶えませんでした。

「六百年祭」の期間中、近江妙蓮保存会や田中自治会の人々による奉仕活動は刮目すべきものがありました。日頃、平穏で変化の少ない田園地帯に暮らす人たちが、次々と押し寄せる観覧者に示した心づくしの歓迎は、妙蓮の里の名声をさらに上げる役割を果たしていました。近年にない猛暑の中で、

妙蓮資料室での見学者

交通整理と案内に汗水流す姿は来場者から感謝されました。そして、これら奉仕活動をする人たちが着用したＴシャツは、守山市染め物サークル「萌木の会」で、妙蓮の葉を染料にして染め上げたものでした。絞り方や媒染剤によって、一枚ずつ違った柄や色合いに仕上がっており、妙蓮祭の会場に地元の標として彩りを添えていました。このＴシャツは、六百年記念誌や妙蓮絵葉書などとともに会場で販売され、来場記念の土産品として人気を集めていました。

近江妙蓮が天然記念物に指定されて以来の大行事であった、「近江妙蓮六百年祭」は大成功を納めて終了しました。関係者の中からは、来年も六百年祭の続編を開催しようではないかという声も出るくらいに盛り上がりをみせたのでした。田中自治会の全世帯が交代で参加した奉仕活動は、妙蓮祭りの成功に向けた地元の熱意を表現する場となり、より発展する「妙蓮の里づくり」への出発点となったことを喜びあう声になっていました。

『永々蓮立花覚帳』の明暦酉年の条に、「同酉ノ才拾本立候、壱本蓮肉乗中候、蓮肉三尊仏形顕候、人数六万人参詣有之、日数三十五日間」と、記されています。明暦三年の大日池では、三尊如来《さんぞんにょらい》の形をした奇形の花が咲きました。この三尊仏にお参りするため、一カ月余りの間に六万人の人々が来場したということを伝えています。江戸時代には、このように大日池に大勢の人々が来場する賑わいが何度もあったのです。三五〇年前に大日池でみられたような賑わいが、平成の世にも再現されたのです。この夏の三十余日間、世界でも珍しい妙蓮の花を観賞するため訪れた人々は、二万人前後の多数になっていました。

「近江妙蓮六百年祭」の余韻と絆

滋賀県指定の天然記念物で、守山市花に制定されている貴重な近江妙蓮です。しかし、関係者以外では、その植物学的に貴重な特徴や比類のない歴史を理解する人が少なかったのが実態でした。守山市民の中でも、市の花に制定されている珍しい花に関心をもち、その美しさを観賞するため大日池を訪れる人は少なかったのです。毎年夏に開催される観蓮会は、昭和三十八年から回をかさねていますが、地元自治会と守山市関係者などによる集まりで、多くの守山市民には無関係のような行事に思われていました。

妙蓮公園で珍しい花を眺める人たち

毎年夏になると咲く妙蓮の花を観賞する人たちは、百人前後と少なく、それも市内より遠く県外から来る人がより多いのが実状でした。しかし、妙蓮の里を守る人たちは、大日堂の庭にテントを張って休憩所を設定し、冷たい麦茶の出るクーラー・ボックスを備えて訪れる人たちを歓待したのです。時には、自家菜園で収穫した新鮮なトマト、キュウリにナスなどを提供して喜ばれていました。入場無料で観覧ができるうえ、このような親切な歓待を受ける観光名所は、全国的にも珍しいという来場者の声が残されていたのでした。

平成九年、守山市によって近江妙蓮公園と資料館が設置されました。そのことで、妙蓮が半永久的に保護される池と、珍しい妙蓮の花を観賞してその歴史などを学ぶ施設が整えられたのです。しかし、近江妙蓮への関心がより高まることはなく、観覧者の数がさらに増えるようなことにはなりませんでした。

このような実態の中で開催された、「近江妙蓮六百

河西ニュータウンの見学会

年祭」は、貴重な妙蓮の花と妙蓮に育まれた比類のない歴史が「郷土の誇り」として多くの市民に理解されることとなり、全国的にもその知名度をより高める効果があったのです。そして、「近江妙蓮六百年祭」開催の余韻《よいん》は、各地の人々に一度はその珍奇な花をみておきたいという思いを抱かせることになったようです。あたかもそれは、二百五十年ほど前の宝暦・明和年代のころ、珍奇な妙蓮の花のいわれを伝え聞いた文人墨客たちにとって、近江国田中村が一度は訪ねたいあこがれの地のようになっていたという史実を再現するかのような風景でした。

　妙蓮祭の開催を契機にして、近江妙蓮を主題として開催される市内諸団体の集まりは増えました。例えば、河西ニュータウンでは、それまで自治会館で開いていた老人会と子供会の集まりを、近江妙蓮公園で開催して妙蓮の話を聞いたあと花を観賞しています。河西公民館サークル活動の諸団体が合同して、夏の一日妙蓮公園の茶室で妙蓮の話を聞き不思議な花を観賞しています。守山市ロータリークラブでは、例会の中で近江妙蓮が郷土の誇りとなる貴重な花であるとの講話を聞いて、妙蓮の里である守山市の活性化のため奉

校外学習の河西小学校児童

妙蓮を見学する河西幼稚園児

列をなして妙蓮公園を訪れる人たち

仕することを話し合っています。

妙蓮祭の翌年から恒例となった行事の一つには、JTB大阪など旅行社の設定による、「近江の蓮めぐり」ツアーの団体による観蓮会があります。七月末から八月上旬の二週間、連日、二、三台の観光バスで来園するツアー客は、毎年一〇〇〇人前後の多数になっています。早朝に大阪を出発した観光バスは、烏丸の琵琶湖岸に広がる日本最大の蓮群生地を眺望したあと近江妙蓮公園に到着します。ここでは、妙蓮と常蓮の違いや妙蓮に育まれた歴史の一端を学び、真夏の太陽に輝いて咲く世界でも珍しい蓮の花を観賞しています。ツアーの限られた時間内での見学では、近江妙蓮の希少な特性や歴史の理解は困難と思われますが、普通の蓮の花と異なる奇妙な花の印象は心に残り、多くの人に語り継がれて広がっていくようでした。このような、大阪方面からの観光ツアーのほか、名古屋など東海方面からの観光ツアーの人々も来場しています。旅行社によるツアー観光客を加えると、毎年夏に妙蓮公園を訪れる観覧者の数は二、三千人の多数に増えました。

平成二十年八月四日のことです。奈良県から日興バスツアーの一行が妙蓮公園を訪れました。その中には、葛城《かつらぎ》市の童謡クラブ「花歌娯《はなかご》」の高田知子さんをはじめとする会員一二名が参加していました。高田さんは、当麻寺《たいまでら》で開かれた葛城市ボランティア講座で、妙蓮の藕糸《ぐうし》（蓮の茎部から採取した繊維）で中将姫《ちゅうじょうひめ》が織ったとされる「当麻曼陀羅《まんだら》」の話を聞いて、「葛城の里」と題する歌を作詞しました。そして、当麻曼陀羅ゆかりの妙蓮の花が咲いている、近江妙蓮の里を訪れる望みを抱いていたのです。そのような折、近江妙蓮公園を巡るバスツアーが実施されることを知って早速参加したということです。

近江妙蓮公園の資料館には、明和六年（一七六九）九月、当麻寺の塔頭《たっちゅう》護念院から田中勘兵衛宛に送られてきた「覚」が展示してあります。その内容は、次のように記されています。

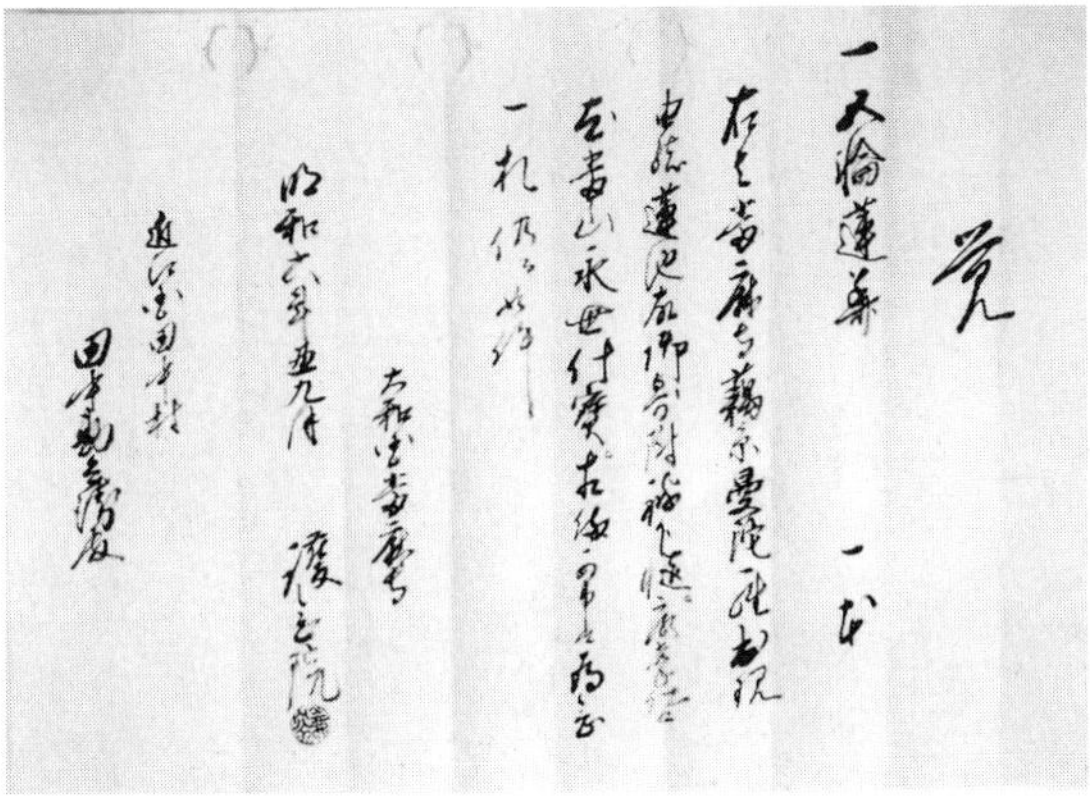
当麻寺護念院よりの覚書

覚　五輪蓮華　一本
右ハ当麻寺藕糸曼陀羅出現由緒蓮池故御寄附被レ下慥落掌仕候
尤当山永世什宝ニ相備可レ申候　為レ念一札　仍テ如件
明和六年丑九月　大和国当麻寺護念院
近江国田中村　田中勘兵衛殿

当麻曼陀羅は、天平宝字《てんぴょうほうじ》七年（七六三）に中将姫が妙蓮の藕糸（蓮糸）で織ったという伝承があることから、妙蓮の枯れ花を当麻寺に寄贈したようです。それに対して、贈られた妙蓮の花を寺宝として保存することを約束しますという念書のようになっています。今から二百四十年の昔、大和《やまと》国の当麻寺と近江国の妙蓮の里では、中将姫法如の伝説をもとにした交流があったことを示しているのです。高田さんたち一行は、このような古い時代の葛城と近江の絆に感動し、この古文書が展示されている近江妙蓮資料館で、「葛城の里」の歌を合唱しています。葛城の里の歌詞は、次のように作られています。

葛城の郷里　高田知子作詞　黒坂黒太郎作曲
一　葛城の郷はむかし　みほとけの教えが　伝えられたところ
二神山に沈む夕日に　掌《てのひら》をあわすとき　姫の祈りおもう

近江富士といわれる三上山

妙蓮の花ひらく朝　曼陀羅拝む郷

二　緑つらなる山々　木々を育て　人を鍛えて心をつくる

日々のつとめ励み　共に支えあう人を　やさしく包む里

葛城山の峯に　法螺貝《ほらがい》響く里

曼陀羅の郷である葛城市は、二神山《ふたかみやま》を望む地にあります。そして、妙蓮の里の守山市は三上山《みかみやま》を正面に見る平野に広がる町です。神々の山である二神山と三上山が、当麻曼陀羅と妙蓮を結びつけていたのではないかと思わせる風景です。

「近江妙蓮六百年祭」開催の絆は、全国各地にその余情を広げているようです。そして、妙蓮の花を仲立ちとした人たちの絆は、日本全国から世界的な広がりになることを祈念しています。

■参考文献一覧

第一章

『江戸幕府旗本人名事典』一九八九　原書房
『近江名所図会』一九七四　柳原書店
『大津市史・上巻』一九四二　大津市役所
『草津市史・第一・二巻』草津市役所
『新旭町誌』一九八五　新旭町役場
『新修大津市史・第三巻』一九八〇　大津市役所
『高島町史』一九八五　高島町役場
『東海道名所図会』一九六七　人物往来社
『東浅井郡志・第三巻』一九二七　東浅井郡教育会
『琵琶湖治水沿革誌』一九六八　琵琶湖治水会

第二章

大滝末男・石戸忠『日本水生植物図鑑』一九八〇　北隆館
植木邦和『水草の科学』一九八四　研成社
科学技術庁資源調査会『五訂日本食品成分表』
香取正人「ハナハスの生理・形態学的解析に基づく品種分類と園芸的利用」二〇〇三
熊沢正夫『植物器官学』一九七九　裳華房
後藤弘爾・工藤光子「花の器官の並ぶメカニズム」『遺伝VOL51』一九九七　裳華房
後藤弘爾「花から葉、葉から花への転換」『蛋白質・核酸・酵素VOL46』二〇〇一　共立出版
白井光太郎『植物妖異考』一九一四　甲寅叢書刊行所
鄒秀文『中国荷花』一九九七　金盾出版
R・S・セイモア「蓮の花は活発に温度調節を行う」『蓮の話第3号』一九九八　かど創房
塚谷裕一『変わる植物学　広がる植物学―モデル植物の誕生』二〇〇六　東京大学出版会
辻村卓『ビタミンとミネラルバイブル』二〇〇〇　女子栄養学出版社
野島寿三郎『日本暦西暦月日対照表』一九八七　紀伊国屋書店
箱崎美義『花の科学』一九八一　研成社
原襄・福田泰二・西野栄正『植物観察入門［花・茎・葉・根］』一九八六　培風館
樋口春三『花のはなし・I・II・III』一九九〇　技報堂出版
三木茂「蓮花の形態特に双頭蓮に就いて」『盛岡高農同窓会学術彙報第七巻』一九二七
三浦功大『蓮への招待』二〇〇四　西田書店
南川勝次「レンコンの形状」『野菜園芸大百科・13』一九八九　農文協
山本和喜「黒龍江・虎林の月牙湖にみる野生蓮」『蓮文化

だより14号』二〇一〇　蓮文化研究会
横井武憲「食用ハス、花ハスの産地愛知県海部郡立田村」『蓮の話第2号』一九九七　かど創房
蓬田勝之「蓮の香り」『蓮の話第3号』一九九八　かど創房

第三章

遠藤本男『近世生活史年表』一九八九　雄山閣出版
大石慎三郎『江戸時代』一九七七　中央公論社
大石慎三郎『田沼意次の時代』一九九一　岩波書店
大石慎三郎『徳川吉宗とその時代・江戸転換期の群像』一九八九　中央公論社
磯田道史『武士の家計簿・加賀藩御算用者の幕末維新』二〇〇三　新潮社
『河西村郷土誌』一九一四　河西村役場
鈴木浩三『江戸の経済システム—米と貨幣の覇権争い』一九九五　日本経済新聞社
『世界大百科事典29』一九七二　平凡社
田中圭一『百姓の江戸時代』二〇〇〇　筑摩書房
田中圭一『村からみた日本史』二〇〇二　筑摩書房
奈良本辰也・芳賀徹・楢林忠男『批評日本史・5』一九七三　思索社
服部一敏・茂木幹弘『暦の読み方』一九七九　日本実業出版
宮崎克則『逃げる百姓・追う大名』二〇〇二　中央公論新社
『守山市史・上巻・下巻』一九七四　守山市
三上隆三『江戸の貨幣物語』一九九七　東洋経済新報社

第四章

大石慎三郎『江戸時代』一九七七　中央公論社
陳舜臣『小説十八史略・4』一九七八　毎日新聞社
村井章介『中世日本の内と外』一九九九　筑摩書房
『守山市史』一九七四　守山市
脇田晴子『室町時代』一九八五　中央公論社

第五章

大賀一郎『妙蓮の移動と武蔵野妙蓮』一九五八　府中市教育委員会
『近江蒲生郡史』一九二二　滋賀県蒲生郡役所
『五個荘町史』一九八九　五個荘町役場
『滋賀県史』一九二七　滋賀県
『山東町史』一九八九　山東町役場
田中政三『近江源氏　全三巻』一九七九　弘文堂書店
徳永真一郎『近江源氏の系譜』一九七五　創元社
『野洲郡史』一九二七　野洲郡教育会
和田文次郎『明治天皇北陸巡幸誌』一九二七　加越能史談会

■著者略歴

中川原　正美（なかがわら　まさみ）

1929年　長浜市寺田町生まれ。
1951年　金沢高等師範学校理科三部（生物）卒業。
　　　　滋賀県立高等学校に勤務。
1989年　滋賀県立八幡高等学校校長で退職。

守山市文化財保護審議会委員・淡海環境保全財団評議員・蓮文化研究会員

主な著作と編著

『守山市誌自然編』（1996）　守山市
『守山市誌資料編自然』（1998）　守山市
『守山市誌地理編』（2001）　守山市
『近江妙蓮—世界でも珍しいハスのものがたり』（2002）　サンライズ出版
『近江妙蓮六百年記念誌』（2006）　守山市・近江妙蓮保存会

主な論文

「近江妙蓮とその歴史」（1997）『蓮の話』第２号　かど書房
「妙蓮日記と享保時代」（1998）『蓮の話』第３号　かど書房
「妙蓮の花とその歴史」（1999）『湖国と文化』87号・88号　滋賀県文化振興事業団
「妙蓮の花の不思議」（1999）『蓮の話』第４号　かど書房
「赤野井湾をめぐる地理と歴史」（1999）『琵琶湖研究所報17』
「琵琶湖岸に分布するハマヒルガオの生育地」（2005）『関西自然保護機構会誌27』
「琵琶湖畔にある蓮名所の今昔風景」（2005）『蓮文化だより９号』
「近江妙蓮が育んできた六百年の歴史」（2006）『蓮文化だより10号』
「無限の可能性を秘める妙蓮の花」（2008）『蓮文化だより12号』
「妙蓮の繁殖法について」（2009）『蓮文化だより13号』
「妙蓮の花芽が出て開花する日」（2010）『蓮文化だより14号』

現住所

〒524-0002　滋賀県守山市小島町1665-10

琵琶湖《びわこ》のハスと近江妙蓮《みょうれん》

2010年11月1日　初版発行

著　者　中川原　正　美

発行者　岩　根　順　子

発行所　サンライズ出版
〒522-0004　滋賀県彦根市鳥居本町655-1
TEL 0749-22-0627

印刷・製本　P-NET 信州

ISBN978-7-88325-429-3